钛粉末近净成形技术

主　编　路　新
副主编　张　策　潘　宇

U0342755

北　京
冶金工业出版社
2024

内 容 提 要

本书系统阐述了钛粉末近净成形的基本理论及先进制造方法。全书共分 7 章，以钛粉末近净成形方法为主线，全面系统地回顾了钛粉末近净成形的发展历程，详细阐述了钛粉体制备、钛粉末压制成形及致密化、钛粉末注射成形、钛粉末增材制造、钛粉末凝胶注模等技术的研究及应用现状，旨在为推动我国钛粉末实用化进程贡献力量。

本书可供从事钛合金材料生产的工程技术人员和科研人员阅读，也可供高等院校材料科学与工程等专业的本科生和研究生参考。

图书在版编目（CIP）数据

钛粉末近净成形技术／路新主编 . —北京：冶金工业出版社，2022. 2
（2024. 3 重印）

ISBN 978-7-5024-8968-7

Ⅰ.①钛… Ⅱ.①路… Ⅲ.①钛粉—成型 Ⅳ.①TF123. 2

中国版本图书馆 CIP 数据核字（2021）第 235688 号

钛粉末近净成形技术

出版发行	冶金工业出版社	**电　话**	（010）64027926
地　址	北京市东城区嵩祝院北巷 39 号	**邮　编**	100009
网　址	www. mip1953. com	**电子信箱**	service@ mip1953. com

责任编辑　郭冬艳　美术编辑　吕欣童　版式设计　郑小利
责任校对　石　静　责任印制　窦　唯
北京建宏印刷有限公司印刷
2022 年 2 月第 1 版，2024 年 3 月第 2 次印刷
710mm×1000mm　1/16；16. 25 印张；315 千字；249 页
定价 **96. 00 元**

投稿电话　（010）64027932　投稿信箱　tougao@cnmip. com. cn
营销中心电话　（010）64044283
冶金工业出版社天猫旗舰店　yjgycbs. tmall. com
（本书如有印装质量问题，本社营销中心负责退换）

前　　言

钛及钛合金是继钢铁、铝之后应用较广的金属材料之一，具有密度小、比强度高、耐热性强、耐腐蚀性好等一系列优异性能以及形状记忆、超导、储氢、生物相容性等独特性能，被誉为"第三金属""太空金属""海洋金属"等。钛在国民经济中的应用，可反映出一个国家的综合国力、经济实力以及国防实力，是高新技术不可或缺的关键材料，是重要的战略材料，目前全球都竞相发展钛工业。但是，对于传统铸锭冶金技术，难以实现钛材的高效、低能耗和低成本的稳定生产，这推高了钛制品的成本和价格，极大限制了钛材的应用范围。可见，发展低成本钛及钛合金制备技术势在必行，将有助于推动钛工业的发展和应用。

粉末近净成形是一种以金属粉末为原料，基本无需机加工便可实现制品制造的技术，一般包括粉末制备、成形、烧结、后处理等工艺流程。相较传统技术，它不通过熔化过程即可制备致密钛合金材料，解决了钛作为难熔金属的熔炼问题；同时其近净成形特点和微观组织优势减少了制造最终产品所需的原材料及开坯锻造过程，解决了铸锭冶金钛合金材料利用率低及热加工困难的问题。因此粉末近净成形技术成为短流程、低成本制备高性能钛及钛合金的有效方法，成为近40年里钛合金领域的研究热点。

在此背景下，本书针对钛粉体制备、钛粉末压制成形及致密化、钛粉末增材制造、钛粉末增塑成形（注射成形、凝胶注模等）等技术，重点介绍了工艺过程、制备技术发展现状、产品微观组织及力学性能以及产品应用等。具体内容包括：第1章从原料粉末、成形工艺、制品组织性能与应用等方面概述了粉末近净成形的发展历程；第2章全面介绍了各种钛粉制备技术，包括非球形粉体和球形粉体，并综述了各种技术的优缺点及研究现状；第 3 章介绍了传统钛粉压力成形技术，包括粉末冷压、冷等静压等粉体成形技术以及真空烧结、热压、热等静压等粉体致密化技术；第 4 章介绍了基于石蜡基、塑基和水基的粉末注射成形技术，并就其研究应用进展进行了全面综述；第 5 章介绍了多种钛合金增材制造技术及研究现状，并列举了目前该领域的有关应用案例；第 6 章介绍了钛粉凝胶注模技术的发展现状，并列举了该技术在多孔、发泡和致密材料领域的应用；第 7 章总结和前瞻性的介绍了钛粉末近净成形的发展近况和未来发展方向。

本书由北京科技大学的多名知名专家学者共同撰写。北京科技大学作为国内金属材料研究的重点科研单位，依托新金属材料国家重点实验室、新材料技术研究院、工程技术研究院、国家材料安全服役中心等国家重点研发平台，是国内最早开展钛粉末近净成形技术研究单位之一。在二十多年的研发和应用实践中，充分认识到钛粉末冶金技术的未来前景，并积累了大量的研究经验。近年来，北京科技大学不断开展钛及钛合金粉末近终成形应用基础研究，聚焦多种钛及钛合金粉末及复杂形状粉末冶金钛制品产业化的关键理论及技术，做出了一系列具有应用价值的创新性成果，积极推动了我国低成本高性能钛材料的研发和应用进程，为我国钛工业发展乃至先进材料技术进步提供了强劲动力。

本书由路新教授执笔主编，总体制订了内容提纲，统筹规划了全文书稿的撰写。本书共 7 章，张策主要撰写了第 2、3 章，潘宇主要撰写了第 4、5 章，陈刚、杨芳主要撰写了第 1、6、7 章。此外，刘博文、徐伟、刘艳军、谌冬冬、于爱华、邵艳茹等人也参与了本书的撰写工作。另外，本书的撰写得到了诸多专家学者的大力支持，并参考了有关文献，在此一并表示衷心的感谢。

由于编者水平所限，书中难免有疏漏和不妥之处，恳请同行和读者予以批评指正。

编　者

2021 年 10 月

目　录

1 钛粉末近净成形发展历史

1.1 总 体 概 况

钛及钛合金因其轻质、高强、难腐蚀、生物相容性好等特点，在航空航天、生物医疗、能源化工等领域展现出了广阔的应用前景[1, 2]，尤以航空领域表现最为明显，如图 1-1 所示，钛制品在民航客机中的材料使用量占其空重的比例逐年上升，现如今快接近 20% 的使用量。但是，由于钛的加工性能差，熔炼铸造、挤压锻造等传统加工技术难以实现钛材的高效、低能耗和低成本的稳定生产。例如，在航空航天工业领域，钛原材料通过传统加工制备获得最终零部件的买飞比（buy-to-fly ratio）高达 12∶1[4]，即钛的有效使用率不到 8%，造成了巨大的资源浪费，必然推高了钛制品的成本和价格，同时也极大限制了钛材的广泛应用。可见，发展低成本钛及钛合金制备技术势在必行，将有助于推动钛工业的发展和应用，是当前国际研究热点。

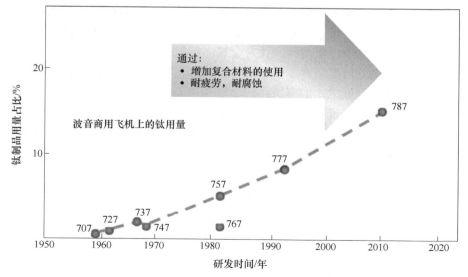

图 1-1　波音民航客机钛制品的使用量占其空重的比例与研发时间的关系[3]

粉末近净成形是一种以金属粉末为原料，基本无需加工就能实现制品近净形的技术，属于粉末冶金（PM）技术，一般包括粉末制备、成形、烧结、后处理等工艺流程，相对于传统工艺而言，具有工艺简单、原料利用率高、成本低等优点[3]。1980年，美国 F. H. Froes[5] 教授在 TMS 会议上首次发表了低成本粉末近净成形钛及钛合金领域的研究工作。至此，近40年来，全球粉末冶金工作者一直以节能、节材、降成本为主要目的，一般采用预合金（PA）或混合元素（BE）的钛粉近净成形方法，以 Ti-6Al-4V 为主要研究对象。其中，PA 方法通常用于生产要求苛刻的航空航天部件，其中力学性能水平（尤其是疲劳性能）与铸造和锻造件的力学性能水平相当。然而，由于高杂质含量和低致密度的原因，通过 BE 方法制备的钛制品通常无法达到航空航天关键部件所需的疲劳性能要求。直到20世纪80年代后期，低杂质钛粉原料开始出现，从而提高了密度，增强了疲劳性能。当然，BE 技术的生产成本低于 PA 技术。长期以来，世界各国均致力于钛及钛合金粉末近净成形的基础研究和应用开发，旨在促进低成本钛材的规模化应用和发展。

钛及钛合金粉末近净成形技术主要包括：压制成形、注射成形、增材制造、热等静压、喷涂等，而粉末则是上述工艺的必备原材料。截至目前，钛及钛合金粉末近净成形制品已在航空飞行器、医用器械等高端领域得到了小规模应用，涌现出了诸如 ADMA Products、Dynamet Technologies 等业内领军企业。但是，除了在高端领域得到有限应用之外，仍未实现大规模产业化，究其原因主要归结于：（1）制品力学性能不够；（2）成本较高。当前，高品质钛粉主要通过雾化技术制得，而由于技术的局限性，造成了高品质钛粉价格居高不下的困境。氢化脱氢等工艺可批量制备低成本钛粉，但因其品质低，导致制品的力学性能不佳。现有的近净成形工艺难以实现钛及钛合金制品组织与性能的有效调控，无法平衡其性能与成本。由此可见，对于钛及钛合金粉末近净成形而言，其面临的挑战仍是如何实现高性能和低成本的有机协调。

本章将回顾钛粉末近净成形从钛工业早期（20世纪40年代后期）至今的发展历史，从原料粉末、成形工艺、制品组织性能与应用等方面简要综述钛及钛合金粉末近净成形的研究和发展历程。

1.2 技术及应用发展历史

1.2.1 早期

1940年，卢森堡冶金学家 Wilhelm Justin Kroll 博士发明了镁还原 $TiCl_4$ 制备海绵钛的方法，称为"Kroll 法"。该方法具有流程短、稳定性高、易于产业化等特点，并由美国杜邦公司率先进行规模化生产和商业销售，使其成为目前规模化工业生产海绵钛的主要工艺，所制海绵钛成为当前钛粉末和铸锭最主要的基础原料。因此，Kroll 博士被称为"现代钛工业之父"。自此，全球进入了钛工业的早期发展时期。

Kroll 博士在美国矿业局工作期间，采用粉末冶金工艺将海绵钛进行冷压烧结，而后通过热或冷加工方法，制备生产了少量符合测试要求的钛金属制品，但也发现这些制品存在严重的缺陷，而且残留在海绵钛颗粒中的氯化镁（$MgCl_2$）和氢含量会降低力学性能和可焊性。因此，钛粉末近净成形或者粉末冶金技术因其性能问题，在当时没有得到大力发展。

1.2.2 中期

在 1980 年举办的 TMS 会议上，美国 F. H. Froes 博士首次发表了关于低成本粉末近净成形钛及钛合金领域的研究报告，具体涉及钛粉制备（等离子旋转电极雾化（PREP）及氢化脱氢（HDH）制粉技术）、预合金（PA）粉末热等静压（HIP）以及元素混合（BE）粉末压制烧结的研究进展。Froes 博士表示，PREP 钛制品的焊接以及 HIP 制备 Ti-6Al-4V 合金的技术在大型复杂钛部件中展现出了广阔的应用前景。

至此，全球钛工业从业者逐渐认识到，相对于传统加工工艺，粉末近净成形技术具备复杂形状成形、制品性能稳定以及成本低等特点。一般情况下，如图 1-2 所示，BE 方法因其粉末原料成本低，所以比 PA 工艺更具成本优势；但又由于元素粉末的杂质普遍较预合金粉末高，故而其粉末冶金制品的性能表现相应较低。与此同时，粉末近净成形方法总体而言在成本上比传统的锻造钛制品低，性能略低。因此，选择何种工艺制备钛制品，主要取决于部件对于性能和成本的要求。

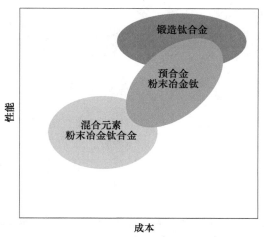

图 1-2 元素粉末混合法（BE）、预合金粉末法（PA）及锻造钛制品的成本与性能关系[6]

　　表 1-1 所示为多种工艺制备的混合元素 Ti-6Al-4V 粉末烧结压坯的拉伸性能与轧制退火锻造制品性能对比。可见，混合元素 Ti-6Al-4V 粉末烧结制品的性能较传统轧制锻造制品较低，主要是其孔隙和杂质含量高的原因。图 1-3 将 BE 和 PA 粉末烧结制品的疲劳性能与熔铸锻造制品的数据进行了比较。可见，Kroll 法制备海绵钛的制造过程中，残留的杂质和烧结残留的孔隙会导致 BE 粉末烧结钛制品在动态疲劳测试的早期阶段便萌生裂纹。所以，较低的杂质含量以及后续加工或热处理控制微观组织结构可以提升疲劳性能。值得注意的是，当 BE 粉末烧结制品的致密度不低于 98% 时，其力学性能（如断裂韧性和疲劳裂纹扩展速率）似乎与具有相同化学和微观结构的熔铸件性能水平相当。当然，在成本控制方面，采用 BE 粉末烧结工艺是有吸引力的，其花费仅约为 PA 粉末烧结法的五分之一。

表 1-1　混合元素 Ti-6Al-4V 压坯与轧制退火锻造产品的典型拉伸性能[3]

工　艺	屈服强度/MPa	极限抗拉强度/MPa	伸长率/%	断面收缩率/%
冷等静压	827	917	13	26
压制和常压烧结	868	945	15	25
锻轧机退火	923	978	16	44
典型的最低性能（MIL-T-9047）	827	896	10	25

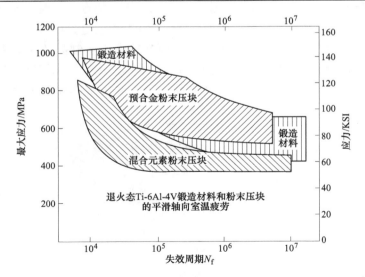

图 1-3　BE 和 PA 粉末烧结和锻造制品的 Ti-6Al-4V 合金疲劳性能对比[3]

（1KSI＝6.895MPa）

　　通常情况下，钛零件的制造成本主要集中在锻造和机械加工上面，同时还要考虑原料成本，因此只有在综合评估了这些因素之后才能选择合适的工艺。表 1-2 罗列了美国 Crucible Research Center 的统计数据，表中列出了美国空海军战机所用钛合金的大型锻造件重量、近净成形件重量、最终零件重量以及使用近净成形件的成本节省百分比。上述数据表明，通过近净成形工艺路线制造航空飞行器钛零件较传统工艺节省成本约 20%~50%，具体取决于零件的大小和复杂程度以及所生产零件的数量，而且如能批量生产可节省更多成本。

表 1-2　Ti-6Al-4V 预合金近净成形零件的重量和成本节省①

美国空军战机钛部件	锻造件重量/kg	近净成形件重量/kg	最终零件重量/kg	成本降低率/%
F-14 机身支撑部件	2.8	1.1	0.8	50
F-18 发动机支座支架	7.7	2.5	0.5	20
F-18 制动钩支架配件	80.0	25.0	13.0	25
F-107 径向压缩机叶轮	15.0	2.8	1.7	40
AH64 径向压缩机叶轮	10.0	2.3	1.1	35
F-14 机舱框架模具	144.0	82.0	24.0	50

① 数据来源于美国 Crucible Research Center。

1.2.3　后期

近 25 年来，钛粉末近净成形技术与工业得到了飞速发展，其中包括粉末制备、压制成形、HIP、注射成形（MIM）以及新兴的增材制造（AM）技术。

1.2.3.1　钛粉制备

金属粉末是粉末近净成形技术的重要基础原料，是决定粉末成形制品性能的关键。目前，钛及钛合金粉末的制备方法主要可以分为以下两种类型：（1）钛化合物（$TiCl_4$ 或 TiO_2）还原法；（2）钛原料（海绵钛、铸锭或切屑等）破碎或雾化法。

还原法主要包括热还原和电化学还原两种工艺。热还原法是以 $TiCl_4$ 或 TiO_2 作为原料，采用镁、钠、钙或氢化物等强还原剂将 $TiCl_4$ 或 TiO_2 在一定温度下进行还原处理，并获得钛粉产物。采用 $TiCl_4$ 为原料，以金属镁作为还原剂的 Kroll 法[7]，具有流程短、稳定性高、易于产业化等特点，是目前规模化工业生产海绵钛的主要工艺，所制海绵钛成为当前钛粉末和铸锭最主要的基础原料。

1961 年，美国 TIMET 公司发明了氢化脱氢（HDH）钛粉制备方法[8]。该工艺先将海绵钛或钛屑进行氢化处理，然后破碎再脱氢制得不规则形状钛粉。HDH 法具有工艺简单、能耗低、易规模化等特点，所制钛粉粒度范围宽、成本低。HDH 钛粉的氧含量主要取决于原材料、工艺过程及其比表面积，可控制在 0.1%~0.3%（质量分数）范围内。该方法具有一定的普适性，还可制备其他钛合金粉末制品，并且经过了工艺改进和应用推广，目前已成为国内外制取钛粉的经典方法，其粉末产品广泛应用于冶金、化工、医疗、国防等高端领域。

1.2.3.2 压制成形

近 40 年来，美国 Dynamet Technology 公司一直致力于钛粉压制成形产品的生产，如图 1-4a 所示，部分产品已得到小规模应用。该公司生产的第一种粉末冶金钛制品是雷神公司的响尾蛇导弹上的圆顶外壳 Ti-6Al-4V 合金预成形件，后来还生产了粉末冶金 Ti-6Al-6V-2Sn 合金制品应用于 Stinger 导弹弹头外壳。最近，Dynamet Technology 公司成为波音公司的粉末钛合金制品的唯一供应商。因此，国际钛协会（ITA）向 Dynamet Technology 公司颁发了 2013 年度钛合金应用奖，用以表彰其在低成本近净成形钛合金方向的突出贡献。此外，美国 ADMA Products 公司自 1985 年开始生产粉末冶金钛零件，部分产品应用于航空航天领域。我国西北有色金属研究院在钛粉末近净成形领域的研发已有 30 多年的经验，开发的多孔钛制品已经应用在化工、食品等领域，图 1-4b 所示为粉末轧制多孔钛板，应用于过滤行业。

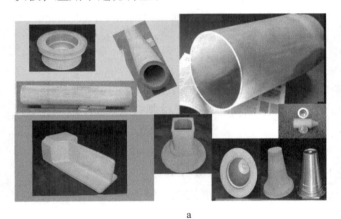

a　　　　　　　　　　　　　　　　b

图 1-4　压制成形钛产品[3]

a—美国 Dynamet Technology 公司生产的管坯及异形件；b—西北有色金属研究院制备的轧制钛板

1.2.3.3 热等静压

热等静压（HIP）工艺是由美国巴蒂尔（Battelle）研究所在 20 世纪 50 年代发明的，该技术是一种以惰性气体为传压介质，在 850 ~ 2000℃温度和 100 ~ 200MPa 气压的协同作用下，对制品进行高温压制和烧结处理的技术，是目前粉末近净成形钛及钛合金结构件全致密化的最主要手段，制品具有组织均匀、无织构、无偏析等特点。随着粉末生产技术的不断发展，具有良好流动性的 PA 球形粉末冶金逐渐被 HIP 工艺采用，用以生产高致密度的近净形钛制品。

1.2.3.4 注射成形

粉末注射成形在批量制备具有三维复杂形状零部件方面具有独特的优势，有望促进钛及钛合金的发展和应用。该技术是粉末冶金和塑料成形两者的结合，包括：混炼、制粒、注射、脱脂、烧结等步骤。1992 年，日本钨业公司制造出首件钛的注射成形产品。1999 年，名古屋国家工业学院用注射成形的方法制备出了抗拉强度大于 630MPa、伸长率可达到 15%~20% 的纯钛件，以及相对密度大于 96%、抗拉强度为 950MPa 的 Ti-6Al-4V 合金部件，材料性能与铸件相当。2012 年，谢菲尔德大学采用注射成形技术制备了纯钛医用件，达到了美国测试协会（ASTM）标准。德国 Element 22 公司是 MIM 生物医用钛制品的先驱公司，已小规模生产了多款医用钛制品（见图 1-5）。然而，直到目前为止，由于本身成本的问题，注射成形钛及钛合金产品仍未获得广泛的工业化应用。

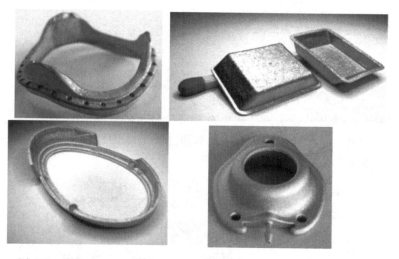

图 1-5 德国 Element 22 公司采用注射成形技术生产的钛合金制品[9]

1.2.3.5 增材制造

增材制造技术，即 3D 打印技术，是一种可快速制备高性能复杂金属零件的先进制造技术。如图 1-6 所示，金属增材制造技术（AM）主要可分为三类[10]：（1）粉床型，将金属粉末先铺展在沉积区域，再用激光或电子束逐点逐行选择性地烧结或熔化沉积材料；（2）送粉型，将金属粉末直接送入由激光产生的熔池中，熔化后沉积下来；（3）送丝型，将金属丝直接送入由激光产生的熔池中，而后熔化再沉积。可见，粉末或者丝材是金属增材制造工艺的重要基础原料，而在众多金属材料中，钛合金因其最能够发挥增材制造的技术优势，成为当前增材制造技术研究最为广泛的金属材料。

虽然 AM 技术发展了将近 40 年，但是直到 1997 年美国 Aeromet Corporation 公司才首次通过送粉型的定向能量沉积技术（DED）开始应用于钛合金的增材制造[11]；2000 年，瑞典 Arcam AB 公司发明了粉床型的电子束选取熔化成形技

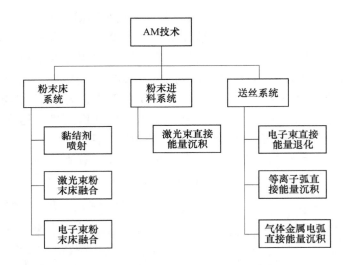

图 1-6　金属增材制造技术的分类[12]

术（EBM）[11]，并开始采用该技术生产钛及钛合金的制品。时至今日，增材制造钛及钛合金制品（见图 1-7）由于其成本和性能的原因，应用仍较少，并局限于高端的航空航天及生物医用领域。

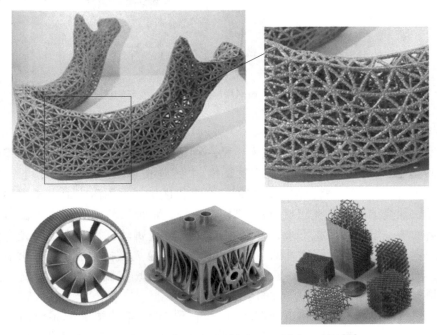

图 1-7　不同增材制造技术制备的钛及钛合金制品[13]

　　当前，在 DED 技术方面，我国处于世界领先地位，形成了以北京航空航天大学和西北工业大学为代表的优势科研机构，并且已经实现了产业化，采用激光近净成形技术制造的复杂钛合金构件等产品已经在航空航天等领域得到工程应用。然而，在粉床型技术方面，欧美国家处于世界领先地位，形成了基于基础理论指导的控形控性理论与技术，推出了针对特定金属材质的增材制造工艺，并且已经形成了一定的产业规模。例如，美国 GE 并购了 Arcam 和 Concept Laser 两家专业制造粉床型技术增材制造装备的公司，并致力于大量采用增材制造技术研发和生产航空发动机部件。

1.3　战 略 定 位

　　2018 年，世界著名战略咨询机构——美国麦肯锡公司发布了《未来工厂》（Factory of the Future）的咨询报告，列举了未来十大先进材料制造技术，其中，同属粉末近净成形技术的 AM 和 MIM 分别位列第一和第二名。AM 和 MIM 钛及钛合金制品已在航空航天、机械制造、生物医学等领域展现出广阔的应用前景，受到了各国政府和科技工业界的高度关注。而且，世界各军事强国都将钛粉末近净成形技术及其制品列入了国防武器装备的重点发展方向。比如，美国国防高级研究计划局（DARPA）和俄罗斯国防工业综合体（OPK）等武器研发机构投入了大量经费，用于研发航空航天、舰船等领域具有高强、轻量化要求的部件，例如拓扑优化点阵结构的钛合金部件，可应用于无人舰船装备上。我国也将钛粉末近净成形纳入了未来颠覆性技术的行列，同样也是《中国制造 2025》和未来我国新材料技术领域的重点发展方向之一。

参 考 文 献

[1] Leyens C, Peters M. Titanium and titanium alloys: fundamentals and applications [M]. Germany: Wiley-VCH, 2003.

[2] Lütjering G, Williams J C. Titanium [M]. 2nd ed. Berlin: Springer, 2007.

[3] Qian M, Froes F H. Titanium powder metallurgy. [M]. Boston: Butterworth-HeinEmann, 2015.

[4] Bowden D M. Boeing Final Technical Report [R]. Boeing, 2012.

[5] Froes F H, Eylon D. Powder metallurgy of titanium alloys [J]. Metallurgical Reviews, 2013, 35 (1): 162~184.

[6] Fang Z Z, Paramore J D, Sun P, et al. Powder metallurgy of titanium-past, present, and future [J]. International Materials Reviews, 2017.

[7] Kroll W. The production of ductile Titanium [J]. Transactions of the Electrochemical Society,

1940, 78 (1): 35~47.

［8］ Tao L C. Producing brittle titanium metal ［P］. US Patent 3005698A, 1961.

［9］ Dehghan-Manshadi A, Bermingham M J, Dargusch M S, et al. Metal injection moulding of titanium and titanium alloys: challenges and recent development ［J］. Powder Technology, 2017, 319: 289~301.

［10］ Frazier W E. Metal additive manufacturing: a review ［J］. Journal of Materials Engineering and Performance, 2014, 23: 1917~1928.

［11］ Dutta B, Froes F H. Additive manufacturing of Titanium alloys ［M］. Boston: Butterworth-Heinemann, 2016.

［12］ Lores A, Azurmendi N, Agote I, et al. A review on recent developments in binder jetting metal additive manufacturing: materials and process characteristics ［J］. Powder Metallurgy, 2019, 62: 1~30.

［13］ Liu S, Shin Y C. Additive manufacturing of Ti-6Al-4V alloy: A review ［J］. Materials and Design, 2019, 164: 107552.

2 钛粉制备技术

钛粉是指尺寸小于1mm的钛颗粒群，其形貌有球形、多角形、海绵状和片状等多种，其粒形与制取方法有关，属于松散物料，其性能综合了钛基体和粉末体的共性。钛粉具有很大的表面自由能，所以钛粉很活泼，非常容易氧化、易燃、易爆、易与其他元素发生反应。钛粉呈浅灰色，随着粒级变小而加深，粗粉带有金属光泽，微粉呈灰色，超微粉呈黑色。钛粉中化学成分指钛金属和杂质的含量，钛含量越高，杂质含量相对越低，钛粉的纯度越高，纯度大于99%称为等级品，比其纯度低的称为等外品。钛粉中氧、氮、氢等气体杂质，特别是氧，对钛粉产品影响很大，通常将氧含量低于0.15%的称为高质量钛粉。

钛粉是多种材料制造加工技术中基础原料，在粉末冶金（powder metallurgy，PM），增材制造（additive manufacturing，AM）、金属注射成形（metal injection molding，MIM）、热喷涂技术（thermal spraying，THSP）等技术中广泛应用。不同制造技术对粉末纯度、粒径、形貌、流动性、松装/振实密度等各种性能要求都不完全相同。根据所制造的粉末形貌是否为球形，可分为球形和非球形钛粉制造技术。非球形钛粉制备技术包括热化学还原法、电化学法、氢化脱氢法（Hydriding Dehydrogen，HDH），按照前驱体不同热化学还原法又可分为$TiCl_4$热化学还原法和TiO_2热化学还原法，电化学法可根据电极材料分为阳极含钛材料、阴极含钛材料和电极不含钛材料的制备工艺；球形钛粉制备技术有气雾化（gas atomization，GA）、离心雾化（acentric atomizing，AA）、等离子球化（plasma spheroidization，PS）、造粒烧结脱氧工艺（granulation sintering deoxygenation，

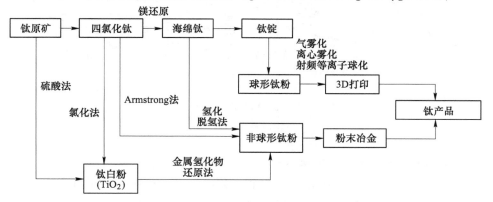

图 2-1 钛粉制备及应用

GSD）和各种粉末整形技术等。近年，随着以增材制造和注射成形为代表的近净成形技术的快速发展，钛粉特别是球形钛粉的需求量将持续增长。数据显示，2018 年钛及钛合金在整个金属 3D 打印材料中的用量占比在 50% 以上，这充分说明了钛粉市场的巨大的消费潜力。

2.1　钛提取技术

2.1.1　热化学法

钛的热化学法制备主要有两种前驱体：$TiCl_4$ 和 TiO_2。由于 $TiCl_4$ 在室温和大气压下为液体，处于中等温度下易汽化，因此使用 $TiCl_4$ 作为前驱体可以通过蒸馏除去 $TiCl_4$ 中所含杂质从而得到高纯度的钛。然而，$TiCl_4$ 的生产成本较高，能耗较大，如含 TiO_2 矿物的高温氯化工艺。为了避免高温氯化过程，许多研究者使用不同的前驱体材料进行钛的制备，如商用 TiO_2、TiO_2 渣、合成金红石、氟钛酸钠等，其中 TiO_2 是较为理想的前驱体。但是，前驱体不是影响成本的唯一因素，TiO_2 或 $TiCl_4$ 还原的内在能量差异以及还原剂的选择也会影响最终成本。从理论上讲，基于自由能的 Ellingham 图[3] 是金属与氧或氯反应选择还原剂的基础，如图 2-2 所示，由图可知可还原 $TiCl_4$ 的还原剂有 Na、Mg、Ca、K、Li、Y 和 Al 等，其中以 Mg 和 Na 为主，Mg、Ca、Y 和 Al 等可还原 TiO_2，其中 Mg 和 Ca 最受关注，虽然 Al 作为还原剂电子数较多、成本较低，但 Al 易与 Ti 形成多种合金，故铝热还原制备纯 Ti 的研究不多。

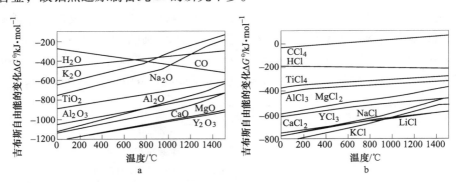

图 2-2　Ellingham 图[3]
a—氧势图；b—氯势图

2.1.1.1　$TiCl_4$ 的热化学还原法

$TiCl_4$ 的热化学还原法根据还原剂和工艺的不同，存在多种制备方法，包括 Kroll/Hunter 工艺以及在其基础之上改进的一些其他方法，如 ADMA、

Armstrong（连续的 Hunter 法）等。所以在介绍其他制备方法时需要先了解 Kroll/Hunter 工艺。

海绵钛的商业生产通常使用克劳尔（Kroll）或亨特（Hunter）工艺，如今 Kroll 工艺占据行业主导地位；Kroll 工艺使用 Mg 还原 $TiCl_4$，而 Hunter 工艺使用 Na 还原 $TiCl_4$。用 Mg（或 Na）还原 $TiCl_4$ 的总反应方程为

$$2Mg/4Na + TiCl_4 \longrightarrow 2MgCl_2/4NaCl + Ti$$

反应的副产物 $MgCl_2$（或 NaCl）可以通过蒸馏（或洗涤）与 Ti 分离，得到的海绵钛经过机械方法破碎形成钛粉。以下简要讨论 Kroll、Hunter 和其他一些在其基础上改进的工艺。

A　Kroll 工艺

Kroll 工艺是在 800~850℃ 下，纯化的 $TiCl_4$ 与液态 Mg 反应得到 Ti，副产物为 $MgCl_2$；还原产物中含有残留的 Mg 金属、少量 $TiCl_3$ 和 $TiCl_2$；将还原产物在 1000℃ 的高温下通过真空分馏（0.1~1Pa），脱除非钛组分得到海绵钛，$MgCl_2$ 可电解生成 Mg 和 Cl_2 循环使用，具体流程如图 2-3 所示，Kroll 制备的典型海绵钛形貌如图 2-4 所示。该蒸馏需要大量能量，且热效率较低，蒸馏后还需要较长的冷却时间，导致生产周期较长；迄今为止，虽然最大的工厂每个反应室可生产 10t 钛金属，但是整个周期需要超过 10 天的时间（平均每天 1t）；并且其原料（高纯 $TiCl_4$）具有强腐蚀性、对设备要求极高，此外 $TiCl_4$ 的还原过程非常迅速，以至于形成的海绵是一种互锁的树枝状晶体，其中包含镁、镁盐和次氯化钛，使用之前必须经过几个纯化步骤。目前全世界对低成本钛产品的需求日益

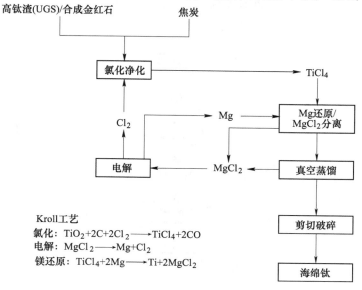

图 2-3　Kroll 工艺流程图

增长，传统 Kroll 法难以满足要求，因此打破传统工艺、寻求新方法是大势所趋。

图 2-4　Kroll 工艺制备的典型海绵钛粉形貌[5]

B　Hunter 工艺

作为 20 世纪中叶两个主要商业化生产钛方法之一的 Hunter 工艺与 Kroll 工艺相近。在 Hunter 过程中，将 $TiCl_4$ 和熔融金属钠同时加入反应器中，或将 $TiCl_4$ 逐渐加入盛有熔融钠的反应器中，温度控制在 850℃以上以保证钠和产物 NaCl 在反应过程中均为熔融态；当 $TiCl_4$ 与钠接触时，钛在熔池表面开始结晶并沉降，反应完成后将钛和 NaCl 的混合物从反应器中取出，在室温下破碎至粉状，研磨后进行浸出、洗涤、干燥，得到钛，具体流程图如图 2-5 所示，Hunter 工艺制备

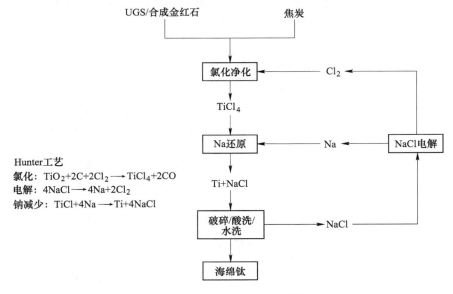

图 2-5　Hunter 工艺流程图[4]

的典型海绵钛形貌如图 2-6 所示。但 Hunter 工艺在经济效益上不如 Kroll 工艺具有竞争力，每生产 1mol 钛，Hunter 法需消耗 4mol 钠，而 Kroll 法只需消耗 2mol 镁，即金属钠的消耗量是金属镁的 2 倍，并且金属钠比镁更活泼，操作要求更严格。Hunter 法制得的钛中 O、C 和 Fe 的含量高于 Kroll 法生产，导致多年来使用 Hunter 工艺制备的海绵钛的商业生产已逐渐停止。但是多年来研究人员在 Hunter 工艺基础上一直在不断持续研究和改进。

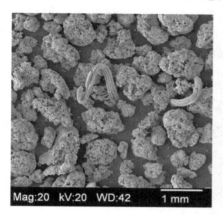

图 2-6 Hunter 工艺制备的典型钛粉形貌[5]

C 基于 Kroll 方法的改进工艺

a ADMA 工艺

ADMA 工艺[6]是 Kroll 工艺的一种改进方法，特别之处在于将镁热还原和氢化两种工艺合二为一并有望降低钛粉的生产成本和能耗，其关键技术是将 H_2 引入主要工序（还原、相分离、冷却等），具体工艺流程为：在 830~880℃下的 H_2-Ar 气氛中（H_2 分压为 5%~10%）用液态镁还原 $TiCl_4$，形成中心具有开放空腔的金属钛块；还原后，将预热至 980~1020℃的 H_2 引入反应器中（注入热 H_2 有利于反应器温度均匀及后续蒸馏分离），在 850~980℃及 26~266Pa 条件下完成 $Mg/MgCl_2$ 与钛的真空分离；蒸馏完成后使冷 H_2 在反应器中流通，实现金属钛可控吸氢并使钛本身的温度降至 600℃以下；当温度降至 450~600℃时，将多孔钛块在 H_2 气氛中保温 20~70min 使钛完全氢化；向反应器中通入冷惰性气体排净反应器中的氢气，并使温度降至 150~200℃；从反应器中取出多孔氢化钛，破碎，研磨至所需尺寸，最后将满足要求的氢化钛进行脱氢处理得到钛粉。

b TiRO 工艺

数十年来研究人员一直致力于降低生产钛粉的过程成本，可行的方法之一是运用与 Kroll 工艺相同的化学方法来开发连续制备过程，其中 TiRO 工艺就是一个典型案例。TiRO 工艺是澳大利亚联邦科学和工业研究组织 CSIRO

（Commonwealth Scientific and Industrial Research Organization）率先提出，其主要步骤包括还原和蒸馏分离，如图 2-7 所示。具体流程为：将金属镁粉置于流化床中还原 $TiCl_4$，并且保证流化床的温度严格控制在 650（镁熔点）~714℃（$MgCl_2$ 熔点），还原过程中镁颗粒周边不断沉积形成由 80%（质量分数）$MgCl_2$ 和 20%（质量分数）Ti 组成的大球形颗粒的还原产物，即直径仅约 1.5μm 的钛颗粒分散在连续相 $MgCl_2$ 中；然后在 750~850℃、压力低于 20Pa 的条件下进行连续真空蒸馏，获得类球形产物，但是在蒸馏过程中其易烧结成较大的团聚体，因此 TiRO 工艺的产物为多孔结构金属钛，$D_{50} = 200μm$，并且其氧含量不易控制，氧含量超过 0.3%、氯含量小于 0.03%。

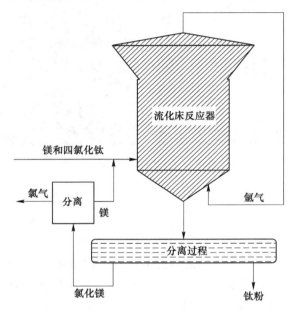

图 2-7　TiRO 工艺原理图[7]

　　2005 年 11 月，该研究团队采用该工艺在试验室规模生产，试验阶段的数据显示氧含量偏高，超过 0.25% 的氧含量，最终所获得的钛纯度不足，并且 $TiCl_4$ 作为原料的成本也高；2006 年，该研究团队对该技术进行了改进，降低了氧含量，并且建立了一个 50kg/d 的试验工厂进行生产；2009 年 5 月，该研究团队利用该方法开发出生产率为 200g/h 的连续化生产商业化纯钛粉的实验装置，并且后续开发了 2000g/h 的连续生产商业化纯钛粉的设备。

　　c　连续气相还原法

　　1998 年，美国能源部奥尔巴尼研究中心 ARC（Albany Research Center）的 D. A. Hansen 等通过开发连续镁热还原工艺来降低钛粉的制备成本，即连续气相还原法[8]。此工艺是通过将液态 $TiCl_4$（以氩气作为载气）和镁丝进料到 1000℃的竖井反应器中，使镁丝气化产生的镁蒸气与 $TiCl_4$ 反应形成钛、$MgCl_2$ 和镁的混合物粉末；通过静电除尘器从氩气流中除去钛/镁/$MgCl_2$ 粉末，并通过真空蒸馏或湿法浸出将钛粉末与镁和 $MgCl_2$ 分离得到钛粉，具体流程如图 2-8 所示。其中，由真空蒸馏分离产生的钛粉具有较低的氧含量，但是镁和氯的含量很高，并且真空蒸馏是一个批量生产过程而非连续；湿法浸出得到的钛粉为球形、流动性好、镁和氯含量低，但氧含量高于 0.82%，两种分离方法得到的钛粉形貌如图 2-9 所示。该法所制钛粉为亚微米范围，但因粉末细小而难以收集，且较大的比表面积易被氧化导致表面氧含量和总氧含量很高，钛粉须保持在 5μm 以上才能使粉末氧含量降至产品标准要求的范围以内。

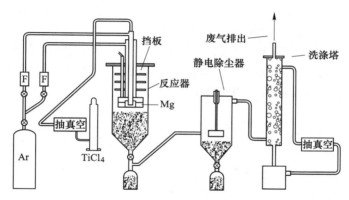

图 2-8 连续气相还原工艺示意图[8]

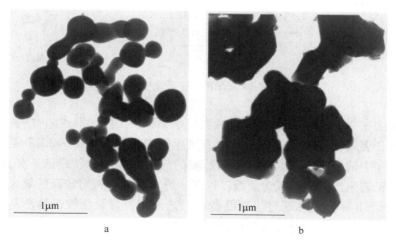

图 2-9 真空蒸馏和湿法浸出得到的钛粉形貌[8]

a—真空蒸馏；b—湿法浸出

有英国公司在这基础之上提出了发明专利，将熔融还原剂钠、镁于 100～900℃时连续落入反应器，鼓入 650～900℃的 TiCl$_4$ 气体使还原剂雾化，通过雾化还原剂与 TiCl$_4$ 气体之间的反应生成还原产物和含还原产物的钛粒，分离后除去钛粒中的还原产物制得钛粉。

d　CSIR-Ti 工艺

目前，南非是钛原料的世界级供应商，但在增值产品行业中却是次要供应商，为了增加在增值产品行业的地位，南非需要建立钛金属工业，南非科学和技术部（DST）的科学和工业研究理事会（CSIR）一直致力于钛生产的低成本化，在评估多种不同途径之后，CSIR 选择了一种通过金属热还原熔融盐中的 TiCl$_4$ 连续生产钛粉的工艺。他们提出了两步连续镁热还原的 CSIR-Ti 法，TiCl$_4$ 被钛或镁部分预还原形成含 TiCl$_2$ 的 MgCl$_2$ 熔融盐，TiCl$_2$ 被分散于 MgCl$_2$ 熔融盐中的金属镁进一步还原成金属钛。还原后部分产物会用于 TiCl$_4$ 预还原，剩余部分从反应器中分离出来，进行沉降分层和蒸馏处理，可得到不规则形状的钛，尺寸在 1～330μm 之间分布，平均尺寸为 15～20μm，氯和氮的含量小于 0.05%，氧的含量高于 0.2%，具体流程如图 2-10 所示。

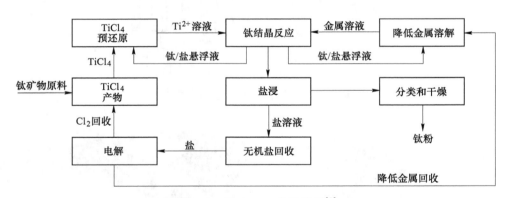

图 2-10　CSIR-Ti 工艺流程图[9]

该方法在 2011 年底被批准了继续发展小型试验工厂（2kg/h）的资金，如图 2-11 所示，但最初是以分批和半分批方式运行的，并在 2014～2017 年开始运行连续 2kg/h 中试生产，可生产出不同形貌的晶体和非晶的钛粉末，如图 2-12 所示。但此工艺生产的钛粉氧含量难以控制，约 99% 具有相对较高的氧含量和副产物，因此 CSIR 一直也在通过改进设备和工艺来获得含氧量较低的产品。有人在此基础之上发明了一种通过将 TiCl$_4$ 气体通过 MgCl$_2$ 熔融盐注入镁来生产钛粉的技术，以便通过熔融盐在空间上将钛产物与镁分离，在此过程中，反应在熔融的镁和 MgCl$_2$ 的界面发生。

图 2-11 CSIR-Ti 中试工厂[10]

图 2-12 生产出的晶态和非晶态的 CSIR-钛粉末的微观结构[10]
a—树枝状；b—蕨状；c—板状；d—混合；e—粉末；f—结晶态

D 基于 Hunter 方法的改进工艺

a ARC 工艺

尽管自 1948 年开发以来，对 Hunter 流程进行了逐步改进，但如今使用的流程基本上与 Kroll 博士开发并由美国矿业局完善的批处理流程相同。美国能源部 ARC 研究了一种连续两步 Na 还原法，ARC 法原理与 CSIR-Ti 工艺有相似之处。在该方法中，通过用熔融氯化物盐稀释反应物来减慢和控制还原反应的速率和放热强度，$TiCl_4$ 与含熔融钠的 NaCl 熔盐逆流接触并完成部分还原，将

稀释的含 $TiCl_2$ 的 NaCl 熔盐流在连续的搅拌釜反应器中合并，$TiCl_2$ 进一步被钠还原成钛，在已经存在的小钛颗粒上形成新的钛，当钛颗粒太大而无法悬浮在溶液中时，它们会落到反应器底部并被分离。该方法在最初的实验中显示出优势，但是所获得的钛为 5μm 小聚集体，在纯度（氧含量较高）和粒径均匀性方面受到限制。

b　ITP-Armstrong 工艺

成立于 1997 年的国际钛粉公司（Intenational Titanium Powder），基于 Hunter 工艺自主研发了典型连续钠热还原 $TiCl_4$ 制得钛粉的工艺——阿姆斯特朗工艺（Armstrong process），曾备受关注并获得大量投资。具体过程为：将熔融的钠泵送至反应器，然后 $TiCl_4$ 蒸气通过一个内部喷嘴注射到钠流中，使气态 $TiCl_4$ 与钠在喷嘴处立即发生连续反应，流动的钠从反应区带走生成的钛和 NaCl，滤出未反应的熔融钠和滤液中残留的钠，经高温过滤、蒸馏分离和回收，产物经水洗等获得钛粉，具体流程和粉末形貌分别如图 2-13 和图 2-14 所示。Armstrong 法可以按各种用途通过调节系统控制参数调控生产的钛粉及钛合金粉的粒度分布、形态、流动性和密度等特性；并且具有生产连续化、投资少、产品应用范围广、副产物分解的钠和 Cl_2 可循环利用等优点，有效降低了成本。与 Hunter 法相比，ITP-Armstrong 法实现了连续化生产，且产品不需进一步提纯，适用领域较广，已接近工业化生产，研究人员采用该法制备的钛成分（质量分数）为 O（0.12% ~ 0.23%）、N（0.009% ~ 0.026%）、C（0.013%）、Fe（0.012%），产品具有微孔的小海绵状，Cl 的含量小于 0.005%。但其氧含量进一步降低困难、工艺设备使用寿命较短，分离设备需进一步优化，综合工厂的投资成本也相对较高，若在反应器中通入其他金属的氯化盐，也可以制得合金粉。

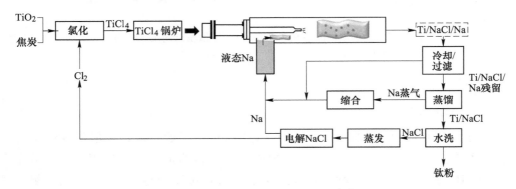

图 2-13　ITP-Armstrong 法流程图[11]

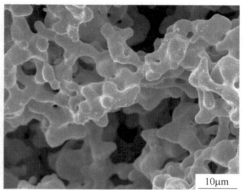

图 2-14 Armstrong 工艺得到的钛粉形貌[12]

国际钛粉公司新建钛粉厂于 2010 年 12 月投产，该厂是采用 Armstrong-Ti 技术的第一个工厂，其设计能力为 2000t/a 钛粉和 Ti-6Al-4V 合金粉末，在 2011 年达到满负荷生产。目前该公司正在优化工艺来提高产品的质量，生产出能直接用于粉末冶金、喷射成形等快速制造的合格钛粉；由于以 $TiCl_4$ 为原料，防止不了氯化过程，需改进工艺来减小钛粉生产过程对环境的影响，同时保证产品质量、延长 Armstrong 反应器的使用寿命，以及减少企业采用该工艺所需的后期投资成本等。

c ITT 工艺

ITT 法是 IdahoTi 技术（Idaho Titanium Technologies）公司最早开发的一种小规模、试验型的等离子反应器系统，结合快速等离子淬火工序制备钛粉，其过程为：$TiCl_4$ 经等离子还原、热分离，通过淬火工序，生成细的氢化钛粉末，最后脱氢得到钛粉，具体流程如图 2-15 所示。2001 年，NISTATP（国家标准技术协会高等技术项目）基金扶持该技术的发展，使中试工厂生产规模扩大到 50kg/h，但在 2004 年的报道中，实际生产速率只有 18.14kg/h。这种方法可以避免反应器被 Cl_2 和电极腐蚀，操作简单，生产的钛粉与普通钛粉相比其抗氧化性更强，粒度更小，但是操作温度高，能耗大，增加了生产成本。

d SIR International 工艺

SRI International 工艺是 SRI International 国际公司开发的一种钛粉生产工艺，如图 2-16 所示，在高温流化床内，首先在第一反应室内将气态 $TiCl_4$ 还原为钛的低价卤化物（$TiCl_x$），再于第二反应室内用 H_2 等还原剂将其还原得到钛粉，其中

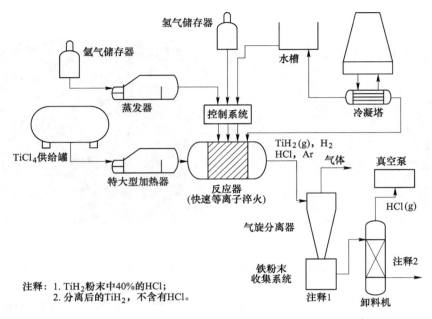

注释：1. TiH$_2$粉末中40%的HCl；
　　　2. 分离后的TiH$_2$，不含有HCl。

图 2-15　中试工厂 ITT 等离子淬火反应系统的基本流程图[13]

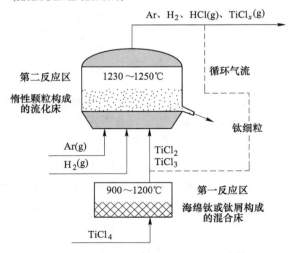

图 2-16　SRI 流化床反应器示意图[13]

第一个反应室的温度保持在 900~1200℃，TiCl$_4$ 蒸气与含有海绵钛或钛屑反应得到 TiCl$_x$：

$$3TiCl_4(g) + Ti(s) \longrightarrow 4TiCl_3(g)$$

$$\text{TiCl}_4(\text{g}) + \text{Ti}(\text{s}) \longrightarrow 2\text{TiCl}_2(\text{g})$$

TiCl_x 由氩气移送至第二反应区与氢气反应得到钛粉，反应方程式为

$$2\text{TiCl}_x(\text{g}) + x\text{H}_2(\text{g}) \longrightarrow 2\text{Ti}(\text{s}) + 2x\text{HCl}(\text{g})$$

为了保证该方程的反应速率，常采用温度在1300℃以上的流化床化学蒸气沉积（FB-CVD）反应器。跟其他钛粉制备方法不同的是，该工艺不需要任何其他氯化物的中间物质，可省去净化等工序，工艺简单，但也存在操作温度高、能耗大、反应不完全等问题。

2.1.1.2 TiO_2 的热化学还原

所有 TiCl_4 的热化学还原过程均需要使用一系列高能耗和高成本工序来获得纯 TiCl_4，且 TiCl_4 具有强腐蚀性，相比而言 TiO_2 安全易得，因此以 TiO_2 为前驱体直接还原制备钛的工艺研究也得到了研究人员的青睐。根据氧势图[14]，金属钙和镁均可用作 TiO_2 的热还原剂，如图2-17所示，其反应方程式为

$$2\text{Mg/Ca} + \text{TiO}_2 \longrightarrow 2\text{MgO/CaO} + \text{Ti}(\text{或 Ti-O 固溶体})$$

反应副产物 CaO 或 MgO 一般经酸浸即可去除。由于使用的还原剂是钙和镁，因此将前驱体 TiO_2 的热化学还原法分为钙热法和镁热法，具体方法有预成形还原法（PRP）、导电体介入还原法（EMR）、氢辅助镁热还原法（HAMR）等。

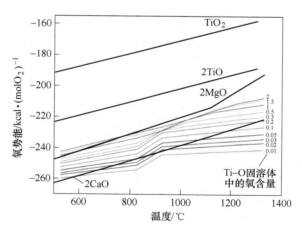

图2-17 MgO、CaO、TiO_2、TiO 和 Ti-O 固溶体中氧势的比较[14]

（1cal＝4.1868J）

A 钙热还原法

目前已经研究了4种不同形式的 Ca 作为钙热还原法的选择，包括 CaH_2（如金属氢化物还原（MHR）），气体-Ca（如预制体还原过程），液体-Ca 和电子介导还原（EMR）。

a　预成形还原法（PRP）

预成形还原（PRP）法由日本率先提出（见图 2-18），具体过程如下：在不锈钢坩埚底部加入海绵钛吸附空气使氧和氮固定于海绵钛中，将 TiO_2 与 CaO 或 $CaCl_2$、黏结剂等混合预制成形，钙放置在成形块下不与 TiO_2 直接接触并将整体密封，然后在 800~1000℃ 温度下钙蒸气与 TiO_2 发生反应，生成钛和 CaO，再用酸浸出产品，得到纯度达到 99% 的钛粉，其粒度可达 20μm 以下，如图 2-19 所示。在使用不同的添加剂（CaO、$CaCl_2$）和反应温度不同时，钛粉的形貌都会发生变化，通常在使用添加剂和反应温度为 900℃ 时可得到较为理想的钛粉形貌，如图 2-19 所示。该工艺由于反应物与产物不直接接触使产物易于分离，通过控制预成形制品的形状和黏结剂的比例可以得到粒径均匀的钛粉，但该方法还原率低、成本高，并且粉末中的钙含量较高，氧含量约高达 0.2%~0.3%。研究人员基于 PRP 法进行工艺改造，使用螺纹密封的高纯石墨坩埚，并内置不锈钢坩埚作为反应器，可以在真空电阻炉中加热以保护坩埚不添加海绵钛吸附内部空气，在 1000℃ 下经钙蒸气还原 6h 后将产物破碎酸洗后，得到了具有不规则外形、颗粒大小为 10~20μm、纯度高于 99.55%（质量分数）的金属钛粉；该法与 PRP 法技术原理相同，操作上将 $CaCl_2$ 与 TiO_2 混合压块后直接还原，不进行常压烧结，操作过程更为简化[15]。

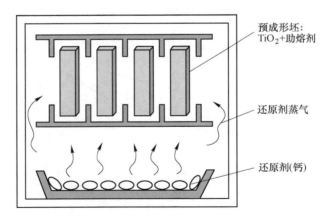

预成形坯：
TiO_2+助熔剂

还原剂蒸气

还原剂(钙)

图 2-18　PRP 工艺反应过程示意图[16]

b　熔盐辅助的液钙还原法

熔盐辅助的液钙还原法由日本提出，基本原理是将 TiO_2 置于含 5%~7%（摩尔分数）钙的熔融 $CaCl_2$ 盐浴中，而熔融的液钙因密度小浮于 $CaCl_2$ 熔盐上层，$CaCl_2$ 熔盐可通过溶解效应有效传输还原剂钙，使沉于熔盐下层的 TiO_2 于 900℃ 下充分还原，熔盐还可溶解还原副产物 CaO，从而促进还原反应进行，反应 6h

图 2-19 预成形还原法添加不同溶剂和不同反应温度制备钛粉形貌[17]

a—CaO；b—800℃；c—CaCl₂；d—900℃；e—无添加剂；f—1000℃

后获得了氧含量为 0.1%（质量分数）的 Ti，其钙含量大于 0.1%（质量分数），具体流程如图 2-20 所示。该法以钙为还原剂，同时反应过程需添加大量熔盐，副产物需水洗/酸洗，无水 CaCl₂ 盐循环成本较高，得到不规则钛粉，如图 2-21 所示[18]。

  c 导电体介入还原法（EMR）

  导电体介入还原法（electronically mediated reaction，EMR）是基于熔盐化学（传质控制的化学反应）和电化学原理（伴有电子转移的电化学反应）基础上形成的一种可控形态、连续生产的方法。按照不同反应区域电子传输的介质不同可分为短程 EMR（CaCl₂ 熔盐）法和长程 EMR（反应器或金属沉积物）法。长程 EMR 法被认为是在金属表面发生异相形核过程，为可控制的原位沉积反应；短程 EMR 法是在熔盐中进行的均相形核过程，更有利于金属粉体的形成。该工

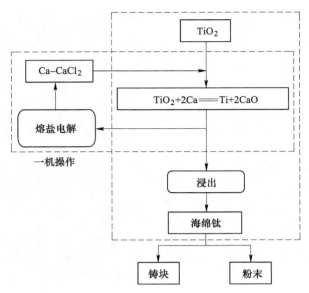

图 2-20 熔盐辅助的液钙还原法流程图[18]

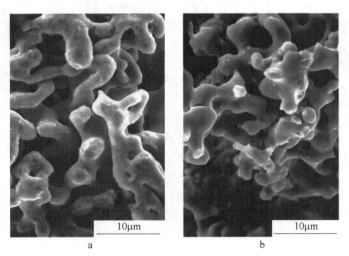

图 2-21 熔盐辅助液钙还原法制备 Ti 粉形貌

a—3.6ks；b—86.4ks

艺是将原料 TiO_2 和还原剂以不直接接触的形式放入 $CaCl_2$ 熔盐介质中，在不施加外加电源的情况下，用导线将还原剂和原料相连，升温后可检测到还原反应发生以及电流和电压，工艺示意图如图 2-22 所示。利用导电熔盐介质通过均相形核过程可获得纯度为 99.9% 的钛粉末，其形状为不规则的海绵状，氧含量为 0.15%~0.2%，如图 2-23 所示，并且 TiO_2 被还原剂释放的电子还原时二者不直接接触，制得的钛粉不被污染。该方法为连续化生产钛粉提供了一条新思路，是一个较为节能的制备工艺，但生成的钛与熔盐分离较困难，且整个工艺过程较复杂。

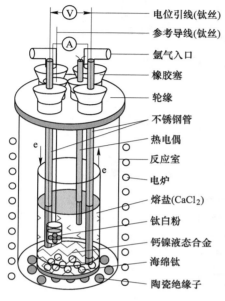

图 2-22 EMR 法装置示意图[19]

图 2-23 EMR 工艺制得的钛粉形貌[19]

d 金属氢化物还原法（MHR）

金属氢化物还原法（metal hydride reduction，MHR）工艺可以追溯到 1945 年，最著名的工作是由 Borok 于 1965 年和 Froesetal 在 1998 年报道的，CaH_2 直接用于还原 TiO_2。其反应方程式为

$$2CaH_2 + TiO_2 \longrightarrow Ti + 2CaO + 2H_2$$

该方法原理为：在 1100~1200℃ 温度下，TiO_2 被 CaH_2 还原，反应生成 TiH_2，然后脱 H 可得到钛粉，具体流程如图 2-24 所示。MHR 法缩短了提取钛的工艺流程，周期约为 HDH 法的四分之一，产物不含氯；通过特殊处理工艺，可获得氧含量小于 0.1% 和平均粒度为 41μm 的海绵状钛粉，其形貌如图 2-25 所示，而且还可以生产合金粉末；生产成本较低，大约为传统氢化脱氢（HDH）法的三分之一；但是还需进一步脱气处理，粉末氢含量（0.34%）较高。俄罗斯的图拉化工冶金厂一直以 TiO_2 为原料，采用 CaH_2 还原来生产钛粉，但后来因经济窘迫而关闭；多年来，为进一步降低 MHR 法的生产成本，美国一些大学的研究人员对俄罗斯的高温 MHR 粉末的特性进行研究的同时，通过机械合金化（MA）和低温热处理法用 CaH_2 还原 TiO_2 生产钛粉[20,21]。

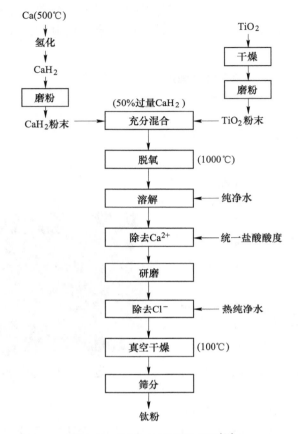

图 2-24　MHR 法流程示意图[21]

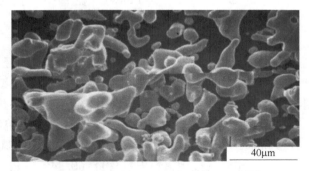

图 2-25　MHR 法制备得到的钛粉形貌[21]

B　镁热还原法

镁热还原是指使用镁还原 TiO_2 的过程，相比于金属钙，金属镁较经济、安全，使用镁还原 TiO_2 制备钛粉的最初概念可以追溯到 1964 年，研究者在 750℃ 下用金属镁还原金红石，还原产物经酸洗后得到氧含量为 1.7%（质量分数）的钛粉。

a　镁热还原-金属钙脱氧两步法

多年来，许多研究人员一直探索镁热还原法，发现金属镁和镁蒸气都可还原 TiO_2，但是一步镁热还原 TiO_2 仅能获得氧含量高于 1%（质量分数）的 Ti-O 固溶体 Ti(O)，因此为了制得满足要求的钛粉须进一步脱除其中的晶格氧（脱氧过程），其反应方程式为

还原：$\qquad TiO_2 + Mg \longrightarrow Ti(O) + MgO$

脱氧：$\qquad Ti(O) + Ca \longrightarrow Ti + CaO$

通常用的脱氧剂为钙，并且形式有液体钙、蒸气钙、钙饱和盐和固体钙。用液钙脱氧的典型方法为 DOSS 法，该法直接将金属钙与待脱氧物质混合，在金属钙的熔点温度以上完成脱氧。一些研究人员使用化学活化的钙饱和盐在 1000~ 1200℃ 下通过将钙蒸气溶解在 $CaCl_2$ 盐中进行脱氧；还有研究人员在 500~830℃ 的相对较低温度下，开发了一种真空钙蒸气脱氧工艺[22]。

b　氢气协同镁热还原法（HAMR）

氢气协同镁热还原法（hydrogen assisted magnesiothermic reduction，HAMR）的提出，首次发现固溶氢对 Ti-O 固溶体的热力学稳定性的调控机制，突破了镁热还原 TiO_2 的热力学瓶颈；该方法是在较低的温度（不超过 750℃）下由 TiO_2 粉末生产钛粉末，具体流程如图 2-26 所示，其过程主要包括三个关键因素即 H_2 气氛、$MgCl_2$ 熔盐介质及还原—脱氧两步联合，方程式为

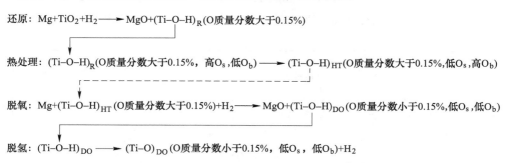

还原：$Mg+TiO_2+H_2 \longrightarrow MgO+(Ti-O-H)_R$（O质量分数大于0.15%）

热处理：$(Ti-O-H)_R$（O质量分数大于0.15%，高O_s，低O_b）$\longrightarrow (Ti-O-H)_{HT}$（O质量分数大于0.15%，低$O_s$，高$O_b$）

脱氧：$Mg+(Ti-O-H)_{HT}$（O质量分数大于0.15%）$+H_2 \longrightarrow MgO+(Ti-O-H)_{DO}$（O质量分数小于0.15%，低$O_s$，低$O_b$）

脱氢：$(Ti-O-H)_{DO} \longrightarrow (Ti-O)_{DO}$（O质量分数小于0.15%，低$O_s$，低$O_b$）$+H_2$

其中 H_2 用于降低热力学还原极限，可理解为一种特殊的催化剂，其作用至关重要；$MgCl_2$ 盐是强化传质加快还原；还原—脱氧两步联合则是为了保证金属钛粉产品的晶格氧（O_h）与表面氧（O_s）都足够低。这与常规氩气氛围还原不同，氢固溶于 Ti-O 固溶体原子后形成比 Ti-O 固溶体更不稳定的 Ti-O-H 固溶体，这种不稳定性随着固溶氢的增加而越强烈，当其稳定性低于 MgO 时，则为金属镁夺取氧创造了有利的热力学条件，其相变过程如图 2-27 所示。该过程中，氢除了降低还原极限，还可以使钛或钛合金不易在空气中氧化。存在于钛或钛合金

粉末的氢通过热脱氢处理可轻易排出，脱氧副产物 MgO 可以被酸浸出。HAMR 工艺生产的钛粉为密集的颗粒球状粉末，如图 2-28 所示，含氧量小于 0.12%，含氮量为 0.019%，含氢量为 0.028%，可满足化学成分（包括间隙元素）的工业标准（例如 ASTM-B299-13）的要求。

传统 TiO_2 的还原剂以金属钙为主，或是金属镁与金属钙的组合，但因还原过程难以有效控制还原产物比表面积，导致产品氧含量未能控制在理想范围，且金属钙为还原剂时成本明显比镁高。HAMR 法不仅突破了对常规镁热还原工艺的认识，且产品质量较常规钙热法有明显提高，还原温度更低。

　　c　氟钛酸盐的热化学还原法

除采用 $TiCl_4$ 和 TiO_2 两种常见的前驱体外，钛粉也可通过热化学还原钛酸盐制得，其中以氟钛酸盐为主。早在 1907 年就提出了铝热还原氟钛酸钾（K_2TiF_6）制得了含 Ti-Al 合金，随后研究人员以铝锌合金为还原剂还原 K_2TiF_6，得到钛含量为 97%（质量分数）的海绵钛。在此基础之上，研究人员提出真空条件下两步铝热还原制备金属钛及钛合金的方法，其以 Na_2TiF_6 为前驱体，第一步在氩气气氛中经铝热还原后生成 Ti/Ti-Al 合金及含钛冰晶石；还原产物再经真空蒸馏分离出含钛冰晶石，得 Ti/Ti-Al 合金；第二步含钛冰晶石铝热还原，生成无钛冰晶石及 Ti-Al 合金，两者分离后 Ti-Al 合金返回第一步还原，无钛冰晶石作为副产品[23]可在电解铝工业作为助熔剂，或作为制造乳白色玻璃和搪瓷的遮光

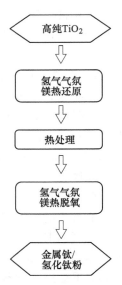

图 2-26　HAMR 法制备金属钛流程图[11]

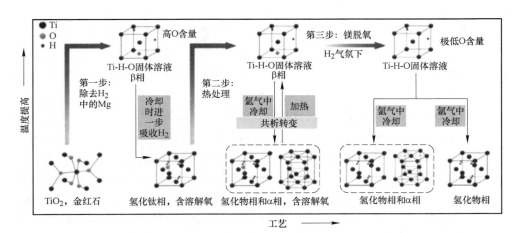

图 2-27　由 TiO_2 粉末制备钛金属的氢辅助镁热还原过程中的相变[14]

剂使用。该方法钛的还原率和铝的利用率非常高，并且与使用 TiO_2 相比，纯氟钛酸盐可以从几乎不含水合物或氧化物的水溶液中沉淀出来，使钛不易被氧等杂质污染。与氯化法相比，氟钛酸盐法制取金属钛工艺简便，但产品纯度不高，导致金属钛性能下降，如何有效杂质分离是该工艺面临的最大挑战。

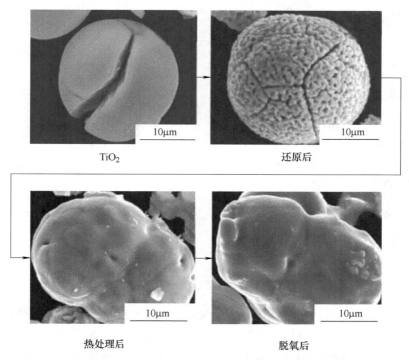

图 2-28　氢气协同镁热还原法从原料 TiO_2 到产品金属钛的形貌变化[4]

2.1.2　电化学法

为扩大金属钛的使用范围，降低金属钛的生产成本一直是钛行业关注的重点。除以上介绍的热化学还原法外，电化学方法是生产钛的另一种主要途径，到目前为止大部分的研究和开发工作都侧重于 TiO_2 的电解，以及 Ti_xO_yC 和 $TiCl_4$ 的电解，已经开发了多种电化学方法，如 FFC 剑桥工艺、OS 方法和 QIT 方法等。

2.1.2.1　以含钛材料为阴极的电解

A　FFC 剑桥工艺

有关 TiO_2 电解研究工作中，最著名的工艺首先是 2000 年由 Chen、Fray 和 Farthing 报道的 FFC 剑桥工艺，它是 TiO_2 粉末用注浆或模压成形，并烧结后作阴极，石墨为阳极，$CaCl_2$ 为熔盐，通常在 $800 \sim 1000℃$ 范围内，施加

2.8～3.2V（低于 $CaCl_2$ 的分解电压：3.2～3.3V）电压，在石墨或钛坩埚中进行电解，经电解后阴极获得金属钛，阳极释放出 CO/CO_2 气体，具体流程如图 2-29 所示。该工艺与 Kroll 法形成鲜明对比，避免使用或生成高反应性和危险化学品，如 $TiCl_4$、Cl_2，其主反应为：

阴极：
$$TiO_x + 2xe \longrightarrow Ti(s) + xO^{2-}$$

阳极：
$$O^{2-} + C \longrightarrow CO/CO_2 + e$$

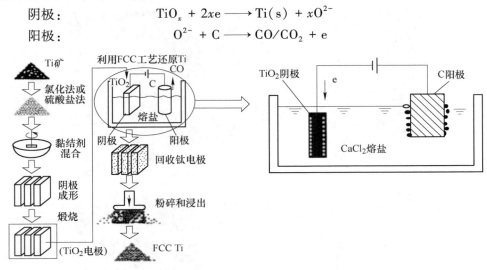

图 2-29　FFC 流程图

　　TiO_2 的还原是通过将含钛阴极中的氧离子化而实现的，氧离子扩散到碳基阳极放电形成碳氧化物；FFC 工艺既可以制备钛粉也可以制备海绵钛，其形貌是典型的多孔且相互连接的结构，如图 2-30 所示，含氧量一般在 0.15%～0.4% 之间。FFC 工艺具有过程简单、污染少和可连续化生产等优点，是一种新型的无污染绿

图 2-30　典型的 FFC 钛粉形貌[24]

色冶金方法。但是该方法在制备过程中不会去除原料中的其他元素,因此为了保证产品的纯度,需使用高纯度氧化物,并且电解质(CaCl₂)吸水严重不利工业应用,另外电流效率低的问题也亟待解决。

在英国建设的小型厂可生产出 100μm 粒径的钛粉,在 2003 年进行了吨级的工业试验,并于 2004 年开始钛粉的商业生产。成立于 2000 年 Metalysis 是一家从剑桥大学衍生出来的新兴公司,旨在将 FFC 工艺商业化,多年来,他们经过对 FFC 工艺过程的改进,缩短了工艺流程(消除预成形)和扩大了原材料的范围以减少其生产成本;使用替代矿物体,例如钛铁矿、部分提质的富含二氧化钛的炉渣(钛铁矿与煤反应),以及氯化物/硫酸盐路线的中间体/副产品来制造颜料级 TiO₂,以及经过细化的天然金红石矿石(海滩砂)等[25]如图 2-31 所示。

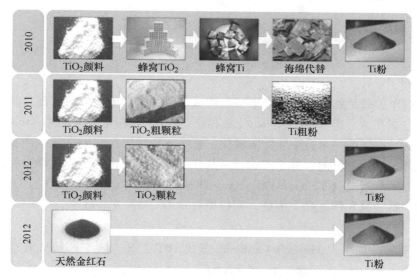

图 2-31 Metalysis 直接生产钛粉的进展[25]

B OS 工艺

2002 年,Ono 和 Suzuki 等提出了 OS 工艺,该工艺包括了钙还原 TiO₂ 以及将反应副产物 CaO 在熔融 CaCl₂ 盐中电解再生钙的两个层面,最重要的基本原理是利用熔融的 CaCl₂ 能够溶解少量的钙和 CaO,如图 2-32 所示。该过程以石墨为阳极,纯钛或不锈钢为阴极,用熔融的 CaCl₂ 与金属钙组成反应介质,TiO₂ 粉末从反应槽上部加入,在阴极附近被金属钙还原成金属钛,副产物为 CaO,反应方程式为

$$2Ca + TiO_2 \longrightarrow Ti + 2CaO$$

通过两电极之间施加 3.0V 电压(高于 CaO 的分解电压而又低于 CaCl₂ 的分解电压),再生得到金属还原剂钙,反应方程式为

阳极：　　　　　　　　　　$C + 2O^{2-} \longrightarrow CO_2 + 4e$

阴极：　　　　　　　　　　$Ca^{2+} + 2e \longrightarrow Ca$

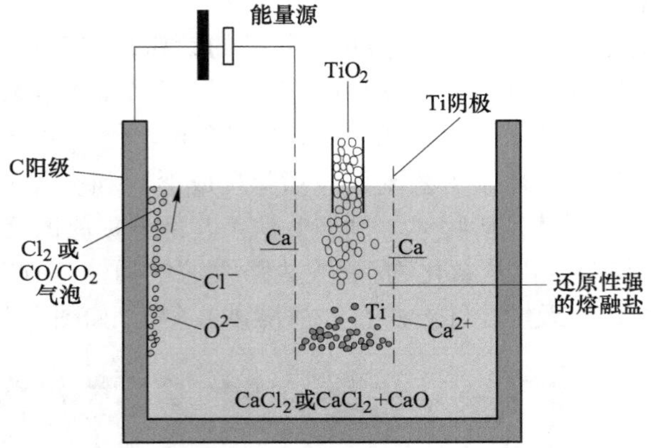

图 2-32　OS 工艺示意图[26]

经过电脱氧的钛快速团聚，形成海绵钛颗粒并沉积于电解槽底部，其形貌不规则，含氧量大于 0.15%。与 Kroll 法相比，OS 工艺理论电耗约为 Kroll 工艺中电解 $MgCl_2$ 制镁的一半且中间无需氯化，可实现连续生产，但是还原产物位于反应槽底部，需定期分离，并且产物与熔盐介质分离较难，在反应过程中可能同时发生别的不利反应（如 $2Ca + CO_2 \rightarrow C + 2CaO$ 和 $Ca + CO \rightarrow C + CaO$），并且碳尘可能污染钛金属和熔融盐。因此，阴极设计对 OS 工艺尤为重要。

C　QIT 工艺

2009 年，加拿大 Francois Cardarelli 提出 QIT 工艺，该工艺是从液态的 TiO_2 化合物中电解提取钛金属，工艺示意图如图 2-33 所示。此过程是在电解温度 1700~1900℃下，使用熔融的含 TiO_2 的化合物作为阴极，熔融盐（例如 CaF_2）或固态离子导体（YSZ 或 β-Al_2O_3）作为电解质层用于 O^{2-} 离子转运介质，阳极可以是可消耗的碳、惰性阳极、供有可燃气体（H_2、CO 等）的气体扩散阳极，其中与消耗性碳阳极的整体反应为

$$TiO_2(l) + C(s) \longrightarrow Ti(l) + CO_2(g)$$

由于钛渣中的杂质（Fe、Mn、Cr、Si 等）浓度较高，所以为了制备符合要求的钛可能需要预处理除去此类杂质，该方法具有低能耗的优势。

2.1.2.2　以含钛材料为阳极进行电解

A　Chinuka 工艺

由 Fray 和 Jiao 在 2010 年开发的 Chinuka 工艺，旨在寻找一种新的方法来回收使用含有太多杂质（例如 CaO）的 TiO_2 混合物，工艺示意图如图 2-34 所示。

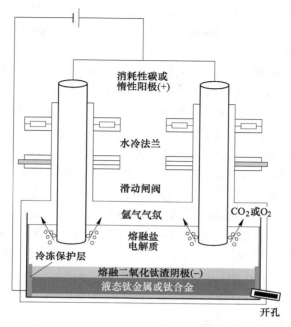

图 2-33 QIT 工艺示意图[26]

该工艺是电解碳氧化钛（TiO_xC_y）或碳氮氧化物（$TiO_xC_yN_z$）的典型工艺，以碳氧化物为负极材料，使用不纯的 TiO_2 与 TiC 或碳反应得到 TiO_xC_y 或 $TiO_xC_yN_z$ 的可消耗阳极材料，在 570~910℃ 的熔融盐中进行电解，阳极材料被氧化成钛离子，同时阳极上释放 CO，钛离子在阴极表面还原为金属钛，为不规则多孔钛，其氧含量在 0.5%（质量分数）左右。虽然该工艺中阳极中的杂质（Al、Ca、Cr、Fe 和 Si 等）可溶解到含钛的熔融盐中，但是浓度较低，其大多数将保留

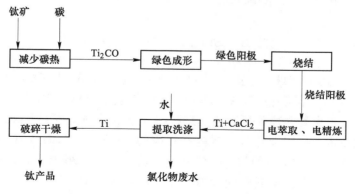

图 2-34 Chinuka 工艺流程图[9]

在电解质中，因此为了确保钛沉积物的纯度，需要通过监测杂质的积累情况来净化电解质。

B USTB 工艺

2005 年，北京科技大学研究人员开发了一种类似可溶阳极电解钛提取方法——USTB 工艺，采用含钛可溶性阳极为钛源，制备主要分为碳热还原和熔融盐电解两部分。具有良好导电性的可溶性阳极 TiC_xO_y 在 1500℃ 的温度下通过 TiO_2 和石墨以一定的化学计量配比混合压制后烧结得到，在 400~1000℃ 的熔盐体系中电解，阴极得到含碳量和含氧量均低于 0.05% 的不规则多孔形貌的钛，其形貌为不规则海绵状，工艺示意图如图 2-35 所示。该方法通过热还原制取 TiC_x O_y 固溶体可解决单独生产 TiC、TiO 的烦琐，保证了电解的连续性；碳热还原工艺简单、还原效率高、能够实现低成本制备 TiC_xO_y；且原料适应性好，可以是各类氧化钛、富钛料及复合矿；电解过程中碳、氧结合为气体从阳极界面释放，无阳极泥产生、残极回收率高，但是存在阴极沉积不稳定，大型阳极加工困难等问题。

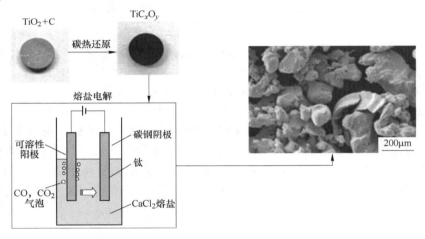

图 2-35 USTB 工艺示意图和钛粉形貌

2006 年开始对 USTB 钛提取技术进行放大试验，2008 年完成放大试验项目，由原来的 1~10A 电解实验成功扩大到 100A 级规模；2009~2012 年，在国家自然科学基金、北京市委共建项目以及北京科技大学的共同支持下，继续开展 USTB 新型钛提取技术的半工业化放大实验和相应的基础研究工作；2012 年，项目组已经成功实现了 1000A 级的放大实验稳定工艺，如图 2-36 所示；2012 年 3 月成功运行了 3000A 级的试运转实验；2012 年 6 月至 2012 年 12 月，在北京科技大学科技产业化基地的 6 号车间，完成了 10000A 级钛提取工艺（1000m²）的半工业化示范基地建设工作。

　　　　　　　a　　　　　　　　　　　　　　　　b

图 2-36　USTB 法的 1000A 电解槽及公斤级产物

a—1000A 电解槽；b—公斤级产物

C　MER 工艺

　　美国材料与电化学研究公司（MER）开发了一种全新的碳热还原电解法生产钛粉，与 USTB 工艺一样，先是碳高温还原钛原料（通常为金红石）为低价钛的氧化物，再进行电解得到钛。其过程为钛原料与片状石墨或碳的前驱物混合，经研磨或压制后进行碳热还原反应，真空或惰性气体条件下，在 1200~2100℃ 的温度范围内进行反应得到 TiC_xO_y 合成阳极，再进行熔盐电解，电解过程中三价钛和二价钛离子释放到电解液中，进一步还原和沉积，直到金属钛在阴极生成，其为不规则多孔形貌，MER 工艺如图 2-37 所示。MER 工艺优势在于可将 TiO_2 碳热还原成 TiO，甚至可能从 TiO 中移除更多的氧，生成氧钛比小于 1 的钛的低价氧化物，且更具经济性。

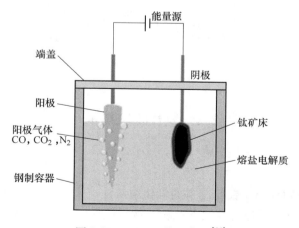

图 2-37　MER 工艺示意图[26]

同期，杜邦公司与 MER 公司达成协议，利用美国高级国防项目研究机构（DARPA）的 570 万美元资助合作开发生产钛粉工艺，目标是产量达到 227 kg/d。根据协议，杜邦公司负责提供 TiO_2 作为原料，并参与设计开发工作，MER 公司提供制备钛粉的核心技术，建立和完善大规模生产所需的设施。

2.1.2.3　使用非含钛材料的电极进行电解

Uday Pal 等介绍了 SOM 工艺（固体透氧膜工艺），其与之前介绍的电解法不同的是不使用含钛材料作为电极。用于还原 TiO_2 的 SOM 装置中熔盐为 MgF_2-CaF_2-TiO_2，阴极为惰性金属棒，阳极浸入液态金属或液态 MgF_2-CaF_2，并通过 YSZ（钇稳定氧化锆）膜与熔盐隔离，工艺示意图如图 2-38 所示。在 1150 ~ 1300℃ 温度下，溶解在熔体中的 Ti^{4+} 离子将在阴极处还原，O^{2-} 离子将通过 YSZ 膜并在阳极处排出，可得到海绵钛。这种方法具有避免产生 CO_2/CO 的潜力，较为绿色环保；工艺流程短，能耗低；大大降低了传统电解法对原材料的苛刻要求，阳极不会消耗，可连续生产。在改进的 SOM 工艺中，通过 SOM 工艺产生的镁蒸气将 TiO_2 预还原为 TiO 甚至金属钛，然后在 SOM 工艺中溶解后仅形成 Ti^{2+} 阳离子，避免了多价钛离子，从而抑制了在阴极沉积低价钛氧化物。

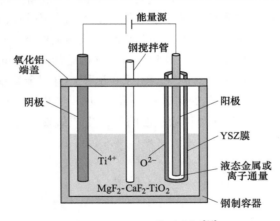

图 2-38　SOM 工艺示意图[26]

2.2　氢化脱氢技术

2.2.1　简介

1995 年，美国提出了钛粉制备的氢化脱氢法（hydriding dehydrogen，HDH），其主要利用钛与氢的可逆特性制备钛粉，钛吸氢后产生脆性，经机械破碎制成氢化钛粉，再将其在真空条件下高温脱氢制取钛粉。其反应方程式如下：

氢化： $\text{Ti} + \text{H}_2 \longrightarrow \text{TiH}_2(\text{放热反应}, T > 300\,℃)$

脱氢： $\text{TiH}_2 \longrightarrow \text{Ti} + \text{H}_2(\text{吸热反应}, T > 300\,℃)$

氢化脱氢的具体流程如图 2-39 所示，先将原料进行氢化，再将氢化钛粉末在保护气氛下进行破碎分级，最后将破碎分级后的氢化钛粉在真空下进行脱氢，由于氢化钛粉在脱氢过程中会出现板结、粘连现象，因此，脱氢结束后还需要对物料再次进行破碎分级。该工艺所制备的粉末形貌如图 2-40 所示。

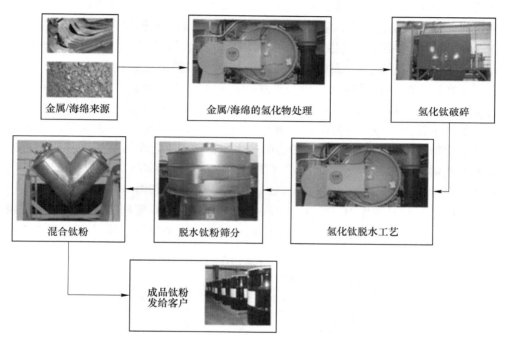

图 2-39　HDH 制粉工艺示意图

图 2-40　HDH CP-Ti（左）和 TC4（右）粉末的形貌[21]

　　HDH 法原料来源广，但是必须清洁且厚度适中（防止较厚部分发生不完全氢化，需进行第二次氢化操作），对不同的原料，氢化前采用的处理方式不同。高等级海绵钛一般只需进行真空活化，尽量减少其中的含氧量，然后进行氢化；对于钛屑及钛边角料等废料，由于氧化膜较厚及部分有油污污染，需进行除油脱膜预处理。目前主要采用碱液除油，以含氟的稀硫酸或稀硝酸溶液脱除氧化膜。采用含氟酸能很好地脱除氧化膜，但同时氢氟酸也是钛的最强溶剂，大量的钛也会溶入洗液中，损失较严重，为了减少钛的损失，需要研发新型对钛腐蚀小、脱膜快的药剂。在氢化过程，氢化和平衡氢含量是关于氢的温度和压力的函数，由于 Ti-H 系统的平衡压力随温度升高而增加，因此当氢压保持恒定时，则形成氢化物的驱动力随温度降低而增加；将钛加热到设定温度之后（例如 700℃），氢含量将在特定的温度下达到平衡并且在冷却期间增加，如图 2-41 所示。通常钛的氢化物相可吸收多达 4%～5% 的氢，氢含量较低，粉末的残余韧性不利于破碎，氢含量较高时易产生粉尘（极细颗粒），因此需要严格控制氢含量，实现最佳的氢化物破碎控制，同时减少粉尘的产生。在破碎工艺中可使用多种粉末粉碎和研磨技术（颚式破碎机、球磨、气流破碎或喷射研磨等）将粉末粉碎成不同粒径，但当粉末越细小，其氧含量会迅速增加，因此微细粉末的氧含量控制是一重大挑战。在脱氢过程中，钛粉末出现的板结现象也与粒度相关，粉末越细比表面积越大，板结现象会越发严重，甚至颗粒间会出现烧结颈，从而导致无法二次

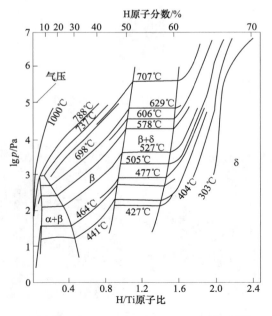

图 2-41　Ti-H 系统的压力-成分-温度曲线[27]

破碎，因此采用 HDH 工艺制备超细（小于 20μm）钛粉也很具挑战性。

此工艺生产的钛粉粒度范围宽、成本低、对原料要求低，目前已经成为国内外生产钛粉的主要方法，所制得的粉末广泛应用于航天航空、冶金、化工、医疗等领域。但该方法所制备钛粉的氧、氮含量较高粉末压实密度小、流动性差、形状不规则，难以直接满足注射成形（MIM）、3D 打印、激光快速成形等粉末冶金技术的要求。因此多年来，国内外对制备低成本低氧含量钛粉的研究日益活跃。

2.2.2 国外对 HDH 技术的研究

日本东邦钛业公司采用改进的 HDH 法生产出了高质量的 TC 系列粉末，粉末粒度小于 150μm、氧含量小于 0.15%，并申请了一系列专利。同时基于此技术投资十亿日元建造了年产 30t 的 HDH 钛粉生产线，所产钛粉拟用于制备汽车零部件及其他机械零件，但成本太高，使其无法在汽车行业得到推广。

全球知名的高钛合金产品制造的领先者——美国雷丁合金公司（RAI），已有 50 年以上的合金生产历史，产品包括用 HDH 法生产的低氧含量的纯钛粉、Ti-6Al-4V、Al-V、Mo-Ti、Nb 以及 TiH$_2$ 粉。该公司生产的 HDH 钛粉的粒度范围为 25~45μm，广泛应用于粉末冶金加工（如热等静压、冷等静压/烧结、金属注射成形和喷涂）以及航天航空、医疗植入和电子市场等领域。

一些研究人员利用回收 Ti-6Al-4V 合金车削屑制备 HDH 钛粉，其工艺主要包括表面处理、氢化、球磨和脱氢四个工序，再通过相、化学和形态学检查以及尺寸和流动性测量来分析回收粉末的性质。结果表明回收粉末的粒度小于 45μm，尺寸分布适用于增材制造工艺，并且粉末的平均粒径和范围可以使用不同的研磨条件来改变，合金元素（如 Al、V 和 Fe）的含量在可接受的范围内。但是，最终粉末中的氧含量接近 5 级标准的可接受极限，而氢含量高于相关标准的指定范围（0.06%± 0.03%（质量分数）），因此需通过更好的真空条件来降低反应器中的空气浓度或是进一步优化粒径分布和脱氢参数[28]。还有学者基于热力学研究了 HDH 工艺中 TiH$_2$ 粉末在脱氢过程中的氧还原行为，他们发现球磨工艺使氧质量分数从 0.133%增加到 0.282%，在 TiH$_2$ 粉末表面形成了 TiO 和 TiO$_2$ 等氧含量较高的氧化物层，脱氢工艺可去除或减少氧，导致氧质量分数从 0.282%降低到 0.216%，氢原子参与氧还原反应，则可以减少 TiO$_2$ 和 TiO 等含量[29]。

2.2.3 国内对 HDH 技术的研究

为了制备出优质的钛合金粉，西北有色金属研究院冶金厂（西安宝德粉末冶金有限责任公司）在 20 世纪 80 年代就开始对氢化脱氢工艺进行改进，制备出了氧含量小于 0.2%的高品质钛粉。广州有色金属研究院、清华大学等为了改善粉末的流动性，扩大钛及其合金粉的应用范围，在氢化脱氢工艺的基础上开发出了等离子脱氢和球化处理工艺，在氧含量控制、粉末性能评价等方面展开了许多工作。遵义钛厂也已成功开发出优质低氧钛粉，并已出口日本、美国等国外用户。

2003 年，研究人员对此工艺进行了改进，开发出一种加热氢化、高压球磨的工艺，制得了超细金属粉末。但是此方法不利于晶粒细化，并且对球磨设备要求较高。2008 年，研究人员基于 HDH 技术开发了一种新型 HDH 法生产低氧高纯钛粉的工艺，并申请了专利，流程示意图如图 2-42 所示。该工艺是在 HDH 法制备钛粉的氢化和脱氢工序中分别加入降氧剂吸收原料和设备中的杂质气体，并在生产钛粉过程中实行全程空气湿度的控制使得相对湿度不高于 40%，从而生产出粒径为 −60 目，氧含量（0.15%）较低的优质钛粉。但该工艺只是对普通氢化球磨工艺进行了改进，降低了钛粉曝空过程中的氧增量，并且从结果来看仍有不足，由于 −60 目钛粉过大，在烧结过程中致密化困难。当该工艺生产的钛粉粒度降至 −325 目甚至 −500 目时，氧含量会大幅增加，难以满足低氧要求[30]。同年文献[31]中研究人员提出了一种动态氢化脱氢（MHDH）制备低成本钛合金粉末的

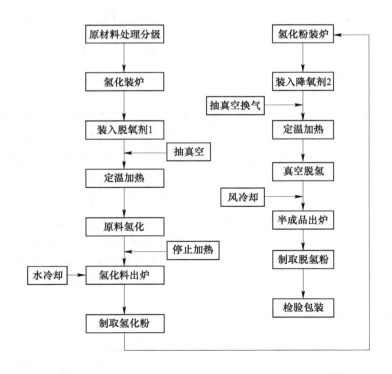

图 2-42　新型 HDH 法生产低氧高纯钛粉工艺示意图[30]

工艺，将原料在一个可以旋转的特殊设备中连续完成氢化、破碎、脱氢、再破碎等工序，从而直接得到杂质少、氧含量低（0.15%）的钛合金粉末。在制粉过程中，由于反应在动态条件下进行，从而形成很薄的扩散反应层，使氢的扩散距离大为减小，缩短了氢化时间。更重要的是，动态条件下脱氢过程中生成的钛粉末在高温下不结块而使扩散层变小有利于氢更容易快速脱除，提高了脱氢效率。制粉过程全部在特殊炉体内进行，减少了制粉工序，缩短了制粉周期，降低了能耗，因而制粉成本大大降低。这是一种有利于实现连续化生产的工艺，但要实现工业化生产，还面临许多问题[31]。

2012 年，研究人员通过发明一种生产钛粉的连续氢化脱氢装置，其包括通过输料管道顺次连接的氢化段、破碎分级段和脱氢段，氢化段用于实现原料的氢化处理，破碎分级段用于实现氢化段产物的破碎分级，脱氢段用于实现破碎分级段产物的脱氢处理并得到成品。该装置主要具有两个优点：一是氢化后的产物不需要从体系中取出，而是经保护气氛破碎后直接进入脱氢段，避免了产品的污染和升降温的能量损耗；二是将氢化、破碎和脱氢装置整合后一体化，减少了钛粉的生产周期，提高了设备的利用效率[32]。

2013 年，研究人员提出一种高纯微细低氧钛粉的制备方法，并申请了专利，其特征是将 HDH 与气流磨工艺相结合。首先将海绵钛进行氢化处理以制取氢化钛粉，而后利用气流磨对氢化钛进行破碎，之后进行真空脱氢，最后利用气流磨进行破碎分级和真空封装得到钛粉产品。与传统球磨工艺相比，气流磨工艺无污染，能够避免球磨过程中钢球碰撞造成混入铁杂质，气流磨及高真空脱氢处理能将氧含量控制到最低，且取粉及封装操作均在手套箱中进行，从而在整个过程中将粉末与空气隔绝，制得纯度为 99.7%、平均粒度为 20~75μm、含氧量（质量分数）为 0.12%~0.15% 的钛粉[33]。同年有研究人员通过海绵钛的氢化，机械粉碎，阻止剂包覆，真空脱氢和阻止剂去除制备超细钛粉。在 700℃氢化 2h，机械粉碎 5h 后，通过用 NaCl 涂覆氢化钛粉末，在 630℃下脱氢 2h 并除去 NaCl 得到低含氧量超细钛粉，其中 NaCl 的添加导致钛粉中氧含量的增加可忽略不计，NaCl 涂层作为隔离层可以阻止原子扩散，从而有效地抑制了脱氢过程中钛颗粒的生长。

2015 年，研究人员发明了一种多段式 HDH 炉及低氧钛粉的制备方法，该炉包括卧式放置的加热炉和反应器、储气罐、冷却装置和移动式支架。其中反应器由加热部段、中间部段和冷却部段依次衔接组成两端封闭的筒体，冷却部段的端部设有物料进出口，物料进出口处设有密封盖，密封盖或筒体上设有气体进出口，冷却装置上设有第一热电偶，加热炉上设有第二热电偶，储气罐上设有压力表、反应器接头、抽真空接头、氢源接头，反应器安装在移动式支架上，反应器的加热部段位于加热炉的炉膛中，冷却装置安装在反应器的冷却部段，储气罐上的反应器接头通过管件与反应器的气体进出口连通，此外，还提供了一种低氧含量钛粉的制备方法，该方法制备的钛粉的氧含量（质量分数）不超 0.1%。同年研究人员发明了一种连续氢化脱氢制备的钛粉及制备的工艺方法，并申请了专利。该方法包括高纯钛的流态化氢化过程、氢化钛气流破碎制粉过程和流态化脱氢过程，利用氢化脱氢工艺中连续氢化、脱氢，防止烧结和粘结的优点，同时与传统球磨工艺相比，气流磨工艺无污染，能够避免球磨过程中钢球碰撞造成混入铁杂质，实现制备得到的钛粉粒径小（中位径为 6.4 ~ 6.6μm），氧、氮含量低（氧含量小于 0.25%，N 含量小于 0.015%）、无杂质引入[34]。

2018 年，研究人员发明了一种 HDH 生产脱氢钛粉的制粉装置，主要包括研磨筛选机和真空包装机。该粉体制造装置的优点是可以实现氢化脱氢钛粉的密闭球磨，分级和真空包装，粉体制造时间短，产品的氧增量小，更有利于整个 HDH 工艺的生产[35]。同年，一些研究人员发明了一种利用镁热还原法得到海绵钛，直接氢化和球磨的技术生产低氧 HDH 粉的方法。其过程是向破碎后的氢化钛粉中加入辅料搅拌均匀得到氧含量低的氢化钛粉，然后对氢化钛粉预热至 500℃时抽真空，缓慢升温至 700 ~ 800℃后进行脱氢，再对钛粉进行过筛，反应装置冷却至室温，在氩气的保护下，进行球磨破碎，球磨的转速为 15 ~ 20r/min，球磨时间控制在 2 ~ 5h，得到粒度分布均匀，氧含量低的氢化脱氢钛粉。本发明方法工艺控制简单、生产流程短、成材率高、成本低、产品纯度高、性能稳定。

2019 年，研究人员同样也发明了一种降低 HDH 钛粉氧含量的方法。其过程是将活泼金属送入感应耦合等离子体炬中激发电离，得到强还原性感应耦合等离子体炬，感应耦合等离子体炬的工作气体和边气均为氢气与氩气的混合气体。将氢化脱氢法制得的钛粉以流化状态送入强还原性感应耦合等离子体炬内，钛粉熔化后脱离强还原性感应耦合等离子体炬，沉降冷却得到还原钛粉。先对得到的还原钛粉进行洗涤，去除其表面附着的残余活泼金属及其氧化物，将钛粉滤出后再进行洗涤、过滤、干燥后得到低氧钛粉。该方法可以使 HDH 钛粉的氧含量由 0.1%降低到 0.01%[36]。

根据前面的热化学还原法、电解法和 HDH 提取钛粉的工艺，针对各工艺的原料、制得钛粉形貌和化学成分、技术成熟度和研究单位等进行总结，见表 2-1。

表 2-1　各种钛粉制备工艺总结

工　艺	还原剂	原料	形　貌	成分/%	成熟度	主要研究单位
Korll	Mg(1)	TiCl₄	小于 250μm 或 150μm 的海绵态和粉末	$w(O)<0.06$	商业化	—
ADMA	Mg(1)	TiCl₄	多孔粉末	—	研究阶段	—

工 艺	还原剂	原料	形 貌	成分/%	成熟度	主要研究单位
TiRO	Mg 粉	$TiCl_4$	单个粉末近球形，但易团聚形成多孔 $D_{50}=200\mu m$	$w(O)>0.3$ $w(Cl)<0.03$	商业化	CSIRO
连续气相还原法	Mg(g)	$TiCl_4$	亚微米级粉末	Mg、Cl 较低，$w(O)>0.82$	研究阶段	美国能源部
CSIR-Ti	Mg	$TiCl_4$	不规则粉末（1~330μm），平均尺寸为 15~20μm	$w(Cl)=0.05$，$w(O)>0.2$，$w(N)<0.05$	中试阶段	DST
Hunter	Na	$TiCl_4$	海绵态	$w(O)>0.06$	商业化	—
ARC	Na	$TiCl_4$	粉末，约为 5μm 的粒子聚集体	O 含量高	研究阶段	美国能源部
ITP-Armstrong	Na	$TiCl_4$	微型海绵，具有微孔隙的微粒	$w(O)=0.12~0.23$，$w(N)=0.009~0.026$，$w(Cl)<0.1$	商业化	ITP
ITT	Na	$TiCl_4$	粉末	—	中试阶段	IdahoTi 技术公司
SIR International	Na	$TiCl_4$	—	—	中试阶段	SRI International 国际公司
PRP	Ca(g)	TiO_2	不规则海绵状粒度小于 20μm	$w(O)=0.2~0.3$	—	—
熔盐辅助的液钙还原法	Ca(l)	TiO_2	不规则海绵状	$w(O)<0.2$，$w(Ca)>0.1$	研究阶段	京都大学
EMR	Ca	TiO_2	不规则海绵状	$w(O)=0.15~0.2$	研究阶段	东京大学
MHR	CaH_2	TiO_2	不规则海绵状，平均尺寸为 41μm	$w(O)<0.1$	商业化	Polema Tulachermet 冶金厂、Idaho 大学
镁热还原-金属钙脱氧两步法	Mg+Ca	TiO_2	不规则海绵状	$w(O)=0.2~0.3$	—	—
HAMR	Mg	TiO_2	密集的球状粉末	$w(O)<0.12$	—	—
氟钛酸盐还原法	Al	氟钛酸盐	—	—	—	—
FFC	电子	TiO_2	不规则，多孔	$w(O)=0.15~0.4$	商业化	Metalysis 公司

工　艺	还原剂	原料	形　貌	成分/%	成熟度	主要研究单位
OS	电子/Ca	TiO_2	不规则，海绵状	$w(O)>0.15$	—	京都大学
QIT	电子	钛渣	固态锭	—	—	—
Chinuka	电子	TiO_xC_y	不规则，多孔	$w(O)=0.5$	—	英国白山钛公司
USTB	电子	$TiO_xC_yN_z$	不规则，多孔	$w(O)$、$w(C)<0.05$	中试阶段	北京科技大学
MER	电子	TiO_xC_y	不规则，多孔	—	—	—
SOM	电子	TiO_2	海绵状	—	—	上海大学
HDH		海绵钛	不规则粒度范围宽	O、N 含量较高	商业化	西安宝德、咸阳天成、广州有色金属研究院等

2.3　球形钛粉制备技术

　　球形钛粉是通过粉末冶金（PM）技术进行近净成形制造钛零件的重要原材料，如粉末注射成形（MIM）、增材制造（AM）技术等，并且不同的 3D 打印技术制得的零件是否顺利成形以及成形后的组织、力学性能都与钛粉原料的质量有关。粉末的氧含量、球形度、粒度均会影响 3D 打印件的质量：粉末中氧含量过高，成形时会在打印件内部形成高熔点夹杂，影响打印件的力学性能；球形度不佳，影响粉末颗粒流动性，阻碍了打印时铺粉及送粉；粒度过大或过小都不利于 3D 打印的进行，并且不同的 3D 打印技术对于粒度的要求不同。通常 MIM 技术要求粉末粒径小于 $45\mu m$，用于选择性激光融化技术（SLM）为 $20\sim45\mu m$，冷喷涂技术（CGDS）为 $10\sim45\mu m$，电子束熔融技术（EBM）为 $45\sim106\mu m$，如图 2-43 所示。因此，为了满足最终制造组件的工业标准，需要选择合适的制粉技术以制得符合要求的球形钛粉。前面所述的热化学还原法、电解法以及 HDH 法均难以满足，目前用于制备球形钛粉的常用技术有雾化法（atomization）、等离子

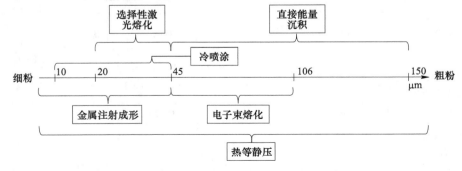

图 2-43　各技术对原料钛粉粒度要求[37]

球化技术（plasma spheroidized，PS）、造粒烧结脱氧工艺（granulation sintering deoxygenation，GSD）以及粉体整形技术等。

2.3.1 雾化法

近年来，雾化法是球形钛粉的主要制备技术，其原理是以快速运动的流体（雾化介质）冲击或其他方式将熔融金属破碎成细小液滴，骤冷凝结生成粒度细小的粉末，所有雾化过程都包括三个主要步骤：熔化，雾化和冷却。熔化可以通过常规的熔化技术，例如真空感应熔化、等离子弧熔化或使用固体棒原料的感应滴熔熔化，或通过直接等离子加热来完成熔化；雾化是在惰性气体保护下，将液态金属破碎成小滴的过程，通常使用高压气体通过喷嘴完成，也可以通过将液体流从圆盘上旋转下来而形成，从而导致熔融的液滴形成并经受远离旋转中心的离心加速度；液滴将随后在飞行过程中凝固。雾化法包括气雾化、离心雾化和等离子火炬雾化法（plasma atomization，PA）等，其中气雾化包括惰性气体雾化法（inert gas atomization，IGA）、等离子惰性气体雾化法（plasma inert gas atomization，PIGA）、电极感应熔化气体雾化法（electrode induction melting gas atomization，EIGA）等，离心雾化法包括旋转电极雾化法（plasma rotating electrode process，PERP）、旋转盘雾化法（rotating disc atomization，RDA）等。

2.3.1.1 气雾化

A IGA

气雾化的原理是通过高速气流将液态金属流粉碎为小液滴并快速冷凝成粉末的过程。由于钛的化学活性很高，为了防止其在气雾化过程中被污染，需要在制备过程中通入惰性气体（Ar、He）作为雾化介质，所以称为惰性气体雾化法（inert gas atomization，IGA）。液态钛与多数坩埚材料（金属和陶瓷）反应，因此为了保证其纯度需要采用特殊的熔化方式熔化钛。球形钛粉制备技术中钛的熔炼主要采用水冷铜坩埚熔化、悬浮熔化以及无坩埚方式熔化。采用水冷铜坩埚熔化钛时，坩埚内壁形成一层固体凝壳，避免了钛在熔炼过程中被污染；悬浮熔炼技术是依靠电磁场及金属熔体的感应电流在空间产生电磁力将金属悬浮在空间，同时感应电流加热熔化金属，其特点是金属熔体不与坩埚接触，可大幅降低热损耗，防止钛液被污染，难点在于悬浮力的稳定控制以及熔体温度控制需同时进行，一般需要通过双频线圈以实现两者控制，所需设备复杂，操作烦琐，因此悬浮熔炼技术并不适合球形钛粉工业化生产；无坩埚熔化方式是将钛原料制成特定尺寸的棒材或者丝材，钛材置于加热线圈中直接感应加热熔化，熔化过程中无需坩埚，与水冷铜坩埚相比，无坩埚方式可以完全避免钛与坩埚材料等杂质元素的接触，实现纯净化熔炼。此外水冷铜坩埚中通有冷却水，在熔化过程中会有部分能量损耗，而无坩埚方式可以避免熔化热量损失，因此在球形钛粉制备技术中采用无坩埚方式熔化是一种高效、节能、便捷、经济的选择。

1985 年美国 Crucible Materials Corporation（CMC）发表了用水冷铜坩埚熔炼 Ar 气雾化钛及钛合金的第一项专利，雾化装置示意图如图 2-44 所示，炉内采用钨电极，利用电弧热量使水冷铜坩埚内原料熔化，随之通过气体雾化。采用水冷铜坩埚熔化钛合金原料时，在水冷铜坩埚内形成钛凝固层使钛液不直接与水冷铜坩埚接触，完全避免了来自坩埚的污染。根据喷嘴结构的不同可分为自由下落气体雾化（FFGA）和紧密耦合气体雾化技术（CCGA），如图 2-45 所示。与 FFGA 相比，CCGA 是一种通过最大化接触金属气体速度和密度来生产细球形粉末的更有效方法，可提高相对较细颗粒（小于 45μm）的产率，但由于液态金属对雾化喷嘴的腐蚀，可能会被陶瓷颗粒污染，并且还会有氩气截留在颗粒内；同时液滴在冷却室内飞行期间冷却时，液滴之间存在大量相互作用，从而导致形成卫星颗粒。通常 FFGA 会生产各种尺寸的钛粉（0~500μm），划分为 0~45μm、46~106μm 和 107~500μm 3 个范围，其中 0~45μm 微细粉末的产量最少，产率在 35% 以下，并且会产生一些不可避免的空心粉和卫星粉。雾化法制备钛粉的形貌如图 2-46 所示。

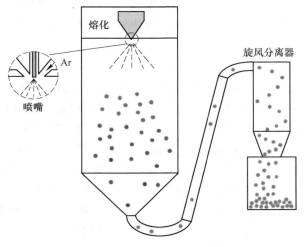

图 2-44 GA 装置示意图[27]

目前，气雾化钛粉研究主要集中于钛料纯净化熔炼和雾化喷嘴结构参数设计。日本大同特殊钢公司建立了悬浮熔炼气体雾化制粉技术，制备出 Ti-6Al-4V 粉末。为了最大程度地减少雾化过程中可能产生的污染，研究人员设计改进了气体雾化设备，该设备在雾化室的内壁和流道中的其他组件上增加了钛涂层。德国某公司在气雾化技术的基础上，对喷嘴结构进行改进，提出层流雾化技术，该技术使气流和金属液流在层流雾化喷嘴中呈层流分布，气流在金属表面产生剪切力

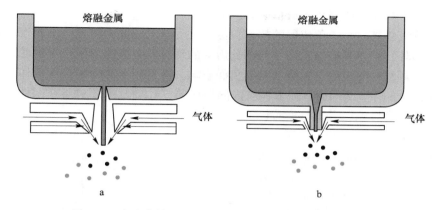

图 2-45 自由落体式喷嘴(a)和紧耦合环缝式喷嘴(b)[37]

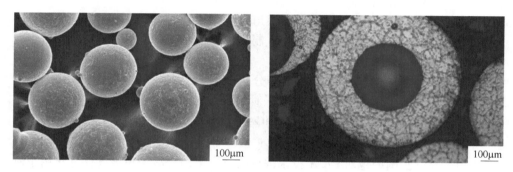

图 2-46 气雾化 TA15 粉末和空心粉形貌[38]

和挤压力,将金属液流剪切成直径不断缩小的液滴,其冷却速度达 $10^6 \sim 10^7 \mathrm{K/s}$,制备的粉末粒度分布窄,在 2.0MPa 的雾化压力下,雾化制备的金属粉末平均粒度可以降至 $10\mu\mathrm{m}$,且气体消耗低,生产成本低,适用于大多数 3D 打印用金属粉末的生产,但这种制备技术在雾化的过程中不稳定,难以有效控制雾化过程,生产效率低,限制了其生产量,难以适用于大规模 3D 打印用金属粉末生产。研究人员在传统 CCGA 的基础上对紧耦合环缝式喷嘴结构进行了结构优化和改进,使气流的出口速度超过声速,可在较小的雾化压力下获得高速气流,在 2.5MPa 压力下,气体速率可达到 540m/s,此外超声气流还可以提高粉末的冷却速度,提升制粉效率,且成本更低,材料适用范围广,成为气雾化技术重要的发展方向之一,对于促进 3D 打印用金属粉末的工业化生产制备有着重要的意义。也有研究人员采用一种热气体雾化制备新技术,通过对雾化介质进行加热,可以进一步提高细粉收得率,并降低气体消耗量,实际应用效果良好。该技术是在雾化压力为 1.72MPa 条件下,将气体加热至 200~400℃,雾化所得粉末的平均粒径和标准偏差均随温度升高而降低,但由于热气体雾化技术受到气体加热系统和喷嘴的限制，仅有少数几家研究机构进行研究。

尽管气体雾化是一项成熟的技术，但仍有一些问题值得注意。由于气体在雾化室中循环，细小颗粒被吹回并与部分熔融的颗粒发生碰撞形成卫星颗粒，从而导致附属颗粒对颗粒的自由流动具有负面影响。并且用于雾化的高压气体易被捕集在液态金属中，冷却后在粉末颗粒内部形成的气孔或气泡，对所获制件的力学性能产生不利影响，尤其是疲劳性能。

B　PIGA

PIGA 是一种制备无陶瓷夹杂钛粉的气雾化法，以等离子束为热源，同样采用水冷铜坩埚熔化钛料，但与其他气雾化方法不同，它在水冷铜坩埚底部与喷嘴之间设计了冷壁感应导向系统，即在导流通道外部加装感应线圈，线圈内产生的电磁力对熔体约束，避免熔体与导流通道接触被污染，同时液流直径更为细小，有利于制备细粒径粉末，装置示意图如图 2-47 所示。

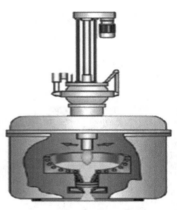

图 2-47　PIGA 装置示意图

研究人员利用 PIGA 法和 EIGA 法分别制备了 TiAl 合金粉末，并对粉末性能进行了对比，结果表明 EIGA 制备的粉末粒度要小于 PIGA 粉末，但 PIGA 粉末的氩气含量较少，一般为（0.2 ~ 0.5）×10^{-6}氩气。国内也对 PIGA 技术进行研究，采用等离子超声气体雾化用于制备球形粉末，该方法以等离子电源加热为熔化方式，雾化气喷嘴采用两组并向设置的 Laval 管，使气流速度达到 1 ~ 3Ma，钛基粉末的粒度控制在 75μm 以内，45μm 粉末占 35% ~ 55% 之间，具有较高的细粉收得率。PIGA 采用等离子技术熔化，等离子技术具有加热温度高（3000 ~ 20000K），熔化效果好，同时加装了冷壁感应导向系统，提高了粉末纯度，制备的粉末粒径细小，但与其他气雾化技术相比，设备设计复杂，能耗大，制备粉末的成本相对昂贵。

C　EIGA

1990 年德国 Leybold AG 公司发表了无坩埚熔炼雾化钛及钛合金粉末的专利，装置示意图如图 2-48 所示。该方法是将预合金钛棒（20 ~ 120mm）旋转进入锥形磁感线圈中，感应线圈产生磁场加热棒料直至融化状态，液流顺着加热区的尖端自由落体进入雾化喷嘴，然后通过高压气流将液流破碎成液滴，凝固形成钛粉。熔体流量可由感应功率控制，也可由电极的下移速度控制。该技术特点为无坩埚，非接触熔化，成分元素烧损极少、对原料棒材质量和尺寸要求较宽，制得粉末纯度高、细粉收得率良好。因此适宜材料较多，如钛、锆、钽等难熔活性金属、难变形脆性合金、超高纯净合金、贵金属等。该技术所制备的钛粉形貌如图

2-49 所示，球形度良好，粒度范围为 0~200μm，粉末的中粒径 D_{50} 在 50~65μm 左右。所制备的材料包括纯钛、Ti-6Al-4V、Ti_2AlNb 合金、TiAl 合金、NiTi 合金等。

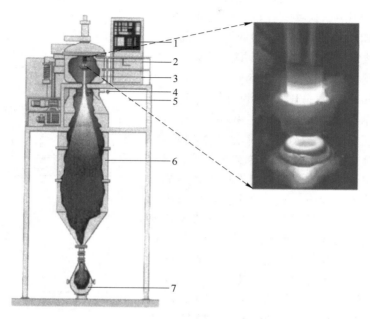

图 2-48 EIGA 装置示意图[39]

1—控制柜；2—电极；3—熔化室；4—惰性气体供应管线；5—雾化喷嘴；6—雾塔；7—粉末容器

图 2-49 EIGA 制得的钛粉形貌 (0~45μm)[40]

尽管 EIGA 作为是一项较成熟的技术，但仍有一些问题值得注意。熔炼金属棒材或丝材的过程中会出现电极未完全熔化而掉入导流管中，造成阻塞，因而保持液流的连续稳定一个技术难点。其次，由于气体在雾化室中的循环，细小颗粒流回并与部分熔融的颗粒发生碰撞，从而导致形成卫星颗粒，这对粉末流动性存在损害。另外，用于雾化的高压惰性气体可能会存留在液态金属中，将保留成为粉末中的气孔或气泡。这些空心粉最终会导致成形样品中也存在气孔，即使通过热等静压处理后，这些气孔也无法完全消失。

针对 EIGA 技术中存在的问题，目前也有一些改进技术方案。如研究者提出了高频感应熔化金属丝气体雾化技术（wire induction heating-gas atomization，WIGA），装置如图 2-50 所示。该技术以钛丝（直径 2 ~ 4mm）为原料，将高频感应熔炼技术与气体雾化技术相结合，采用紧耦合式的超音速雾化器制备出微细球形钛粉。其中，熔化方式也采用无坩埚式熔炼方式，避免熔炼过程中钛液被污染，形成较小的金属液流量[41]。同时采用自主研发的超音速气雾化喷嘴对熔体进行雾化，实现了高效、可靠的微细球形钛粉末的制备。所制钛粉末的形貌为近球形，球形度较高，粉末表面存在少量"卫星球"颗粒，占比约为 1%，如图 2-51 所示。粉末粒度呈近似正态分布，粒径小于 45μm（−325 目）的粉末占 48.9%（质量分数），中粒径 D_{50} 大约为 41.8μm，如图 2-52 所示。提高雾化压力、熔体温度和降低送丝速度

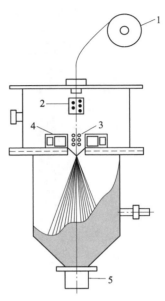

图 2-50　WIGA 装置示意图[41]

1—进料器；2—电极；3—高频感应线圈；
4—喷嘴；5—粉末收集罐

可使粉末平均粒径进一步减小。还有一些研究者发明了一种感应加热与射频等离子联合雾化制粉系统，包括高频感应加热装置、射频感应等离子装置、抽真空装置、雾化收集装置、分离除尘装置和丝材输送装置。采用高频感应加热与射频等离子熔炼及气雾化相结合的技术，整个加热、熔化、气雾化过程经过系统抽真

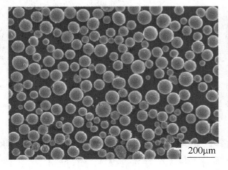
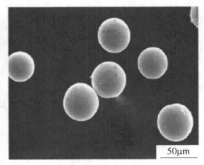

200μm　　　　　　　　50μm

图 2-51　WIGA 制得钛粉形貌[41]

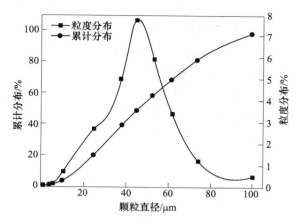

图 2-52 WIGA 制得钛粉粒度分布

空再充入惰性气进行保护，无污染、无夹杂，通过高频感应加热装置预热丝材与射频等离子装置熔化丝材相结合，提高了预热和熔化过程中吸热速率，提高了液流的过热度，可使雾化粉末获得更高的球形度、球化率、更小的粒度[43]。

2.3.1.2 离心雾化

离心雾化（centrifugal atomization，CA）是一种利用离心力将熔体破碎，熔液以液滴的形式抛出并在飞行中凝固成球形粉末的技术。

A RDA

旋转盘雾化法（rotating disc atomization，RDA）最早出现于 20 世纪 50 年代初期，是将金属溶液浇注到快速旋转的凹形圆盘雾化器中，圆盘转速达到一定值时，在离心力作用下，金属溶液沿切线方向喷射出来形成液滴，这时液滴受到高速氩气流的强制对流冷却，液滴快速凝固成金属粉末。旋转盘形状主要有碟状、杯状、坩埚状等，粉末粒度大小与旋转盘转速、熔体温度等有关。旋转盘雾化制取的粉末为球形，旋转盘的转速越高粉末越细。研究人员发明了等离子离心雾化法（plasma arc melting centrifugal atomization，PAMCA）制备钛粉，其装置示意图如图 2-53 所示，原料在离子束热源下加热熔化，熔体滴入高速旋转的旋转盘中破碎，最后球化凝固成粉，利用这种方法所制备钛粉的粒度范围为 30~600μm。为进一步降低制粉粒度，有研究人员将原料钛及钛合金熔融后通过两个垂直分布的旋转盘进行两次离心雾化，之后冷却成粉末，所制备的粉末球形度高，氧含量低、流动性好、粉末粒度得到有效降低，但该方法装置复杂，制备工艺流程烦琐，目前还不适合大批量生产。还有研究人员研制了一种无坩埚连续熔化旋转盘离心雾化制备球形钛粉的设备及方法（continuous electrode induction-melting centrifugal atomization，CEICA），该方法具有耐高温、抗热冲击以及可连续作业的特点。该装置包括连续送料装置、抽真空装置、惰性气体汇流排、熔化室、无接触式熔化装置、过热装置、离心雾化室、离心制粉装置、冷却装置及收集装置。其中特制离心雾化盘，在持续的高温、热冲击、高转速严苛环境下能大批量稳定生产可控规格的高纯钛合金粉；特制的连续送料装置连续送料效率高，能轻易满足大量生产；非接触式熔化，避免了原料污染，因此粉末生产效率高，生产的钛合金粉末球形度好、流动性强、无气孔、含氧量低。

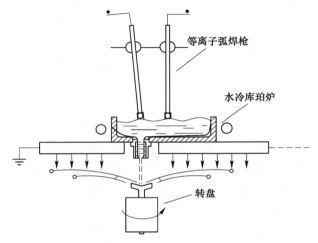

图 2-53　PAMCA 装置示意图[44]

B　PERP

美国 Nuclear 金属公司于 20 世纪 70 年代发明了旋转电极制粉工艺（REP），随后通过改进该工艺开发了 PREP 工艺。其原理是以高温等离子束流熔融高速旋转的金属棒料（通常直径为 89mm 或 63.5mm）前端，依靠棒料高速旋转的离心力分散甩出熔融液滴，熔融液滴再依靠表面张力缩聚成球状，并在冷凝过程中固化，其装置示意图如图 2-54 所示。其工艺特点为：由于液态金属在凝固前不与其他金属或陶瓷接触，而且其相对较大的粒径或较低的比表面积使得在该过程中间隙杂质（即 O、N）的吸收极小，所以粉末最终纯度很高；不使用高速惰性气体雾化金属液流，避免了"伞效应"引起的气孔和空心粉，并且液滴在离心力的作用下径向远离金属表面使得液滴和微粒碰撞形成人造卫星的几率很小，因此粉末几乎无空心粉和卫星粉、球形度很高，如图 2-55 所示。

但 PREP 工艺制备的粉末粒径通常较粗（50~350μm），100~250μm 的粉末比例占到 70%（质量分数）左右，细粉收得率很低，目前较先进的 PREP 技术的细粉收得率也仅为 15% 左右。研究发现影响粉末粒径和形貌的因素有：棒料的转速、等离子弧电流强度、棒料直径、棒料端部与等离子枪的距离等，其中电极转

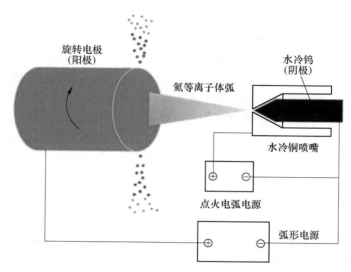

图 2-54　等离子旋转电极雾化示意图[27]

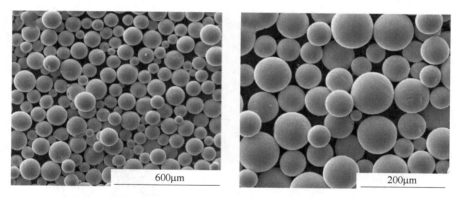

600μm　　　　　　　　　　　　　200μm

图 2-55　PREP 制钛粉的形貌（70～110μm）[40]

速和直径尤为重要。粉末的平均粒径与电极转速和电极直径的关系式如下：

$$D_{50} = \frac{K}{\omega\sqrt{D}}$$

式中，D_{50}为粉末的平均粒径；K 为与材料以及热源有关常数；ω 为电极转速。式中表明要获得更大的细粉收得率就需要增加电极转速和直径，据报道，目前使用直径为 100mm 的电极棒和 30000r/min 的旋转速度可使细粉产量增加到 16%，但应该注意的是，随着电极直径的增大和转速的提高，对电极尺寸精度的要求越来越严格，若不能有效匹配等离子旋转电极雾化工艺参数，即使大幅提升电极直径以及电极转速，细粉收得率也只有 5% 左右。此外，目前应用的等离子枪功率有限，所以现有等离子旋转电极制粉技术可以进行钛合金、镍基合金及钴基合金制粉，但难以制备更高熔点的钨、钽基等金属。

2.3.1.3　PA

PA 技术于 1995 年由加拿大雷默（Raymor）企业旗下的高级粉末及涂层（AP&C）公司发明，是利用等离子体为热源制备球形钛粉的方法。其原理如下：在惰性气体气氛下，钛丝以恒定速率进入，在等离子火炬产生的聚焦等离子射流下熔融和雾化，微小液滴在表面张力的作用下球化并冷却固化成球形钛粉，装置示意图如图 2-56 所示。等离子火炬出口的超声波喷嘴，确保气流速度最大化实现原料丝的熔融与雾化。由于加热后的氩气流速比其他气体更高，因此使用高温氩等离子火炬作为雾化介质与热源。PA 获得的钛粉几乎没有卫星粉，粒径分布范围窄，为 $0\sim150\mu m$ 之间。粉末平均粒径约为 $40\mu m$，细粉收得率为 $50\%\sim60\%$，其形貌如图 2-57 所示。同时，调节气体量以及丝材到等离子火炬之间的距离可调整细粉收得率。在金属丝送入等离子体之前添加感应线圈将其进行预热，可以显著提高生产率。但是离子雾化法采用多组高功率等离子束为热源，设备价格昂贵，能耗大。

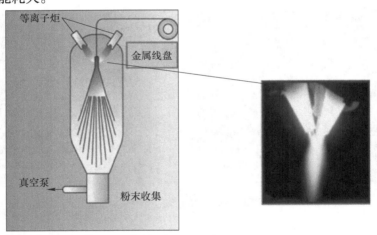

图 2-56　PA 工艺示意图和雾化过程照片[39]

AP&C 公司在创立之初就一直不断改进等离子火炬雾化技术，从早期的一套试验设备，发展成为一个全球等离子雾化金属球形粉体行业的领导者，尤其在金属注射成形用球形钛粉的市场中处于领先地位。由于拥有 PA 技术公司的保密，不对外出售等离子雾化设备导致国内关于 PA 技术的研究进展缓慢。2015 年初通过引进美国、俄罗斯等国先进 PA 技术，我国成功开发出第一代等离子火炬雾化制粉设备，制备的粉末球形率已经能够达到 95%，松装密度可达 58% 以上，粉末氧含量可控制低于 0.1%，细粉收得率（<45μm）也达到 32% 左右。

PA 工艺获得粉末粒径分布可控、纯度高、球形度高、氧含量低、夹杂少、无粘接/团聚现象，具有广阔的市场前景。未来该技术的发展趋势有以下几方面：采用多角度大功率（150kW）等离子火炬雾化技术，提高熔体过热温度，形成高温气流、液流，提高细粉收得率；减小原料丝材的直径，提高喂料熔化速度与细粉收得率；采用特种高速喷嘴，增加气体的动量，加速等离子射流，提高雾化效率与冲击液流的能力；采用热等离子体作为雾化

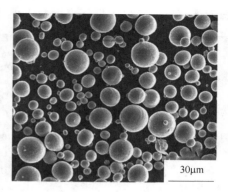

图 2-57　PA 粉末形貌[27]

流体，确保足够长的冷却时间保证颗粒充分球化，减少因快冷形成非球形粉末。

2.3.2　PS

PS 技术是利用气体携带不规则金属粉末通过加料枪喷入等离子火炬中，颗粒迅速吸热后整体（或表面）熔融，并在表面张力作用下缩聚成球形液滴，然后在极高的温度梯度下迅速冷却固化，从而获得球形粉末的方法，装置示意图如图 2-58 所示。热等离子体具有温度高（3000~10000K）、体积大、冷却速率快（$10^4 \sim 10^5$ K/s）等特征，非常适合于高熔点金属及其合金粉末的球化。热等离子体可以通过直流等离子弧火炬和射频感应耦合放电等方式产生，其中射频等离子体因电极腐蚀造成污染的可能性低（无内电极）且停留或反应时间长（等离子体速度相对较低），因而是生产球形粉末的首选方法。采用射频等离子体处理金属粉末可显著提高

陶瓷管
送粉枪
等离子体
线圈
前驱粉体

炬出口

熔融的液滴

图 2-58　PS 装置示意图[45]

粉末球形度，改善流动性，消除内部孔隙，提高体积密度，降低杂质含量，因此获得了越来越广泛的关注。等离子体球化已应用于多种不同的粉末，包括钛、锆、钨等难熔金属。等离子体球化的颗粒通常具有与其他雾化粉末相同的近乎完美的球形度。如图 2-59 和图 2-60 所示。其原料可以是氢化脱氢粉末以及通过 Armstrong 工艺、FFC Cambridge 工艺、HAMR 工艺等制得的不规则形状的钛粉，但粉末纯度、粒度受原料本身限制，且粉末产量较低。另外，钛粉由于在等离子

温度下蒸发, 有失去低熔点元素 (例如 Al) 的风险。

图 2-59　HDH 钛粉 PS 前后形貌[46]

a—球化前; b—球化后

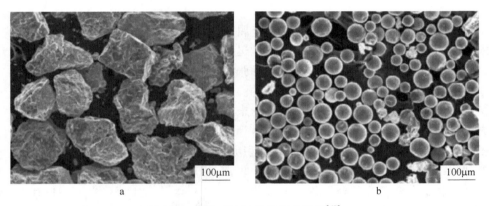

图 2-60　TiH$_2$ 经过 PS 前后的形貌[47]

a—TiH$_2$ 原始粉末; b—等离子体处理后的钛粉末

　　加拿大 TEKNA 公司的 PS 技术处于行业领先地位, 目前可以生产钛、钨、钼、钽、镍、铜等粉末。可处理不同粒径范围不规则钛粉, 包括 <75μm、75~125μm、125~250μm、250~425μm 等。研究表明球化效果与原始颗粒度有很大的关系, 粒径小于 125μm 的粉末能够被很好地球化, 而粒径在 125μm 以上的颗粒则无法球化或球化效果不理想。另外在射频等离子制备球形钛粉过程中, 由于熔融及碰撞, 会产生一些异常的大颗粒。

　　北京科技大学大学研究者提出了基于氢化钛的 PS 技术。将大颗粒不规则形状的 TiH$_2$ 粉末通过载气输送进入等离子体内, 迅速吸收超高温等离子体中的热量, 发生脱氢分解反应。由于脱氢作用释放出大量氢气, 疏松结构的脆性 TiH$_2$ 粉末不能承受瞬间释放的气体压力而产生"氢爆", 破碎生成微细颗粒状粉末。同时，生成的微细粉末在穿过等离子区域时，经吸热、熔融，并在表面张力作用下缩聚成球状，骤冷凝固形成球形粉末。经过射频等离子体处理，氢化钛粉末达到了粉末的脱氢分解、"氢爆"和球化处理的目的，反应过程一步完成，缩短工艺流程，最终制备出微细球形钛粉。

等离子体球化法制备的球形钛粉流动性好，松散度高，粉末颗粒内部的孔隙与裂缝明显减少，粉末纯度高，但球化前需对原料破碎，工艺连续性劣于惰性气体雾化法及等离子旋转电极法，因而如何提升制粉效率是等离子球化法在球形钛粉制备领域获得推广的关键。

2.3.3 GSD

造粒烧结脱氧（granulation sintering deoxygenation，GSD）工艺是一种无熔融制备球形钛及钛合金粉末的新方法。该方法主要包含 3 道工序：造粒、烧结和脱氧。具体是将钛氢化物或具有母合金的钛氢化物（由海绵钛或钛合金废料氢化而成）研磨成细颗粒，然后用喷雾干燥法将颗粒制成所需粒度范围的球形小颗粒，将球形小颗粒烧结成致密的球形钛颗粒，采用新型的镁或钙低温脱氧工艺对球形钛颗粒进行脱氧处理，最后得到球形钛及钛合金粉末，其制备钛粉的工艺流程和微观形貌分别如图 2-61 和图 2-62 所示。

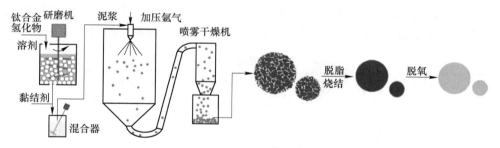

图 2-61　GSD 工艺示意图[27]

图 2-62　GSD 得到的 TC4 粉末形貌[27]

a—低倍粉末形貌；b—高倍粉末形貌；c—粉末截面形貌

GSD 工艺集成了低成本的造粒、烧结和脱氧工艺，不使用高成本的熔炼和雾化工艺；而可以用钛粉废料等低成本粉末为原料，不合格的粉末还可以再循环生产，几乎没有原料浪费。GSD 工艺制得的粉末质量与原材料息息相关，通常原始粉末粒度越细，其烧结性能和成形颗粒的光洁度越好，但是粉末粒度细小必然会导致含氧量和其他间隙元素增加，影响粉末的质量，而该工艺通过除氧步骤可将粉末中的氧含量降到较低水平（0.08%~0.20%）。该工艺所得产品球形度好、无卫星粉，粒度范围为 40~100μm，能够满足 SLM、EBM 和 MIM 等工艺技术要求。GSD 工艺还可以解决采用传统熔炼技术制备熔点和密度相差较大的多元合金时容易发生的成分偏析的问题，研究人员采用 GSD 工艺制备了球形 Ti-30Ta 合金粉末，成分组织均匀性好。通过对粒径小于 75μm 的粉末进行脱氧处理，可使其氧含量控制在 0.035% 以下。

GSD 工艺对设备要求不高，所需要的烧结温度不超过 1200℃，气体流量低，原料不需熔化，节约能耗，极大地降低了成本。但也存在工艺较为复杂，对原料粉末粒径要求较高，粉末可能会有孔隙，烧结过程中颗粒有可能黏结等问题，所以在实际应用方面还需考虑较多问题。

针对当前制备球形粉体的主要方法及其各自特点进行分析，如原材料、粉末粒度、细粉收得率、成分等，并总结于表 2-2。IGA 和 EIGA 工艺是常用的气雾化钛粉制备方法，EIGA 工艺相比于 IGA 工艺的一大进步是采用了无坩埚熔炼技术，更容易制备出高纯粉体，钛粉球形度较好，细粉收得率较高，但粉末存在连

表 2-2　球形制备钛粉技术的总结

工艺	名称	原材料	热源	融化方式	粒度分布 /μm	细粉（小于 45μm）收得率/%	成　分
气雾化	IGA	液态金属	电弧/感应加热	水冷铜/磁悬浮	0~500	<35	O 较少
	EIGA	棒料	感应加热	无坩埚	0~200	<35	O、N 极少
	PIGA	液态金属	等离子	水冷铜		<55	O 较少
离心雾化	PREP	棒料	等离子	无坩埚	50~350	16	O、N 极少
	RDA	液态金属	等离子/感应加热	水冷铜	30~600		O、N 较少
等离子雾化	PA	丝料	等离子	无坩埚	25~250	50~60	O 较少
等离子球化	PS	丝料/粉末	等离子	无坩埚	与原料有关	与原料有关	与原料有关，O 较高
造粒烧结脱氧法	GSD	废料、边料	感应加热	无坩埚	10~100	50~60	$w(O)=0.08\%~0.20\%$

体卫星球、气体夹杂等不足；PREP 技术制备的钛粉球形度好、内部致密、粒度分布窄，但粒度偏大且生产效率低。PA 和 PS 工艺可在一定程度上提升细粉收得率，但其成本依然居高不下。GSD 工艺是虽是一种无熔炼低成本制备球形钛粉的新技术，但实际应用也存在诸多问题。

2.3.4 钛粉整形技术

球形钛粉颗粒大小均匀，球形度高，表面光滑，堆积密度大，因此粉末流动性和堆积密度好，是粉末增材制造和注射成形的最佳原料。但通过气雾化、旋转雾化、球化等方法制得的粉末生产成本极高。目前用于增材制造或注射成形用球形钛及钛合金粉末每公斤价格超过 1500 元，高昂的原料粉末价格成为限制了粉末冶金钛制品广泛应用的主要因素。因此，开发一种成本低、工艺过程简单、粉末杂质含量可控、流动性好，能满足增材制造和注射成形工艺要求的钛粉制备或加工技术迫在眉睫。其中，对不规则颗粒进行整形处理，实现粉体颗粒的球形化，对提高粉末的附加值、扩大应用范围是一种有效的方法。除了上述利用粉末的熔融态的表面张力球形化的等离子球化技术，也可通过机械研磨或以高速气流为介质使钛粉颗粒之间以碰撞与磨削的方式改变钛粉颗粒形貌，磨平钛粉颗粒尖锐的棱角，改变其形状和粒径，以改善不规则形状粉末的流动性。机械研磨的方式有机械球磨，这一过程中也可通过加热降低钛粉颗粒强度，以提升研磨效果，如高温球磨；以气流为介质的方法有高温流化工艺；同时兼具机械研磨和气流介质的方法有颗粒复合化系统（PCS）。

（1）机械研磨。通常机械球磨主要用于粉末粉碎，它的原理是在机械力的作用下使粉末产生形貌、粒径、结构上的变化。普通球磨机是由一个不同尺寸和形状的磨具组成的圆筒。圆筒的旋转带动球磨介质和物料一起运动，使物料受到球磨介质的冲击和磨削。当用于粉体整形时，研磨破碎作用力不能太强，否则会把粉体颗粒破碎，导致整形失败。因此利用该方法进行颗粒整形应尽可能减少设备对物料颗粒的破碎作用，增加研磨介质与粉体颗粒之间的磨削作用。机械球磨工艺整形粉体受到球磨机的转速、研磨介质类型与尺寸、研磨介质与粉体的配比研磨时间等参数的影响。通过调整各个工艺参数，保证粉体颗粒不破碎的同时把粉体颗粒的不规则部分磨掉，这样才能获得较好的整形效果。但是钛粉的强度较高，能量较低时整形效果不佳。因此需要增加作用于钛粉表面的磨削力，使其大于钛的强度，或是利用高温使钛的强度降低，这样可以增加钛粉的整形效果（见图 2-63）。

（2）高温流化。流化技术是通过固体颗粒与气体或液体流体介质在容器中相互运动和接触，从而达到表面处理、干燥或传质传热等目的。用于整形的高温流化装置主要包括流化床反应器、加热系统、进/出料系统和进/出气系统等。研

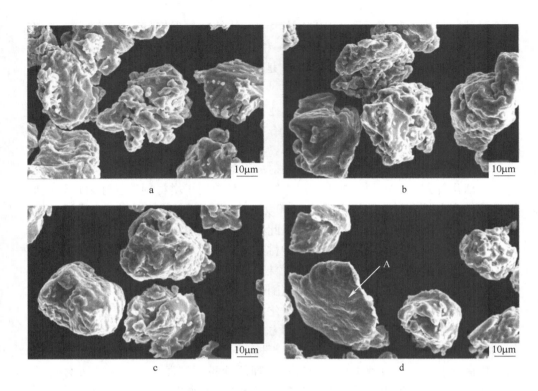

图 2-63　原料粉末及球料比为 5∶1 球磨不同时间后钛粉形貌

a—原料粉末；b—2h；c—4h；d—6h

究人员根据流化技术研发了一种低成本钛粉的流化整形制备方法。具体为：使用
HDH 不规则形状钛粉为粉末原料。将钛粉置于流化床反应器中，并通入氩气或
将反应器加热至 300～700℃，流化处理时间为 5～90min。整形后粉末形貌如图
2-64 所示。在流动高纯氩气及高温加热的状态下，通过粉末颗粒之间的碰撞和摩
擦，对不规则形状钛粉的尖锐棱角进行打磨处理，形成近球形粉末。粉末粒径小
幅增加，从 28.5μm 增加到 30.5μm，流动性得到有效改善为 35.2s/50g。该法具
有设备工艺简单、效率高、杂质含量可控、制备成本低等优点。

（3）PCS。PCS 系统是清华大学盖国盛等人研制用于颗粒的复合化和球形化
处理，主要包括水冷系统、进/出料系统、进/出气系统和转子等。工作原理是：
粉体被气流携带进入磨室，然后受到转动部件和高速气流的冲击力、颗粒与器壁
之间或颗粒之间的相互碰撞、摩擦和剪切等作用，有效地实现颗粒的整形和包覆
处理。

在高速惰性气体（氮气、氩气或氦气）气氛下，研究人员利用 PCS 系统对
HDH 钛粉进行整形，转子的转速为 5000r/min，处理时间为 15min，温度保持在

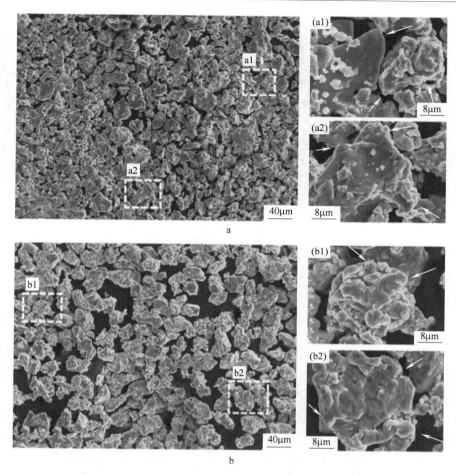

图 2-64 流化整形前后钛粉形貌
a—原料 HDH 钛粉形貌；b—整形后粉末形貌

45~75℃，在高速气流和转子与粉体相互作用之后，颗粒经过磨削、碰撞和摩擦，表面明显的棱角被磨削，粉末呈现近球形，如图 2-65 所示；钛粉产生一定破碎，粉末粒度由原来的 18.47μm 降低到 14.49μm。颗粒形貌的改善使堆积密度从 1.15g/cm³ 增加到 1.73g/cm³，流动性指数从 46 增加到 71，并且由于整个过程都处于惰性气体氛围，整形时间较短，钛粉元素含量几乎无变化。改性后的钛粉用于注射成形时，粉末临界装载量提高到 66%，喂料的扭矩和黏度都有大幅的降低。烧结后制件密度可达 99% 以上，收缩率最低为 9.2%，且组织均匀，裂纹明显减少。虽然这项技术对于钛粉整形有明显的效果，但是由于高转速的能耗和高速气流的耗材，且粉末收得率不高，这都增加了 PCS 整形钛粉的成本，限制其广泛应用。

图 2-65　PCS 整形前后的 HDH 钛粉形貌

a—原始钛粉；b—整形钛粉

2.4　应用与展望

　　据 SmarTech Analysis 报道，2019 年全球金属 3D 打印市场达到 33 亿美元，其中金属粉末 2019 年我国总消费市约有 2 亿元，连续五年保持 30% 以上的增长，到 2025 年全球 3D 打印粉末市场规模将逾 50 亿美元。金属粉末作为金属 3D 打印的原料产品迎来了最好的发展机遇，未来数年金属 3D 打印行业持续快速增长，钛作为用量最大的 3D 打印金属，其市场定会随之快速扩张，这既是机遇也是挑战。目前，金属 3D 打印技术已经开始从研发阶段逐步向产业化发展，但是 3D 打印用金属粉末的成本及其性能已成为制约该产业快速发展的瓶颈之一。为了解决这一局限性，满足巨大的市场需求，如何开发出高品质低成本钛及钛合金粉末的高效制备方法，这就是面临的重大挑战。

　　对于不规则形貌的钛粉，可以从金属冶炼过程中直接制取，也可以由海绵钛或钛合金铸锭进行制备。这些非球形粉末比表面积大，杂质含量高，堆积密度和流动性较差，一般用于合金添加剂、粉末压制烧结产品等。基于金属钠还原的 ITP-Armstrong 法和基于镁还原的 ADMA 法都是比较高效和高产出比的金属热还原法钛粉制备技术，但它们仍存在粉末颗粒较粗，粉末粒度难以控制等问题。FFC 剑桥工艺、OS 方法和 QIT 方法等电化学提钛技术的研究也非常活跃，但这些技术目前但尚处于实验室或中试阶段，迄今为止并未实现大规模工业化生产，同时这些方法制备的钛粉比例仍然较低。HDH 工艺生产的钛粉粒度范围宽，成本低，对原料要求低，已成为国内外生产非球形钛粉的主要方法，通过近些年的技术和工艺装备的进步，HDH 钛粉的杂质含量已经能够控制在较好的范围内。

同时采用一些粉末表面整形技术,可以使 HDH 钛粉的堆积密度和流动性得到改善,这推进了非球形钛粉的应用范围,如近年来基于 HDH 钛粉的增材制造和注射成形等技术报道量在快速增加。

对于球形粉末,以气体雾化、离心雾化和球化法等三种基础技术原理也衍生出多种钛粉制备技术。其中以 EIGA、PREP、PA 和 PS 技术发展最为成熟,它们具有各自的优缺点。EIGA 法作为无坩埚技术,粉末纯净,氧含量低但粒度较为粗大;PREP 法制备的粉末粒度受限于高速电机转速,粉末粒度通常更粗;PA 法以丝材为原料,成本较高,效率偏低;PS 法可将不规则粉末为原料,但杂质含量高,制粉效率不高。整体而言,球形粉末细粉收得率普遍偏低(<50%),粒度粗大,成本高昂是普遍问题。因此增加细粉收得率,降低粉末成本是这些技术继续改进的主要方向。但时至今日,球形粉末成本已经接近技术极限。因此另辟蹊径寻求一些变革新的技术或采用一些替代性粉末原料可能是未来更为重要的发展趋势。

参 考 文 献

[1] Anonymous. New Wohlers report 2020 documents more than 250 applications of additive manufacturing [J]. Quality, 2020, 59 (5): 9.

[2] 刘畅,李慧,张汉鑫,等. 钛粉制备工艺的研究进展及发展趋势 [J]. 稀有金属与硬质合金,2020,48 (1): 35~39.

[3] Reed T B, Klerer J. Free energy of formation of binaray compounds: An atlas of charts for high-temperature chemical calculations [J]. Journal of the Electrochemical Society, 1971, 119 (12): 329.

[4] 朱小芳,李庆,张盈,等. 热化学还原法制备金属钛的技术研究进展 [J]. 过程工程学报,2019,19 (3): 456~464.

[5] Barbis D P, Gasior R M, Walker G P, et al. Titanium powders from the hydride-dehydride process [C] // Qian M, Froes (Eds.) F H. Titanium powder metallurgy. Boston: Butterworth-Heinemann, 2015: 101~116.

[6] Kasparov S A, Klevtsov A G, Cheprasov A I, et al. Semi-continuous magnesium-hydrogen reduction process for manufacturing of hydrogenated, purified titanium powder: US, 8007562B2 [P]. 2011-08-30.

[7] Froes F H. Powder metallurgy of titanium alloys [C] // Chang I, Zhao Y. Advances in powder metallurgy. Cambridge: Woodhead Publishing, 2013: 202~240.

[8] Hansen D A, Gerdemann S J. Producing titanium powder by continuous vapor-phase reduction [J]. Journal of Metals, 1998, 50 (11): 56~58.

[9] Oosthuizen S J, Swanepod J J, Vuuren D V. Challenges experienced in scaling-up the CSIR-Ti

process [J]. Advanced Materials Research, 2014, 3450 (1019): 187~194.

[10] Qian M, Froes (Eds.)F H. Titanium powder metallurgy [M]. Boston: Butterworth-Heinemann, 2015.

[11] Oosthuizen S J, Swanepoel J J. Development status of the CSIR-Ti Process [J]. IOP Conference Series: Materials Science and Engineering, 2018, 430 (1).

[12] 朱槿. HAMR 法高品质 TiO_2 原料制备及金属钛粉晶格氧控制研究 [D]. 北京: 中国科学院大学 (中国科学院过程工程研究所), 2019.

[13] Chen W, Yamamoto Y, Peter W H. Investigation of pressing and sintering processes of CP-Ti powder made by armstrong process [J]. Key Engineering Materials, 2010, 914 (436) 123~130.

[14] 沈小小. 国外钛粉生产技术 [J]. 甘肃冶金, 2012, 34 (5): 11~15.

[15] Zhang Y, Fang Z Z, Xia Y, et al. Hydrogen assisted magnesiothermic reduction of TiO_2 [J]. Chemical Engineering Journal, 2017, 308: 299~310.

[16] 万贺利. 钙热还原 TiO_2 法制备金属钛粉的实验研究 [D]. 昆明: 昆明理工大学, 2012.

[17] 洪艳, 曲涛, 沈化森, 等. 预成形还原法制取钛粉工艺 [C]∥第五届全国稀有金属学术交流会. 长沙, 2006.

[18] Suzuki R O, Inoue S. Calciothermic reduction of titanium oxide in molten $CaCl_2$ [J]. Metallurgical and Materials Transactions B, 2003, 34 (3): 277~285.

[19] Park I, Abiko T, Okabe T H. Production of titanium powder directly from TiO_2 in $CaCl_2$ through an electronically mediated reaction (EMR) [J]. Journal of Physics and Chemistry of Solids, 2005, 66 (2): 410~413.

[20] 杨遇春. Ti-跨入新千年的金属巨人 [J]. 中国工程科学, 2002, 4 (3): 2131.

[21] 洪艳, 沈化森, 王兆林, 等. 低成本钛粉生产工艺 [C]∥第十届全国青年材料科学技术研讨会论文集 (C辑). 2005.

[22] Moxson V S, Senkov O N, Baburaj E G, et al. Production and applications of low cost titanium powder products [C]∥Proceedings of the 1998 TMS Annual Meeting, 1998, 127~134.

[23] Oh J M, Lee B K, Suh C Y, et al. Deoxidation of Ti powder and preparation of Ti ingot with low oxygen concentration [J]. Materials Transactions, 2012, 53 (6): 1075~1077.

[24] 冯乃祥, 赵坤, 王耀武, 等. 两段铝热还原制取 Ti 或 Ti 铝合金并得副产无 Ti 冰晶石的方法: WO 2017012185 A1 [P]. 2017-01-26.

[25] Hu D, Dolganov A, Ma M, et al. Development of the fray-farthing-chen cambridge process: towards the sustainable production of titanium and its alloys [J]. Journal of Metals, 2018, 70 (2): 129~137.

[26] Mellor I, Grainger L, Rao K, et al. Titanium powder production via the metalysis process. [C]∥Qian M, Froes (Eds.) F H. Titanium powder metallurgy. Boston: Butterworth-Heinemann, 2015: 51~67.

[27] Zhang Y, Fang Z Z, Sun P, et al. A perspective on thermochemical and electrochemical processes for titanium metal production [J]. Journal of Metals M, 2017, 69 (10): 1861~1868.

［28］ Fang Z Z, Paramore J D, Sun P, et al. Powder metallurgy of titanium-past, present, and future ［J］. International Materials Reviews, 2017, 63 （7）: 407～459.

［29］ Gökelma M, Celik D, Tazegul O, et al. Characteristics of Ti6Al4V powders recycled from turnings via the HDH technique ［J］. Metals, 2018, 8 （5）: 336.

［30］ Park, Choi, Kang. Oxygen reduction behavior of HDH TiH$_2$ powder during dehydrogenation reaction ［J］. Metals, 2019, 9 （11）: 1154.

［31］ 宝鸡迈特 Ti 业有限公司. 新型 HDH 法低氧高纯钛粉生产工艺: 中国, 101439409A. ［P］. 2009-05-27.

［32］ 黄瑜, 汤慧萍, 吴引江, 等. 动态氢化脱氢制备低成本钛及钛合金粉末 ［J］. 稀有金属材料与工程, 2008, 37 （23）: 826.

［33］ 赵三超, 周玉昌, 穆天柱, 等. 一种生产钛粉的连续氢化脱氢装置: 中国, 202684092U ［P］. 2013-01-23.

［34］ 郭志猛, 叶青, 邵慧萍, 等. 一种高纯微细低氧钛粉制备方法: 中国, 103433500A ［P］. 2013-12-11.

［35］ 毛凤娇, 蒋仁贵, 李道玉, 等. 连续氢化脱氢制备的钛粉及其制备方法: 中国, 105081334A ［P］. 2015-11-25.

［36］ 袁继维, 李勇, 徐展平, 等. 一种氢化脱氢法生产中脱氢钛粉用的制粉装置: 中国, 107876784A ［P］. 2018-04-06.

［37］ 刘金涛, 欧东斌, 董永晖, 等. 一种降低氢化脱氢法制得钛粉氧含量的方法: 中国, 110449594A ［P］. 2019-11-15.

［38］ Sun P, Fang Z Z, Zhang Y, et al. Review of the methods for production of spherical Ti and Ti alloy powder ［J］. Journal of Metals, 2017, 69 （10）: 1853～1860.

［39］ 王琪, 李圣刚, 吕宏军, 等. 雾化法制备高品质钛合金粉末技术研究 ［J］. 钛工业进展, 2010 （5）: 16～18.

［40］ Yolton, Froes C F, Francis H. Conventional titanium powder production ［J］. Titanium Powder Metallurgy, 2015: 21～32.

［41］ 李保强, 金化成, 张延昌, 等. 3D 打印用球形钛粉制备技术研究进展 ［J］. 过程工程学报, 2017, 17 （5）: 911～917.

［42］ 陆亮亮, 刘雪峰, 张少明, 等. 高频感应熔化金属丝气雾化制备球形钛粉 ［J］. 材料导报, 2018, 32 （8）: 1267～1270, 1288.

［43］ 赵新明, 徐骏, 胡强, 等. 一种气雾化制备球形钛粉及钛合金粉末的装置及方法: 中国, 104475744A ［P］. 2015-04-01.

［44］ 王海英, 龙海明, 郭志猛, 等. 一种感应加热与射频等离子联合雾化制粉系统: 中国, 207971424U ［P］. 2018-10-16.

［45］ 陆亮亮. 3D 打印用球形钛粉气雾化制备技术及机理研究 ［D］. 北京: 北京科技大学, 2019.

［46］ 廖先杰, 赖奇, 张树立. 球形钛及钛合金粉制备技术现状及展望 ［J］. 钢铁钒钛, 2017 （5）: 7～14.

［47］ 胡凯, 邹黎明, 毛新华, 等. 射频等离子体制备球形钛粉及其在粉末注射成形中的应用

[J]. 钢铁钒钛, 2020, 41 (1): 36~42.

[48] 曾光, 白保良, 张鹏, 等. 球形钛粉制备技术的研究进展 [J]. 钛工业进展, 2015, 1: 7~11.

[49] 盖国胜, 杨玉芬, 金兰. 微纳米金属颗粒复合与整形技术 [J]. 中国粉体技术, 2007 (4): 20~22.

[50] 贺会军, 盛艳伟, 赵新明, 等. 一种 MIM 用金属粉末的制备方法: 中国, 107127348A [P]. 2017-09-05.

[51] 秦明礼, 陈刚, 丁旺旺, 等. 一种 3D 打印用低成本钛粉的流化整形制备方法: 中国, 10938251113 [P]. 2019-12-03.

3 钛粉压力成形及致密化技术

<<<<<<<<<<<<<<<<<<<<<<<<<<<<<<<<<<<<<<<<<<<<<<<<<<<<<<<<<<<<<<<<<

　　将松散的粉末加压成具有一定尺寸、形状，以及一定密度和强度的坯体，随后将坯体在高温下通过冶金结合形成致密或多孔制品。这是粉末冶金最简便、常见的工艺，已在铁基、铜基、铝基等多种材料体系中得到成功应用，所制备的各种机械零件、摩擦材料、磁性材料等产品已经在多行业起到了不可或缺的作用。近年来，钛以其优异的综合性能成为多领域极具应用前景的新型金属材料，但钛制备加工困难和成本昂贵的问题严重制约其发展，通过将钛粉压力成形和致密化制造钛制品，能够解决钛成形加工困难、降低钛制品成本，因而引起越来越多研究者们的关注。

3.1　粉末压力成形技术

　　金属粉末的压实具有以下主要功能：（1）将粉末固结成所需的形状；（2）在适当考虑烧结引起的任何尺寸变化的情况下，尽可能接近最终尺寸；（3）给予所需的孔隙度和类型；（4）满足随后处理足够的强度。

　　目前粉末压制技术有很多种类，分类的依据有以下几种：（1）连续与不连续过程；（2）压力的高与低；（3）压实速度快与慢；（4）压制温度的高与低；（5）单轴与等静压力。

3.1.1　模压

　　从技术上讲，模压是粉末冶金中最简单易得的成形技术，同时它也是近净形零件制造中最重要和最主要使用的技术之一。粉末在冲头表面和模具壁之间受力，由于模具材料弹性变形极为有限，可以将压块制造成非常接近最终产品的几何尺寸。由粉末填充、压实和推出组成的压制流程可以在机械、液压压机或混合模式压机中以高生产率进行。

　　不同于目前已较为成熟的铁基、铜基和铝基模压产品，钛基的粉末冶金压制产品应用领域较少，产品门类较为单一。一方面是由于钛金属本身较为高昂的成本，另一方面制备钛粉末冶金冷压制件也存在诸多难点。第一，钛本身所具有的高强度和高硬度使其具有压制成坯困难的本征特性。如图 3-1 所示，氢化脱氢钛粉和水雾化铁粉的模内密度随压力的变化趋势。相同的初始密度条件下，随着压制的开始，铁粉和钛粉间的密度开始出现差别，在 500MPa 的压制压力下，铁粉

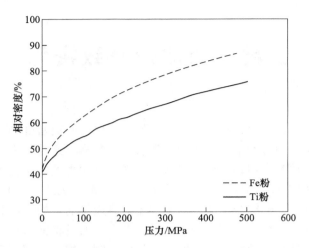

图 3-1　氢化脱氢钛粉（$D_{50} = 51\mu m$）和水雾化铁粉（$D_{50} = 88\mu m$）
在同等润滑条件下模内密度和压制压力间的关系[1]

和钛粉的相对密度分别为 88% 和 74%，差值达到近 14%。这主要是由于纯钛的室温屈服强度约是纯铁的两倍，因此同等压力下铁粉的可压缩性明显优于钛粉。第二，钛粉在空气中的高反应活性，间隙氧、氮等元素的污染增加了粉末本征压缩性，针对间隙元素对于钛粉压制行为的影响将在后文进行详述。第三，钛粉与模具壁的摩擦和冷焊等相关的问题。摩擦系数是压实过程中粉末颗粒与模具壁之间的摩擦相互作用的量度，对于压实过程至关重要。但该系数不是恒定的材料参数，而是根据特定情况而变化。为了进一步表征不同材料的摩擦特性，引入滑动系数 η。对于给定的粉末和给定的模具材料（在给定的表面条件下），该系数基本不受压坯密度等因素影响。η 一般为 0（无限摩擦）~1（无摩擦），低于 0.7 表示相对较大的摩擦力，很难进行压实过程，从而导致较大的密度变化。系数 η、μ 之间的关系以及摩擦系数的计算公式分别为

$$\eta = e^{-4\mu\tan\Phi}$$

$$\frac{p_d}{p_c} = \eta^{\frac{SH}{4F}}$$

式中　Φ——从顶部到模具壁的压力传递角度；

　　　p_c——施加到顶部冲头的压力；

　　　p_d——传递到底部束的压力；

　　　S——横截面的周长；

　　　H——高度；

　　　F——横截面的面积。

通过上述公式计算获得的不同粉末的滑动系数如图 3-2 所示。实验表明钛粉

的滑动系数（小于0.4）明显低于其他粉末，属于难以进行压实的粉末类型。而高摩擦力的机制目前尚不清晰，有研究者认为压制过程中钛粉发生塑性变形，其表面氧化物层破裂使得新鲜金属钛更易与模具金属表面产生强烈摩擦。佐证这一解释的是对比不同氧含量钛粉的滑动系数时发现相比低固溶氧含量粉末，高氧含量粉末的摩擦力更大。此外，从图3-2中可见钛粉的平均脱模压力均明显高于其他金属粉末，该结果与滑动系数测量相吻合，表明了脱模过程的主要阻力源自粉末与模具壁的摩擦力。

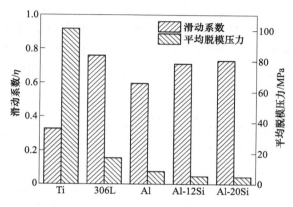

图3-2　几种粉末的压制滑动系数和平均脱模压力[2]

针对以上钛粉末冷压成形过程中存在的问题，研究者开展了诸多富有成效的研究工作，主要包括通过建立钛粉压制模型来预测粉末压制密度，认识钛粉压制致密化行为；研究不同粉末种类、形貌和粒度分布对压制过程及压坯密度的影响；研究模具润滑剂和内部润滑剂对压制行为和成分污染的影响；研究粉末杂质元素对压制行为的影响；以及针对粉末压制过程的数值模拟等。本节后续笔者将重点阐述钛粉压制模型、润滑剂和杂质元素等关键研究内容。

3.1.1.1　钛粉压制行为及模型

在大多数应用中，除了具有过滤功能的多孔产品（例如过滤器和轴承等），一般粉末冶金压制件均需达到近全致密才能满足所需的性能。相关研究表明，至少对于某些钛粉，如果压坯密度高于90%，则更易烧结制备出完全致密的粉末冶金制件，这为在烧结步骤中生产完全致密的产品提供可能。实现此目的的最简单方法是施加足够大的压力以达到所需压坯密度，但过高的压力会增加模具的磨损率，而对复杂的形状制件，简单地提高压力通常无法实现。因此，预测获得给定压坯密度所需的压力一直是粉末压制的重要研究方向，而建立压制过程的数学描述（即压制方程）是解决这一问题的重要途径。如今，压制方程在材料科学研究主题（粉末冶金、纳米结构粉末、药物、陶瓷、土壤甚至农用生物质材料）

和压制路线（包括冷、热和动态压实）中都有应用。

　　一般认为粉末压实过程中的致密化分为三个阶段：第一阶段为颗粒重排（PR），它在压实的最开始发生，对于松装/振实密度低、流动性差的粉末致密化有明显贡献，而对球形粉末这类表面光滑，流动性良好的粉末致密化程度有限；第二阶段为颗粒变形（PD），包括弹性和塑性变形，持续施加的应力将颗粒压扁并拉近以形成更多接触；第三阶段为加工硬化（WH），粉末颗粒上相邻接触点撞击，由于加工硬化使粉末越来越难以压缩，而对于脆性粉末（如陶瓷粉末），该阶段则主要以粉末破碎为主。三个阶段之间并非存在明显界线，而是同时发生，其中某种机制占据主要因素，如颗粒重排机制可能持续至92%的压坯密度。合适的粉末压实模型（或方程式）应完全描述和表征这种粉末多阶段致密化过程，并揭示其潜在机理。现将目前文献报道的相关钛粉末压制数学模型总结，如表3-1所示。

表 3-1　钛粉压制方程

序号	压制模型	数学公式	符号说明
（1）	Heckel	$\ln \dfrac{1}{1-D} = Ap + B$	A、B 均为压制过程常数，D 为相对密度（下同），p 为压制压力（下同）
（2）	Modified Heckel	$\ln \dfrac{1}{1-D} = Ap + \ln \dfrac{1}{1-D_0} + B$	D_0 为初始密度，A 为和粉末屈服强度相关常数，B 为常数
（3）	Panelli-Filho	$\ln \dfrac{1}{1-D} = A + B\sqrt{p}$	A、B 均为压制过程常数
（4）	Shapiro-Kopopicky	$\ln \dfrac{1}{1-D} = Ap + B + \dfrac{b}{\sqrt{p}}$	A、B、b 均为压制过程常数
（5）	Kawakita-Ludde	$\dfrac{p}{\Delta V} = \dfrac{1}{AB} + \dfrac{p}{A}$	A 为初始孔隙率的常数，B 与阻力有关，而 ΔV 是相对体积减小量
（6）	Cooper-Eaton	$\Delta V = A\exp\left(\dfrac{-a}{p}\right) + B\exp\left(\dfrac{-b}{p}\right)$	A 和 B 分别表示颗粒重排和塑性变形分别所占比例；a 和 b 分别表示两种机制开始时的压力
（7）	Gerdemann-Jablonski	$D = D_0 + A(1 - e^{-ap}) + B(1 - e^{-bp})$	D_0 为初始密度，A 和 B 反映粉末重新排列和塑性变形对致密化的相对贡献，a 和 b 反映了使每种机理完成所需的压力

　　Heckel 方程是确定压实特性的最常用模型之一。该方程将压制过程分为三个不同阶段：初始密度，致密化速率逐渐减小，致密化速率线性增长。但 Heckel 模型在低压和高压条件下均高于实验数据。针对该模型出现了拟合偏差，陆续有研究者提出了式（2）~式（4）为代表的 Heckel 改进模型，它们均为 D 和压力 p 的关系式，因此可以归类为类 Heckel 模型。这三种 Heckel 模型的改进式均很好

地拟合了实验数据。此外，还有以 ΔV 和压力 p 进行拟合的方程（5）和方程（6），也都表现出相对较好的拟合程度。

方程（7）是近年来提出的 Gerdemann-Jablonski 压制模型。实验表明，无论粉末特性如何，该方程都可以很好地拟合实验整个压力范围内的实验压实数据，拟合优度 $R^2 > 99.50\%$。该模型将压实的所有三个阶段合并为一个简单的方程式，并且可以分离每种机制对于整体致密度变化的贡献比例。图 3-3 中显示了方程中的三个组成部分，以及它们如何随压力而变化。颗粒重排对致密度的贡献在低压过程迅速增加，并在约 200MPa 时达到稳定。相反，加工硬化项值直至压力达到约 1200MPa 才趋于稳定，该压力约为纯钛抗拉强度的三倍，这是因为在粉末压制过程的后期，粉末基本上处于柱塞和模具壁的三向等静应力状态，这也看出颗粒变形和加工硬化对于粉末致密度贡献非常显著。Gerdemann-Jablonski 的压制模型通过拟合两种独立机制对整体致密化的贡献，精确地描述了整个压力范围内钛粉末压制过程。其拟合精度提高的意义在于，可以在不使模具过度加压的情况下获得规定的压坯密度，从而提高了模具寿命。此外该方程亦可应用于其他延性粉末，可有效提升并达到规定密度的能力。

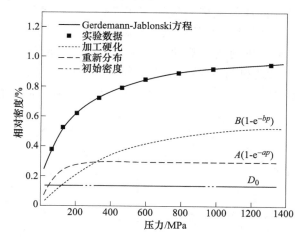

图 3-3 Gerdemann-Jablonski 公式对海绵钛粉压制过程的拟合[3]

3.1.1.2 润滑剂

粉末对压力的响应与流体不同，使压坯中各区域密度存在差异，这主要由于粉末与模具壁之间以及各个粉末颗粒之间的摩擦阻碍了压力的传递。粉末的充足流动对于理想的填充至关重要，多数情况下，会使用润滑剂，以减少摩擦阻力，这样可以防止粉末颗粒磨损和冷焊到模具和型芯壁上。因此润滑剂已成为粉末冶金模压产品生产中必不可少的部分，常用的润滑剂包括金属硬脂酸盐（如锌、锂和镁）、亚乙基双硬脂酰胺、含氟聚合物以及各种复合润滑剂，其按照使用方式一般分为模具润滑剂和内部润滑剂。模具润滑剂最主要的作用是降低脱模力，提高压制产品的形状完整性及表面质量，同时也能够一定程度改善压坯均匀性。内部润滑剂通常与金属粉末混合，其质量分数为 0.5%~1.5%，以改善压坯的均匀性并减少压制和脱模过程中的模壁摩擦，从而减少模具磨损。润滑剂还可以充当临时黏合剂，以增强金属零件的压坯强度。但压坯上和内部残留的润滑剂可能会限制烧结过程中的致密化，尤其是对于钛合金而言，其极强的吸附杂质氧、氮、氢和碳的特点对于最终烧结制件的致密度和力学性能影响巨大，因此钛合金的冷压和烧结过程中使用润滑剂一直未被研究人员和工业界广泛关注。

实验研究表明添加内部润滑剂可有效提升压坯密度并改善压坯的密度分布。钛粉在使用内部润滑剂硬脂酸（SA）及仅采用模具壁（DW）润滑条件下的压坯相对密度变化如图 3-4 所示。在低于 400MPa 压力下，添加内部润滑剂的粉末压坯相对密度明显高于使用模具润滑剂的情况。当压制压力为 200MPa 时，添加内部润滑剂的压坯密度比模具润滑时高近 6%。但当压制压力大于 400MPa，内部润滑剂对于压坯密度的改善作用逐渐减弱，并逐渐低于仅使用模具壁润滑剂的压坯密度。这一现象与粉末压制过程中颗粒重排和塑性变形两个阶段相关。在低于金属屈服强度时（纯钛的屈服强度一般为 400MPa 左右），颗粒重排机制占优势，内部润滑剂的添加减少了颗粒间的摩擦，相对密度随之提高。但当压制压力高于粉末屈服强度，致密化机制变为塑性变形和加工硬化，润滑剂占据了粉末间孔隙，抑制了进一步的致密化。这些现象在铁粉压制中也已经得到验证，润滑剂阻碍了高压下的致密化，因为润滑剂的体积阻止了粉末颗粒之间的直接接触。

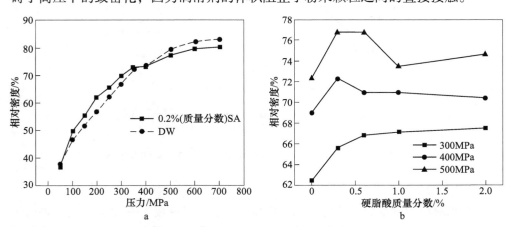

图 3-4　内部润滑和模具壁润滑条件粉末压坯相对密度随压制压力变化关系(a)和
不同压制压力下压坯相对密度与硬脂酸添加量之间关系(b)[4]

粉末压坯中密度的标准差随润滑剂添加量的变化如图 3-5 所示。数据表明，未添加润滑剂的粉末压坯具有较高标准差。通过添加润滑剂，可以明显减少压坯中的密度波动，提高压坯密度的一致性。不同类型的润滑剂对压坯密度和其均匀性的改善作用效果是不同的。相同的是，各种润滑剂在后续的脱脂过程部分挥发后，仍然保留了孔洞，这些区域使试件的塑性变差[5]。为避免这种现象，当使用润滑剂的添加量大于1%（质量分数）时，润滑剂应具有较小的粒度，尤其是可通过使用含有润滑剂的溶剂更能够改善这一现象。此外，明显较大的润滑剂颗粒或过量的润滑剂在压制过程中从中心被挤至表面，造成压坯顶部和底部存在异常大的孔洞，反而造成压坯密度的不均匀性。因此，润滑剂的粒度和含量也影响压坯和烧结坯的相对密度。

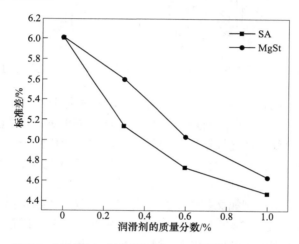

图 3-5　500MPa 压制压力下压坯密度标准差值随润滑剂含量的变化[6]

图 3-6 显示出了压坯的脱模力随模具壁润滑剂种类和内部润滑剂含量的变化，模具壁润滑剂的使用最多可将脱模力降低 75%，未使用模具润滑剂的压坯脱模力较高，也容易存在较大的分散性。多种常见商用模具润滑剂的对比研究表明润滑剂种类对脱模力降低的作用差别不大，因此对于模具壁润滑剂，更多应考虑杂质残留等问题。当采用内部润滑剂（硬脂酸）时也可显著降低脱模力近 40%，但效果弱于模具壁润滑剂，因为润滑剂对于脱模力的降低作用主要源自润滑剂中的金属阳子、氢键等与金属表面进行吸附，而模具润滑剂在贴近模具的接触面含量明显更高。应当注意的是，当使用液体润滑剂时，应确保每个压制循环间有足够的时间干燥，因为残留的液体会在压制过程中渗入压坯表面，并对粉末颗粒之间的机械结合产生负面影响。同时压坯中间部分的相对密度较低，会放大回弹，导致脱模后压坯出现裂纹。

图 3-7 表示不同润滑剂对钛粉烧结体杂质含量的影响。钛粉内部添加 1% 硬脂酸（SA），使氧质量含量从 0.4% 增加至 0.46%，增幅为 12%；而添加 1% 硬脂酸镁（MgSt）则增加至 0.58%，增幅近 40%。根据润滑剂的热重分析可知硬脂

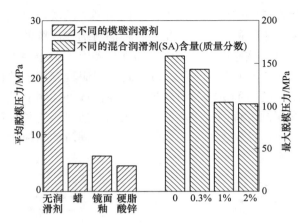

图 3-6　不同种类模具壁润滑剂和不同含量内部润滑剂对脱模力的影响[4, 7]

酸的蒸发在 200℃ 时开始，并在温度达到 300℃ 时被完全除去。而硬脂酸镁的最低分解起始温度约为 330℃，加热至 500℃ 后仍存在 9.5%（质量分数）的残留物，这些残留物导致了最终烧结样品中氧含量增加。同样的情况也发生在其他硬脂酸盐润滑剂中。除了氧含量外，其他杂质元素也应予以关注，如一些金属（Zn、Mg）和非金属杂质（C、N、H）。有些杂质元素含量虽然会出现增加，但并未超过合金要求，例如文献中不同润滑剂添加量的烧结样品中碳含量一般低于 0.04%（质量分数），这远低于 ASTM 标准中的 0.08%（质量分数）的最大值要求，因此由润滑剂引入的碳对烧结材料的影响一般较小。

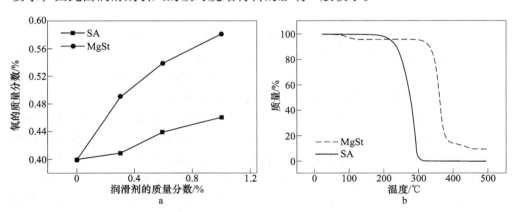

图 3-7　两种内部润滑剂对钛粉烧结样品氧含量的影响（a）和两种润滑剂的热重分析曲线（b）[5]

　　润滑剂的引入能够有效提高粉末压制性，改善压坯均匀性，提高零件的成品率，对于粉末冶金冷压过程不可或缺。钛及钛合金粉末高硬度、高屈服强度、低滑动系数（高摩擦力）等特性对高性能润滑剂的需求更为迫切。但受制于润滑剂的残留以及润滑剂对于烧结孔隙闭合的不利影响，在钛合金压制零件中使用润滑剂仍然较为谨慎。因此，开发新型易分解、少残留、高润滑性的钛合金的润滑剂体系是该领域今后的重要课题。

3.1.1.3 间隙元素含量

钛粉末中主要的间隙元素有氧、碳、氮和氢等，少量的间隙元素会明显改变钛的力学性能，通常增加钛的弹性模量、屈服强度并降低延展性。氮通常具有最显著的作用，其次是氧和碳。碳元素相对其余间隙元素更易控制，普遍在制粉过程中加以控制就能达到钛制品标准。氢元素高温下在钛基体中不能够稳定存在，以氢气形式逐渐脱出，对烧结钛合金制件的性能影响也较小。但由于钛对氧、氮的高度亲和力，尤其是氧在钛合金中固溶度很高，因此氧元素是钛合金中值得关注的杂质元素。而粉末相较块体材料具有更高的比表面积，在粒度较细的粉末中，氧元素含量通常较高，这对钛粉的压制性能影响显著。

从图 3-8a 可见间隙元素含量对钛粉压制性能的影响，随着氧、氮含量的提高，压坯相对密度和强度均明显降低，并且氮元素对于粉末压缩性和压坯强度的影响更为强烈。这种现象在铁基粉末压制中也会出现，铁粉的间隙元素（主要是氮和碳）会影响材料的硬度、屈服强度和加工硬化性，从而影响其可压缩性。图 3-8b~d 能够更直观反映间隙元素对粉末压缩性的影响，低间隙元素含量粉末（$w(O) = 0.26\%$、$w(N) = 0.01\%$）压缩性良好，粉末颗粒有较大的塑性变形。而压制具有较高的氧或氮含量粉末时，单个颗粒内显示出明显的开裂，形状几乎没有变化。与在高氮颗粒中观察到的裂纹相比，高氧颗粒中的裂纹更多也更细。脆断裂纹的出现降低了粉末颗粒间的机械结合，影响粉末压制过程中颗粒变形机制，使压坯相对密度及强度明显降低。

为了综合考虑氧、氮和碳三种间隙元素对材料性能的影响，引入等效氧含量（O_{eq}）来评估粉末中的整体杂质含量。

$$O_{eq}（原子分数,\%） = O + 1.96N + 0.52C \qquad (3-1)$$

此外对于高比表面积钛粉，将固溶于基体中的氧含量与表面氧化层中的氧含量区分开是很重要的，由于氧化物层位于颗粒的表面，该部分氧元素不会致使颗粒基体硬化。因此粉末中的总氧含量（O_T）能够用式（3-2）表示：

$$O_T = O_S + kS \qquad (3-2)$$

其中总氧含量能够通过燃烧法直接测量，O_S 是粉末中固溶氧含量，S 是粉末颗粒的比表面积，k 为单位面积所带来的氧含量增加值。使用此模型，可以将粉末比表面积与 O 和 N 含量相关联，如图 3-9a 所示。三种钛粉的固溶氧质量含量均为 0.158%，这是由于粉末均是同一厂商同一工艺制备，较细的粉末是筛分获得的。通过式（3-1）重新计算所有粉末中的固溶等效氧含量（O_{seq}）。图 3-9b 所示的显微硬度与间隙元素含量的相关性，虽然总氧含量与硬度不相关，但硬度与

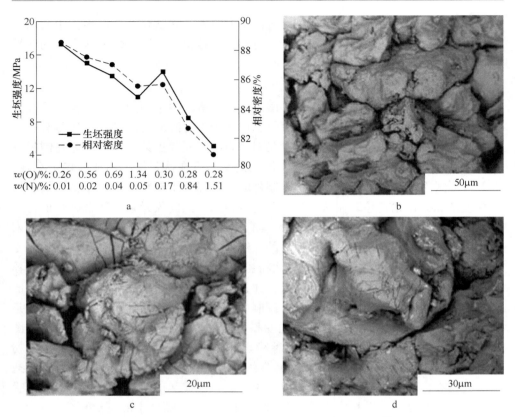

图 3-8　不同间隙元素含量对钛粉压制性能的影响[8]

a—不同氧、氮含量的粉末压制后的相对密度和压坯强度；b—0.26% O/0.01%N 的压坯形貌；

c—1.34%O/0.05%N 压坯形貌；d—0.28%O/1.51%N 的压坯形貌

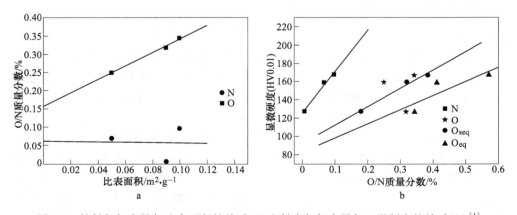

图 3-9　钛粉氧氮含量与比表面积的关系(a)和粉末氧氮含量与显微硬度的关系(b)[1]

等效氧含量、等效固溶氧含量以及氮含量具有较强的相关性，这也印证了固溶氧是引起钛合金硬化的主要因素，而非氧化膜中的氧元素。

综上所述，间隙元素尤其是固溶氧元素通过改变材料的硬度及强度等力学性能影响粉末的压制性，这一结果与多数粉末冶金钛相关技术不谋而合，即控制粉体的杂质含量以及工艺过程中的杂质增加是研制粉末钛制件的关键因素。

3.1.2 温压

钛粉压制成形中实现粉末压坯的高致密度和均匀的密度分布是基本目标，因为粉末压坯的这两个特征决定压坯强度及烧结后的力学性能。同时烧结后的收缩量取决于其相对密度，这不仅适用于粉末压坯整体，而且适用于其局部区域。如果粉末压坯密度分布不均匀，则低密度区域会发生较大收缩，严重的情况下还会导致整个粉末坯变形。因此，为了提高模压压坯的相对密度并减少其密度分布的不均匀性，提出了各种改进的模压工艺。其中，温压就是代表性的压制技术之一，实现温压的设备如图3-10所示，温压技术主要是利用金属

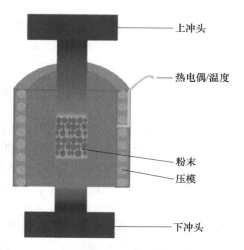

图 3-10　粉末温压技术示意图

（上冲头／热电偶/温度／粉末／压模／下冲头）

粉末在升高温度后屈服强度降低的特性，从而以更低的压制压力获得更高的压坯密度[9]。温压技术诞生于20世纪90年代，当时主要是用来解决铁基零件的高致密度压制，在温度范围为130~150℃压制条件下提高了铁粉压制密度约0.1~0.25g/cm³。

温压成形通过降低粉体材料强度而获得更高的致密度，因此压制温度是影响温压压坯密度的关键因素。如图3-11所示，温压温度对钛粉压坯的相对密度影响比预合金的Ti-6Al-4V粉压坯更大。当从室温升至250℃，HDH钛粉压坯相对密度从76%升至92%，但预合金HDH Ti-6Al-4V粉仅从74%提升至76%。但使用混合的Ti-6Al-4V粉末在250℃和544MPa的压力下却获得接近于HDH钛粉压坯的相对密度。

图3-12展示了几种钛合金随着温度提高屈服强度的变化，当纯钛加热到150~200℃时，其屈服强度降低30%~50%，但Ti-6Al-4V钛合金加热至200℃时屈服强度仅降低20%，仍维持在700MPa左右，这解释了250℃下预合金的Ti-6Al-4V粉末压制改善作用并不明显，而对于HDH钛粉压坯，压制温度高于

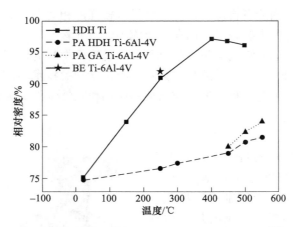

图 3-11　钛粉温压压坯密度与压制温度间的关系[10]

400℃以上提高温度不会继续改善压制密度。因此，温压提高压坯致密度的前提是压制压力大于该温度下粉末的屈服强度，粉末才可顺利进行塑性变形从而产生高于冷压的密度，但压制压力高于粉末屈服强度后继续升温对温压压坯密度无有益作用。另一方面，提高温度对钛粉末的杂质控制也极为不利。研究表明，钛表面在约 276℃时会转变为锐钛矿，并且失去保护功能。因此温压温度高于 276℃，需考虑保护气氛或真空，避免钛粉产生严重的氧化或氮化。应当指出的是，尽管钛和钛合金的屈服强度随温度升高而降低，但仍远高于其他金属如铁、铝和铜的屈服强度。因此温压成形虽然在一定程度上能够提高压坯密度，但同等压制条件下其相对密度仍明显低于其他金属粉末。

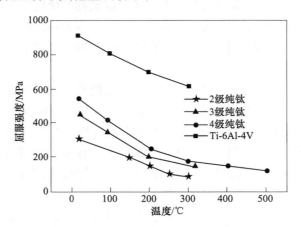

图 3-12　几种钛合金屈服强度随温度的变化曲线[9, 10]

如图 3-13 所示，温压压坯密度在给定的温度下随压力变化的趋势和幅度与冷压基本相同。常温压制和200℃温压条件下，随着压实压力从200MPa增加到400MPa，HDH钛粉压坯相对密度分别从64%增加至74%和从73.5%增加至82.5%，增幅基本保持一致。总体而言，对于给定的压实压力，200℃下温压钛粉末压坯的相对密度比冷压压坯高约5%~10%。同时以钛粉为主体的钛合金混合元素粉，压制压力对相对密度的影响规律也与钛粉基本相同。

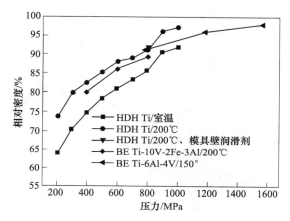

图3-13 钛粉温压压坯密度与压制压力的关系[2, 9~11]

温压过程中脱模剂的使用相较冷压过程应更加慎重，因为考虑到润滑剂会在升温过程中分解，这对钛粉压制件的间隙元素控制相当不利。实验表明模具壁润滑剂对粉末压坯密度影响不大，主要目的是为降低脱模力。温压会降低钛和钛合金粉末压坯的脱模力近10%~50%，这与温压过程中径向力增加相互矛盾，因此脱模力降低原因尚无明确解释，可能由于润滑剂在高温下润滑效率增加所致。

以上表明温压工艺是一种新型高密度粉末冶金近终成形零件制备技术，随着温压技术在铁基材料的成功应用，它也正逐渐向有色金属领域拓展，其中钛合金就是其中的典型代表。除了目前针对温压过程中压力、温度、粉末形貌、烧结性等基本工艺参数的研究，相关自动化温压设备（真空、保护气氛）的开发、温压用模具壁及内部润滑剂的开发以及温压过程的模拟计算等领域也应相继展开，以便实现温压技术在钛合金制件生产领域的广泛使用。

3.1.3 高速压制

高速压制（high velocity compaction，HVC）是一种高效生产高密度粉末冶金零件的技术，其致密化过程是通过液压锤产生的强烈冲击波实现的，该冲击波将压制能量通过压制工具传递给粉末。高速压制过程中，粉末在少于0.01s的时间内被压实，比传统压制方法缩短2~3个数量级，粉末在瞬间完成重排和变形，局部甚至出现熔合，因此高速压制技术的优势主要在于高密度、均匀密度分布、低回弹、低脱模力等，同时其多次重复压制的特性也为小设备生产大尺寸零件提供了可能。高速压制已在铁基、铜基和铝基材料得到了成功运用，而钛合金高速压制在近年也取得了相当的进步，图 3-14 为粉末高速压制示意图。

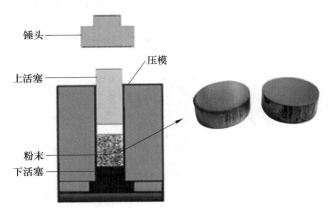

图 3-14　粉末高速压制示意图

高速压制过程不同于常规压制，其瞬时的压力较难测量，因此采用峰值压力来定量表征压制力并不准确，因此研究者常用冲击能量 E 和冲击力 σ 来描述高速压制过程。在高速压实过程中致密化的驱动力为冲击锤的动能转化，在冲击锤质量不变的条件下可以通过改变锤头的行程长度来调整冲击能量 E，可根据式（3-3）计算：

$$E = Fh = pAh \tag{3-3}$$

式中　　E——冲击能量；

　　　　F——液压系统施加到锤头上的力；

　　　　h——行程长度，等于锤头的起始位置和冲击位置之间的距离；

　　　　p——液压机施于冲击锤的压强；

　　　　A——液压机对冲击锤的有效作用面积。

实际上，真实冲击能量还应包括冲击锤下落的重力势能，但相比冲击锤的动能，该能量几乎可以忽略不计。同时考虑到压制过程中的能量损耗，压制过程的真实能量约为 $0.88E$。高速压制过程中压坯密度还受装粉量的影响，装粉量增加，在同样的冲击能量下压坯密度降低，因此引入单位质量冲击能 I 来表征高速压制的作用力就能避免粉末质量的影响[12~14]。图 3-15 为不同质量铁粉高速压制获得同样压坯密度所需的冲击能量，显示冲击能量与粉末质量成正比关系。这表明如果以每单位质量相同的冲击能量压制粉末，将获得相同的密度。因此，如果确定某种粉末的单位质量的冲击能量，则可以获得冲击能量、生坯密度和粉末填充量之间的关系。这对于在高速压制工艺中参数设计以及粉末坯最大密度的预测具有参考意义。此外，通过冲击力 σ 也能相对准确地反映高速压制过程，该参数可由下式计算：

$$\sigma = \frac{F'}{A'} = \frac{VM}{tA'} = \frac{\sqrt{\frac{2E}{m}} \times M}{2\pi r l t} \tag{3-4}$$

式中　　V——冲击速度；

　　　　M——冲击锤与上模冲的质量和；

　　　　m——冲击锤质量；

　　　　t——冲击力从冲击锤传到粉末中的时间（约为 0.2s）；

　　　　r——装粉模具半径；

　　　　l——装粉高度[15]。

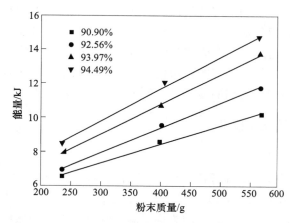

图 3-15　不同质量铁粉高速压制获得同样压坯密度所需的冲击能量[16]

　　研究表明粉末粒度对高速压制压坯密度也有影响，图 3-16 为不同粒度 Ti-6Al-4V 粉末在不同高速压制能量下的压坯密度以及 1300℃ 烧结后的密度，随着粉末粒径减小，压坯密度降低，而烧结密度增加。44μm 粉末的压坯密度最低（相对密度为 84.6%）而烧结密度最高（相对密度为 98.2%），103μm 粉末的压坯密度最高（相对密度为 87.2%）而烧结密度最低（相对密度为 92.1%）。粒度对高速压制的影响主要是粉末间的摩擦力，粉末颗粒越细，冲击能量因摩擦损耗的越严重，则用以粉末塑性变形和冷焊等方面的能量减少。

　　高速压制过程中润滑剂的行为与其他压制过程有所差别。研究表明，适量的润滑剂能够改善低冲击能量下的压坯密度，这是由于润滑剂改善了粉末间的摩擦

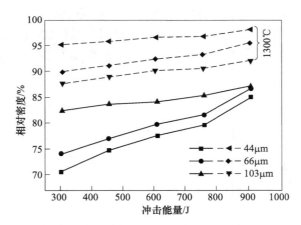

图 3-16　三种粒度 Ti-6Al-4V 粉在不同冲击能量下的压制密度和 1300℃烧结密度[17]

力，使得压制时粉末颗粒能更好地进行颗粒重排和传递冲击能量，因而有利于压坯密度的提高。但在润滑剂含量过高（大于 1%）且冲击能量过大时，压坯边缘逐渐出现掉边、掉角现象，进一步提高冲击能量后将不能压制成坯。这可能是由于瞬时冲击能量造成了粉末间产生的高温使润滑剂发生分解，产生的气态产物滞留在坯体内部，阻碍了压坯的致密化。此外，与其他压制过程添加润滑剂一致的是高速压制过程中润滑剂明显降低脱模力并降低压坯强度[18]。

3.1.4　其他新型压制技术

3.1.4.1　温粉高速压制

研究者将高速压制和温压相结合提出温粉高速压制工艺（warm powder high velocity compaction，WHVC）技术[18]，该技术融合了两种工艺各自的优势，所制备的压坯密度高于单一工艺，因为提高温度降低了粉末屈服强度，改善了粉体中的应力波特征，增加了主冲击力，促进了粉体的塑性变形。此外温度提升后促进了润滑剂的润滑效率，粉末中的水汽也得到更好的挥发。

3.1.4.2　半等静压高速压制

高速压制在成形不规则复杂形状构件时存在困难，为了改善这一缺点，研究者提出了半等静压高速压制（semi-isostatic high velocity compaction，SHVC），图 3-17 为该技术的示意图。它融合了高速压制与橡胶等静压的技术特点，将灌装粉末的橡胶包套置于钢模内，上模受冲击后将冲击能量传递至橡胶包套进而实现粉末致密化。得益于橡胶包套的存在，冲击能量将以等静压形式传递给粉末，并且橡胶包套相比钢模在三维形状选择上更灵活，拓展了高速压制的适用性，图 3-17b 展示了应用该方法制备的牙套。

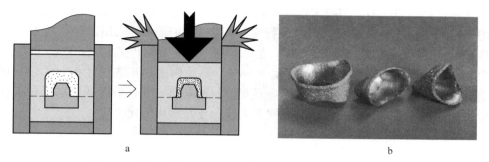

图 3-17　粉末半等静压高速压制示意图(a)和产品图(b)[19]

3.1.4.3　爆炸压制

爆炸压制（explosive compaction，EC）是将炸药爆炸产生的能量用以粉末致密化。图 3-18 为两种典型爆炸压制过程示意图，通过爆炸能量发射高速射弹或活塞来实现粉末压实的方法称为间接爆炸压制，直接压实衬有金属并放置在炸药内部的粉末的方法称为直接爆炸压制[20]。直接爆炸压制几乎不需要设备投入。其布置非常简单：将带有端塞的低碳钢或铝管装满粉末，并套上一层厚度和密度均一的适当炸药，点燃后爆炸沿管壁以极快速度向下传播，导致模具和所含粉末被压缩。爆炸速度范围为 1700 ~ 8400m/s，瞬时作用压力为 700 ~ 30000MPa，具体取决于所用炸药的类型。然而长期以来爆炸压实被认为不适用于工业应用，主要由于安全性和加载速率控制困难等问题，以及缺乏炸药相关参数及其压制方法。

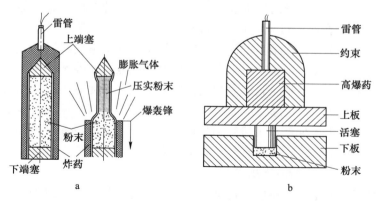

图 3-18　直接爆炸压制示意图(a)和间接爆炸压制示意图(b)

3.1.4.4　等通道转角挤压

等通道转角挤压（ECAP）通常是将多晶试样压入一个特别设计的模具中以实现大变形量的剪切变形工艺，是制备超细晶材料的有效方法。由于巨大的剪切应变和较高的静压力，该技术也被引入粉末压制过程。已有研究证明了该技术应用于铝、铜和钛等粉末系统中的可行性。图 3-19 为研究者采用 ECAP 技术压制 Ti-6Al-4V 混合元素粉末的示意图，结果表明，采用 ECAP 工艺（400℃/后压力为 210MPa）压制后获得压坯密度大于 98%。高致密度的压坯仅在 1100℃/4h 真空烧结下就能达到近全致密，并且强烈变形的粉末产生的非平衡晶界也提高了合金元素的扩散速率，使之在较低温度下完成合金元素均匀化[21, 22]。

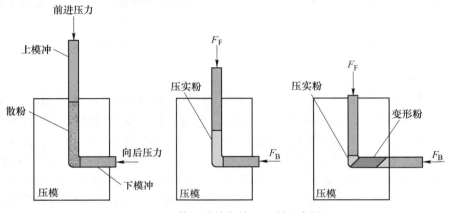

图 3-19　等通道转角挤压压制示意图

3.1.4.5　超声震动辅助冷压

研究者发现在锌棒拉伸试验中施加超声波振动后材料屈服强度降低这一现象后，超声振动已广泛用于诸如机加工、研磨、金属塑性成形、焊接等材料加工技术上。图 3-20 为在冷压过程施加超声振动的示意图，装置由三个压电超声换能器、上下冲头、模具、在压实过程中保持模具位置的支撑夹具以及上下测力传感器组成。超声振动应用于粉末压制主要影响材料性能和摩擦条件两个方面。在叠加的超声波振动下，材料屈服应力和流动应力均降低，促进了粉末压实过程的塑性变形。其次接触表面的摩擦应力减小，实验表明添加超声振动后摩擦应力减少超过 80%。对粒度不同的粉末进行对比研究发现，细粉末的超声振动辅助效果更佳，粒度小于 45μm 的最终压坯密度提高约 7%。

3.1.4.6　气化箔驱动器压制

气化箔驱动器是一种快速、可重复、廉价且有效的脉冲金属加工技术。与爆炸成形不同，该技术可以在较小的规模上应用，可以控制压力分布，并且可以在传统的工厂或实验室环境中安全地实施。在粉末压实、钣金成形和碰撞焊接等领域的研究均表明了这项技术的潜力。该技术示意图如图 3-21 所示，它基于在电容器组产生的高达 100kA 电流使金属导体快速蒸发，产生的高压驱动剪切塞以超音速移动，移动速度大于 1km/s，与目标物碰撞后会产生 1～10GPa 的冲击力。

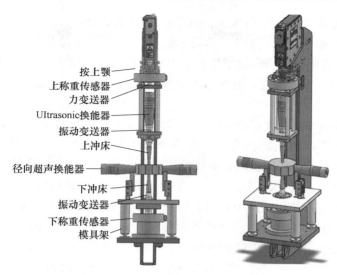

图 3-20 超声振动辅助冷压示意图[23, 24]

通过该技术制备 Ti-6Al-4V 压坯的最大相对密度为 93%，CP-Ti 的最大相对密度为 97%[25, 26]。

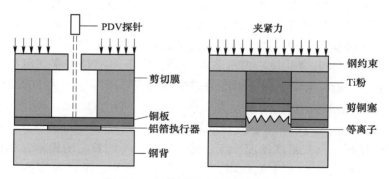

图 3-21 气化箔驱动器压制示意图

3.1.5 冷等静压

在冷等静压成形中，用粉末填充柔性模具，并使用诸如油或水的流体对其施加等静压。通常等静压是通过所谓的"湿袋"或"干袋"方法进行的。湿袋法是指将粉末装入塑性包套，直接置于液体压力介质中，和液体相接触，该方法可任意改变塑性包套的形状和尺寸，制品灵活性很大，适用于小规模生产。干袋法是一种"双袋"系统，由一个"制品袋"（内模具）和一个"主袋"（加压主模具）组成。"主袋"首先固定在缸内，工作时中不取出，粉末装入另外的"制品袋"后，再放进"主袋"内加压，成形后由活塞带出缸体。整个过程中制品袋不与液体相接触。因此，湿袋工具更加通用，但需要（通常是手动）处理已装满的袋子。干袋模具更适合批量生产，但形状尺寸受到更大限制。冷等静压最高可达 1400MPa 的压实压力，但考虑到设备安全及运行成本，通常在低于 350MPa 的压力下进行。

冷等静压具有以下优点：（1）由于不存在与模具壁的摩擦，压坯的密度均匀，因此带来更高的压坯密度，比相同条件下冷压获得的压坯密度高约 5% ~ 15%；（2）更高的压坯密度具有更高的生坯强度和良好的后处理性能，在一些实用案例中，冷等静压压坯能够直接进行机加工，从而获得更精确的尺寸控制；（3）脱模过程相对模压更容易，避免了压坯脱模过程中的掉边、掉角现象，尤其适合低压坯强度的压块；（4）可以使用无黏合剂或润滑剂的粉体进行压实，尽可能降低钛粉成形过程中的杂质污染；（5）由于不存在（或至少极大地减小了）模壁摩擦效应，能够生产具有复杂形状或长径比大的薄壁压坯；（6）可以容易地获得复合结构；（7）通过使用橡胶或塑料模具，工具成本较低。此外对钛合金而言，冷等静压还有一个工艺上的优势，那就是由于有橡胶包套的存在，粉末得以在密闭或保护气氛下填装和压制，使得粉末钛合金产品尽可能避免遭受空气中氧、氮等间隙元素污染，这对钛合金而言意义重大。此外，有文献表明在冷等静压前将装填粉末的橡胶包套除气处理后，相同压力下能获得更高的压坯密度，而且显著降低粉末中存在的水汽，这对后续烧结过程也很有帮助。

图 3-22 为钛粉和氢化钛粉模压和冷等静压后压坯相对密度（氢化钛的密度为 3.75g/cm³）随粉末粒度和压制压力的变化情况。模压压力为 700MPa 时钛粉和氢化钛粉压坯相对密度达到最大值，分别为 83.2% 和 82.6%。而采用冷等静压时，在压制压力为 250MPa 时相对密度就可分别达到 80.3% 和 82.9%，表明了冷等静压相较模压更易获得高密度特点。另一方面，不同粒度的粉末在相同压制条件下（方式、压力等）基本变化不大，尤其是纯钛粉，不同粒度的粉末在相同压力条件下压坯相对密度波动不超过 5%。当压制压力小于 200MPa 时，钛粉的压坯相对密度略高于氢化钛粉，超过 200MPa 后氢化钛粉的压坯密度实现了反超，造成这一现象的原因可能是氢化钛在 200MPa 后出现了脆性破碎，填充粉末间隙。同样的原理也可以解释当压力超过 400MPa 时，钛粉压坯的相对密度又超过氢化钛粉压坯，这主要由于压制压力逐渐高于钛粉的屈服强度，钛粉颗粒也开始发生塑性变形。

另一方面，等静压实也有一些缺点，如：（1）生坯的尺寸控制不如刚性模压精确；（2）等静压坯的表面不光滑；（3）等静压的生产率较低；（4）等静压中使用的柔性模具的寿命比刚性模具短。

在上述的缺点中，尺寸及形状的不确定性是冷等静压生产近终成形产品最为

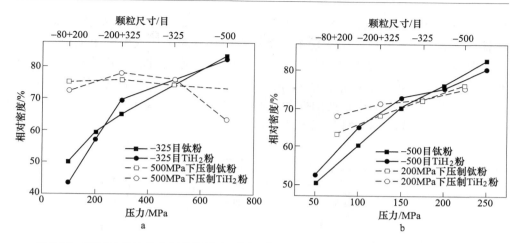

图 3-22 不同粒度钛粉和氢化钛粉在不同压力的冷压(a)及冷等静压(b)后的相对密度

致命的问题。因此,成功进行冷等静压的关键是设计压制粉末的弹性包套。这种设计过程比预期的要复杂得多,因为包套的形状和尺寸通常与最终的生坯不同,并且对于异型构件,各位置的收缩率也不尽相同,靠近模具塞一侧的收缩率小(该位置的弹性模量大于包套其余部分),这一现象被形象地称为"大象腿",如图3-23所示。在当前的工业实践中,普遍借助于简单的压实计算或过往经验,反复试验来选择弹性包套的形状和尺寸,这种方式明显效率低下且试错成本高。有限元模拟是一种能有助于改善包套设计过程并减少压制试验的有效方案。模拟过程需要一个合适的本构模型来逼真地描述材料行为,并需要一个精确的数值方法来求解方程组。

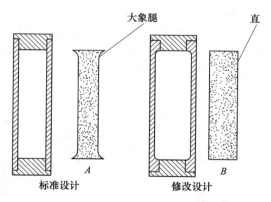

图 3-23 冷等静压包套设计与压坯形状[27]

冷等静压在成形实心构件时相较模压能够获得分布更均匀的压制密度,但冷等静压也会产生由于粉末间或粉末与模具间摩擦所带来的密度不均匀性,尤其是使用心轴来制造具有内部空腔（例如管、环、火花塞、喷嘴等）的粉末压块时，心轴和粉末之间的摩擦会干扰粉末流动，进而导致粉末压块中的密度分布不均匀。图 3-24 所示为通过有限元模拟获得的铁粉压制厚管件右上角的相对密度分布图，理想状态下（摩擦系数为 0）时，密度梯度极小。随着芯棒表面摩擦系数的增加，压坯密度分布变得波动很大，靠近芯棒处密度略高于外部，同时管件上部出现更为明显的"大象腿"现象。

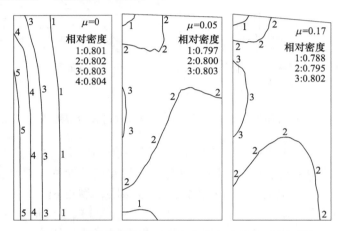

图 3-24　冷等静压成形压坯密度分布的有限元模拟[28]

冷等静压不止作为成形技术用以产品制备，有些情况下该技术也作为后处理工艺使用。例如注射成形的产品在脱胶后采用冷等静压进一步增加坯料的致密度和密度均匀性，以便后续烧结获得更高的密度。除了冷等静压外，还有一种橡胶等静压（rubber isostatic pressing，RIP）技术，相当于结合了冷等静压和模压而产生的一种新的压制方法。橡胶等静压的基本布置如图 3-25a 所示，将一个含有可填充粉末腔体的橡胶模具插入刚性模具中，然后，由上、下冲头挤压填充粉末的橡胶模具以形成压坯。为了防止橡胶模具从冲头和模具之间的间隙被挤出，在

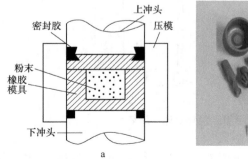

图 3-25　橡胶等静压技术的示意图（a）和典型产品（b）[29]

冲头的表面安装了比模具硬的橡胶制密封圈。该技术诞生之初是为改善永磁材料的取向度，但其兼具冷等静压和模压的优势，也可用于其他难以压制的粉末，如钛合金和陶瓷粉。此外该技术也可压制成形长径比大的棒状和管状产品、薄片以及球形件，如图 3-25b 为该技术所制备的典型产品。

根据上述冷等静压和模压的优缺点以及钛合金粉末特性，针对不同产品类型应选用不同的压制工艺。模压适合三维尺寸较小（小于 20cm），形状较为复杂的终成形零部件的大批量生产，后续仅通过简单的表面处理等手段即可制备最终产品；冷等静压适合三维尺寸较大，形状并不复杂的型材或异性构件，后续通常配合塑性加工及精加工制备产品。在实际的生产过程中，该技术今后还应在橡胶包套的精准设计、压坯尺寸的大型化以及压制流程的自动化等方向继续发展，以加快钛粉压制成形技术发展。

3.2 粉末致密化技术

粉末致密化通常称为粉末烧结，是指将在高压下压实的坯体或松散盛装在容器中的粉末颗粒在高温下产生冶金结合，温度通常低于主要成分的熔点。烧结是一个复杂的过程，对于任何给定的金属和一组烧结条件，可能存在与该过程相关的不同阶段和物质传输机制。钛粉的烧结过程既有其他粉末烧结所共有的特点，也有其特殊之处，主要表现在以下几点：（1）钛粉致密化对过程中间隙元素含量控制极为严苛，只能在高纯惰性气体或真空下进行；（2）高致密度的钛粉烧结较为困难，一般需要施以外加驱动力来获得近全致密的产品；（3）钛粉烧结的温度窗口小，低于钛合金 β 相变点扩散速率慢，高于 β 相变点过多又导致晶粒快速长大，恶化材料性能；（4）钛与某些合金元素存在较大扩散速率差，粉末烧结的合金化过程中存在体积膨胀或局部成分偏析等情况；（5）钛粉压坯密度低，烧结后尺寸变化较大，对于样品高精度尺寸控制存在困难。

钛粉的烧结致密化按照是否存在外加辅助驱动力可分为压力烧结（pressure-assisted sintering）和无压烧结（pressure-less sintering）。典型的压力烧结工艺，如热压烧结（hot pressing，HP）、热等静压烧结（hot isostatic pressing，HIP）、放电等离子烧结（spark plasma sintering，SPS）、粉末挤压（powder extrusion，PE）和粉末锻造（powder forging，PF）等，由于施加额外驱动力，因此烧结温度能够低于钛合金的 β 转变温度，在 800~1000℃内。无压烧结主要为真空烧结，烧结温度一般为 1100~1400℃内，借助 β 相较高的自扩散速率进行致密化。压力烧结工艺适合粉末烧结性较差的粉体，但一般设备及生产成本较高。例如球形钛粉，因其较小的比表面积，烧结性能差，无压烧结工艺难以获得高致密度的材料，因此只能选择压力烧结工艺。

3.2.1　无压烧结

无压烧结是最简单的致密化技术，它没有外加驱动力，仅依靠粉末系统中自由能的降低实现粉末固结。相比其他强化烧结技术，它的设备和工艺更简单、成本更低，适合用作钛的低成本制备技术，但它生产的制件往往含有一定量的残余孔洞，室温力学性能及疲劳性能略差。但随着研究的进步，近年无压烧结粉末钛合金产品也逐渐取得了相当突破，本节将对烧结过程中的成分控制、烧结行为以及组织性能等方面内容进行综述。

3.2.1.1　烧结气氛及热源

烧结氛围是首要考虑因素，钛的烧结一般为气体氛围或真空状态。由于钛在高温下与多种杂质元素，如氧、氮、碳、水蒸气等进行反应，因此若采用气氛烧结则一般采用惰性气体，如氩气。但气氛烧结的成本一般较高，尤其是气体的来源是瓶组气体。相比而言，真空的成本更低，主要来自电能和真空泵油的消耗。钛合金烧结一般采用 $10^{-3} \sim 1\text{Pa}$ 的真空度就能获得相对较低的间隙原子增加量。这样的真空度一般使用机械旋转泵（机械泵/罗茨泵）和油蒸气泵（扩散泵）组成的真空泵组就能达到，从使用和维护成本上明显低于氩气气氛烧结。除真空度会影响烧结过程的杂质吸附外，实际生产中还应考虑装炉量因素，同样真空度条件下，单次装炉量的提升，烧结钛合金的平均杂质吸附量逐渐减少。但是，真空烧结都是单批次进行。因此，致力于保护气氛下的连续烧结工艺也并未停止。杜邦公司从 20 世纪 50 年代就开始使用氩气烧结生产粉末钛制件。此外，丰田汽车使用氩气烧结生产钛基复合材料。但高纯氩气中的残余氧会在烧结过程中进入钛材，这一趋势要大于真空烧结，因此净化氩气是氩气烧结的重要一环。例如采用碳纤维烧结带的"OXYNON"烧结炉就能在烧结过程中去除氩气中的残余氧，实现低氧钛粉制件的连续化生产。甚至有报道在 OXYNON 炉中烧结的样品比在真空炉中烧结的相同样品具有更低的氧、氮和碳含量。

烧结的热源选择也有很多，最普遍的是采用钼带或石墨作为发热体进行电阻加热。这种加热方式温控精准，成本低廉，适合大规模推广使用。但这种辐射热传导过程加热速率一般较慢，单炉次烧结过程一般都在十几小时以上，长时间的烧结也会增加杂质吸附的风险。更重要的是钛合金的导热性较差，这种加热方式可能会导致烧结坯内外出现温差，影响烧结均匀性。因此一些新的加热方式也被运用于钛合金的烧结。

高频感应加热（HFIH）是可以应用于导电材料的一种加热形式，它加热速率快且设备相对简易。铁基材料的感应加热显示出热传递效益比辐射加热高 3000 倍，并且对于大尺寸的坯料，感应加热通常能获得更好的加热均匀性。在钛粉烧结中，感应加热可用于真空烧结、真空热压和热锻前的加热过程。同样地，微波（MW）加热也是一种新的金属加热方式，作为一种电磁波，它会与材料相互作用，从而将电磁能转化为材料内能。这种独特的加热机制能够快速加热并且定量加热，减少了能耗和加工时间，并且强化了烧结过程，改善制件微观组织和力学性能。最初微波烧结仅用于陶瓷的制备，因为普遍认为金属能强烈反射微波，而导致加热效率受限。但这种现象会发生于块体金属材料，但对于金属粉末却未必如此，因为细小的金属粉末颗粒可能接近微波的趋肤深度。对于小于微波趋肤深度的金属粉末，微波加热很有效，但对于粗颗粒粉末，微波加热将局限于每个粉末颗粒趋肤深度的部分。此外，金属粉末颗粒总是被表面氧化膜包裹，这通常会降低微波反射率。目前，已经有钴基、铜基和铁基等金属粉末实现了微波快速加热致密化。

快速加热缩短高温区停留时间短，因此这种加热方式一般对于减少杂质吸附是有利的，而且对抑制晶粒长大也有裨益。但通常加热速率快也意味着在温度的精确控制方面存在困难，同时，这些新兴的加热方式在配套设备的研发方面也相对落后，也在一定程度上制约了新技术的推广使用。

3.2.1.2　杂质控制

氧、氮是粉末烧结过程最应关注的杂质元素。最终烧结材料中的氧含量一部分来源于粉末表面的钝化膜，另一部分则是溶解在基体中的固溶氧。粉末表面的氧一般和粉末比表面积正相关，同时也与氧化膜的厚度有关（粉末表面氧化膜厚度一般为 $2\sim7nm$）。表面形状不规则，粒度细小的粉末一般含有更多的表面氧。而固溶氧一般是在粉体制备过程中溶解于钛晶格中，与制备工艺、生产批次等密切相关。由于氧在 α/β 钛中均具有较大的溶解度（600℃时氧达到的最大固溶度为 14.25%（质量分数）），因此钛粉表面的氧化膜在高温下并不能稳定存在。在加热条件下，氧化膜逐渐消失溶解，但具体的消失温度目前尚有争议，但普遍认为该温度为 $550\sim700$℃。当表面氧化膜开始显著溶解时，可以认为钛粉的烧结致密化开始了。图 3-26 为两种粒度松装粉末和致密钛棒在不同温度烧结后的氧含量变化，可见增氧量与粉末比表面积和烧结温度密切相关。材料在真空烧结后暴露于空气的过程中，钛表面会重新钝化，从而导致额外的氧含量增加。这对于致密材料影响较小，但对于多孔或粉末材料则影响很大，这也是松装粉末烧结后氧含量明显增加的重要原因。氮元素在常温下基本不会明显吸附于钛粉表面，但在高温或机械作用力破坏表面钝化膜后，钛材也会快速吸氮。

除氧和氮外，碳和氯也值得关注。当合金中含有较高质量分数（例如10%）的钼和铌元素时，碳在这种钛合金中的溶解度明显降低，即使烧结制件中仅含有 $0.02\sim0.03$%（质量分数）碳元素，也会形成晶界碳化物，导致材料塑性明显恶化。氯通常以残留氯化物的形式存在，源于 Kroll 或 Hunter 法制备的海绵钛中的杂质。与氧元素不同，尽管氧对延展性有害，但氧也可以增加钛的强度。而氯似

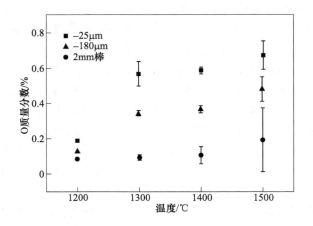

图 3-26　松装粉末及致密棒材在真空（10^{-4}Pa）及高温下保温 60min 后氧含量变化[30]

乎对钛没有任何好处。它会降低粉末烧结密度、制件力学性能而且影响钛焊缝的质量等。当采用氢化脱氢钛粉或氢化钛粉制备钛合金时，氯元素可以与氢元素反应生成 HCl 排出烧结体，使得氯元素得到明显的清除。

　　铸锭冶金工艺仅需要通过真空熔炼设备就能制备致密的钛及钛合金材料，它工艺流程短、设备单一、单炉次的产量大，并且熔炼设备拥有高真空度或高纯的惰性气体氛围，因此能够获得极低间隙原子含量（$w(O)<0.1\%$，$w(N)<0.03\%$）的钛合金产品。相反地，粉末冶金工艺从制粉到烧结获得致密的块体材料，工艺流程长，所需设备以中间产物的操作、转运和储存设备多，因此获得低间隙元素的材料相对困难，需要采取极其严苛的全流程闭环控制。目前，北京科技大学粉末冶金研究所实现了基于氢化脱氢制粉、冷等静压成形和真空烧结致密化的全流程无氧粉末冶金烧结坯的技术流程开发，中试实验获得的 Ti-6Al-4V 合金的成分情况见表 3-2。氧、氮杂质元素增量分别为 $0.04\%\sim0.12\%$ 和 $0.014\%\sim0.041\%$，主要源自制备过程中真空或氩气气氛中的少量氧、氮分子。与美国钛与钛合金锻件 ASTM B381-13 标准进行对比，也达到了该标准中 Grade F5 要求。该研究中制备的 Ti-6Al-4V 获得最低的氧、氮、氢质量分数分别为 0.07%、0.018%、0.001%，能够满足 Grade F23 级别，为超低间隙原子 Ti-6Al-4V 合金（Ti-6Al-4V ELI）。

表 3-2　采用无氧粉末冶金工艺制备的烧结态 Ti-6Al-4V 和原料的杂质含量对比

元素质量分数/%	O	N	H	C	Cl	Fe
海绵钛	0.033	0.004	0.002	0.002	0.046	0.01
铝钒合金	0.01	0.006	0.002	0.018	—	0.24

续表 3-2

元素质量分数/%	O	N	H	C	Cl	Fe
Ti-6Al-4V	0.07~0.15	0.018~0.045	0.001~0.01	0.013~0.03	0.005~0.01	0.04~0.06
过程增量	+0.04~ +0.12	+0.014~ +0.041	-0.001~ +0.008	+0.009~ +0.026	-0.041~ -0.036	+0.01~ +0.03
ASTM B381-13 Grade F5	0.20	0.05	0.015	0.08	—	0.40
ASTM B381-13 Grade F23	0.13	0.03	0.0125	0.08	—	0.25

要实现上述超低间隙元素含量的粉末钛合金的制备，对于设备真空度及保护气体纯度提出了更高的要求。一旦粉末或压坯暴露在空气中后，间隙元素含量会快速增加，这会在一定程度上增加生产成本。另一方面，市场上可以买到各种廉价的氢化脱氢钛粉产品通常含有超过 0.25% 的氧。如果能使用这些廉价钛粉制备高性能粉末冶金钛产品，将大幅度降低钛产品的成本，拓展钛材的使用领域。

对于钛中的固溶氧元素，目前主要采用两种方案进行清除。第一是采用强还原剂如 Ca、Na 等将粉末表面氧化物还原，第二是在粉末烧结过程中添加烧结助剂，这些添加物通过形成稳定氧化物颗粒清除固溶在基体中的氧，并同时起到颗粒强化作用，实现增塑增强的双重作用。图 3-27 为通过钙蒸气非接触脱氧的实验装置，实验将钛粉置于筛网的顶部，底部放置等量的钙颗粒，将装置放置真空炉中加热（1000℃/6.7×10^{-3}Pa/2h）进行高温还原。脱氧完成后使用一系列分离、水洗、酸洗和干燥工艺清洁钛粉以去除 CaO。通过该装置可将平均粒径为 115μm 的钛粉氧含量从 0.25% 降低至 0.09%，颗粒表面钝化膜厚度从 11nm 降低至 3nm。

通过添加烧结助剂来固氧的实验研究目前主要包括稀土氢化物（YH_2，LaH_2），稀土化合物（LaB_6，$CeSi_2$）以及稀土中间合金（Al-Nd）等含有稀土的各种化合物。除了稀土元素，钙系化合物在钛粉烧结过程中的烧结行为也被关注，主要包括 CaB_6、CaC 和 CaH_2 等。添加的稀土化合物在烧结过程中与钛粉中的氧、氯等杂质原子形成第二相颗粒，如 Y_2O_3、La_2O_3、CeO_2。添加钙系化合物时可能形成 Ca-Ti-O 三元相和 Ca-O 二元相。图 3-28 为不同固氧剂添加后组织中形成的第二相颗粒。

原位自生的第二相颗粒净化了粉末颗粒表面，促进了烧结致密化。同时添加固溶剂后，由于第二相的钉扎作用，钛合金晶粒被明显细化，也在很大程度上提高了烧结材料的力学性能。但由于稀土元素以及钙元素在钛合金的固溶度较低，容易形成金属间化合物，所以当它们含量过高后会大幅度降低烧结致密度，进而损害材料性能，所以以上固氧剂添加量一般小于 1%（质量分数）。表 3-3 总结了添加不同固氧剂后钛合金的力学性能，其中所列举添加量对应该合金可获得最优的室温塑性。

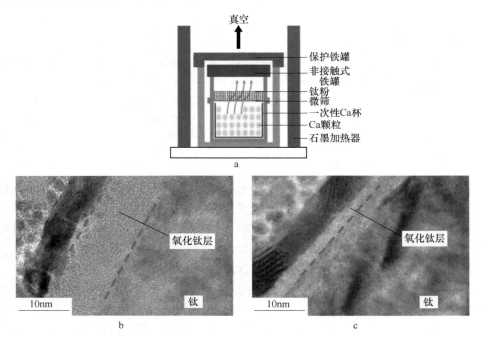

图 3-27　钛粉的钙蒸气还原除氧实验装置(a)、除氧前
氧化膜的厚度(b)、除氧后氧化膜的厚度(c)[31]

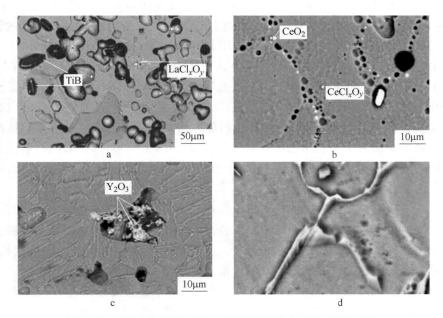

图 3-28　稀土及钙元素的引入后钛基体形成的第二相氧化物

表 3-3 添加不同固氧剂后的烧结样品性能

添加物	合 金	添加物的质量分数/%	相对密度/%	抗拉强度/MPa	屈服强度/MPa	伸长率/%
60Al-40Nd	Ti-6Al-4V	0	97	1030	—	2.5
		1.2	97.2	940	—	13
LaH_2	Ti-1.5Fe-2.25Mo	0	93	685	634	4.8
		0.3	95	740	660	8
YH_2	Ti-1.5Fe-2.25Mo	0	—	685	634	4.8
		0.6	—	645	553	7.6
LaB_6	Ti-1.5Fe-2.25Mo	0	93	685	634	4.8
		0.15	94	759	650	7
$CeSi_2$	Ti-6Al-4V	0	97.6	923	820	12.3
		0.5	98.3	930	850	15.2
CaB_6	Ti-6Al-4V	0	97.2	921	862	3.8
		0.1	98.8	944	903	8.9

3.2.1.3 烧结机制

通过烧结表观活化能 Q 的定量计算能够揭示潜在的致密化机理,确定钛粉烧结期间扩散机制。根据粉末烧结的热膨胀试验可以根据式(3-5)确定速率控制下的表观活化能:

$$\ln(r) = n\ln(C) - \frac{nQ}{RT} + n\ln t \tag{3-5}$$

式中 r——收缩率,%/min;

R——通用气体常数;

T——温度,K;

t——时间,min;

n——与温度无关的时间指数;

C——常数。

首先可以从 $\ln(r)$ 和 $\ln(t)$ 之间的线性关系的斜率确定 n 的值,然后从 $\ln(r)$ 和 $1/T$ 之间的线性关系的斜率确定 Q 值。

当使用混合元素粉末烧结制备钛合金时,大部分粉末颗粒为钛粉,因此致密化主要依靠钛的自扩散完成。例如 Ti-10V-2Fe-3Al 混合粉末在 1200~1350℃烧结时表观活化能为 163kJ/mol,也与钛的自扩散活化能相似[32]。但不同的是,在合金元素未完全扩散均匀的情况下,钛的自扩散也要受合金元素的影响。扩散的经验规律表明,添加扩散速度更快的溶质往往会提高溶剂和溶质原子的自扩散速率，而添加扩散速度较慢的溶质则相反。例如向 Ti 中添加 V 会降低 Ti 的自扩散速率。当烧结温度为 1300℃ 时，Ti-10V 合金中钛的自扩散系数从约 $2×10^{-7}\,cm^2/s$ 下降到约 $1.49×10^{-8}\,cm^2/s$。因此在钛中添加快速扩散元素可以通过快速扩散和均质化促进致密化进程。例如，使用快速扩散的合金元素 Fe 有助于烧结（但要考虑柯肯达尔效应），而缓慢扩散的元素 Mo 则需要更长的时间才能分布在整个基体中。

此外，当采用含有中间合金的混合粉末进行烧结时，元素组元间会相互影响。如采用铝钒合金粉末烧结时，首先铝元素会优先扩散至周围钛基体中，形成稳定的 α 相，提高了局部 β 相相变温度，在温度升至 β 相区前，这种稳定的 α 相会阻碍钒从母合金颗粒中扩散出来[33]。为了减少慢扩散组元对合金元素均匀化的影响，应保证足够的 β 相区保温时间以及足够细的合金粉末颗粒。

3.2.1.4　微观组织及力学性能

图 3-29a～f 为低氧含量（小于 0.2%）、细颗粒（小于 $20\mu m$）混合元素 Ti-6Al-4V 合金粉末在 1100～1200℃ 时真空烧结微观组织。烧结温度变化对于烧结组织有显著影响，当烧结温度为 1100℃ 时，Ti-6Al-4V 合金烧结坯相对密度为 96.5% 左右，基体中可观察到明显的残余孔洞存在，但孔洞直径一般小于 $5\mu m$。由于这些均匀分布孔洞的钉扎作用，组织尚未出现明显晶粒长大，微观组织多为取向不同的短棒状 α 相，甚至有相当数量的等轴 α 晶粒存在。当烧结温度为 1150℃ 时，烧结坯的相对密度为 98% 左右，基体中基本无可见孔洞，可观察到由不同取向 α+β 片层组成的原始 β 晶粒，但它们尺寸较小、含量较低。当烧结温度为 1200℃ 时，原始 β 晶粒迅速长大，形成长而平直的 α 集束和魏氏组织。这是由于当致密度达到 99% 以上时，残余孔洞对于 β 晶粒长大抑制作用明显减小，β 相剧烈长大，形成有晶界 α 的完整 β 晶粒，冷却过程中 β 晶粒中按照固定的位向关系析出 α 相，形成 α 集束和魏氏组织。图 3-29g 和 h 为高氧含量（大于 0.3%）、粗颗粒（小于 $50\mu m$）预合金和混合元素 Ti-6Al-4V 合金粉末在 1300℃ 真空烧结微观组织，在颗粒较粗和氧含量较高的情况下，尽管烧结至 1300℃，基体中仍有相当数量残余孔洞，且尺寸大于 $10\mu m$。微观组织呈现粗而长的 α 集束。

无压真空烧结制备的钛的力学性能最主要的影响因素是烧结致密度、间隙原子含量和微观组织。致密度是粉末烧结材料的首要问题，对于材料室温拉伸强度和塑性有明显影响。研究表明粉末钛合金抗拉强度随着相对密度的降低而降低，尤其是当相对密度低于 96% 时，抗拉强度下降幅度突然增大，并出现较大的离散度。延伸率随着密度的降低也会降低，这可能与材料中过多的残余孔洞相关，残余孔洞在室温拉伸过程中会成为裂纹源并加剧裂纹拓展。此外，粉末烧结钛合金的塑性还与材料中残余孔洞的形貌及大小相关，在相同的相对密度条件下，基体出现异常大的孔洞时，塑性也会出现明显下降，主要原因为拉伸过程中在异常大

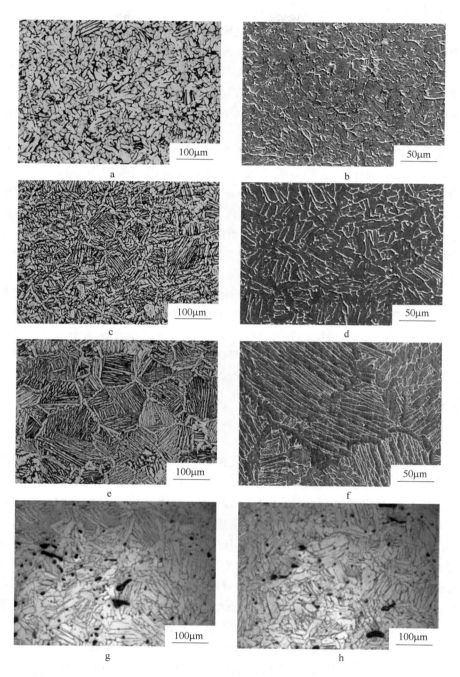

图 3-29　低氧含量 Ti-6Al-4V 混合粉末在 1100℃（a、b）、1150℃（c、d）和
1200℃（e、f）以及高氧含量混合元素粉末在 1300℃（g、h）真空烧结微观组织

的孔洞附近产生应力集中造成提前断裂。

烧结样品中氧、氮含量是影响烧结钛合金的另一个主要因素，一定程度上能明显提高钛合金的强度，但会大幅度降低钛合金的塑性。氧元素对性能的影响机制包括：（1）抑制孪生变形开动；（2）β基体上形成细微的α相阻碍滑移变形等。氧、氮含量对强度的影响可以定量进行表征，文献表明氧元素对于钛合金的强化作用约为769MPa/%（质量分数），氮元素对于钛合金的强化作用为1146MPa/%。

微观组织对于粉末烧结钛合金的力学性能的影响更为复杂。以两相钛合金Ti-6Al-4V为例，相比例、相形貌、晶粒尺寸等微观组织参数均对其力学性能有影响。其中对于力学性能影响最大的是α集束大小，它影响塑性变形时的有效滑移长度。随着α集束的增大，塑性和强度均呈下降趋势。另一个对于力学性能显著影响的微观组织特征是晶界α。伴随着完整β晶粒的出现，晶界α在冷却过程中产生，由于它和基体的强度存在差异，因此导致拉伸过程易产生穿晶断裂，降低材料塑性。

受制于以上多种因素，尤其是用于真空烧结的粉末多为以氢化脱氢钛粉为主的混合元素粉末，它们的杂质含量波动范围很大（0.1%~0.6%）。因此烧结出的Ti-6Al-4V合金抗拉强度一般为900~1200MPa，延伸率普遍低于10%。当间隙元素含量小于0.3%，相对密度大于98%时，微观组织呈短棒状α相（未出现魏氏组织和原始β晶粒）时，真空烧结的钛合金塑性方可得到改善。

3.2.2　置氢烧结

3.2.2.1　氢化钛烧结

如"钛粉制备"一节中所述，氢化脱氢工艺利用钛吸氢后的脆性粉碎块体材料为粉末，是目前生产钛粉最普遍的工艺。氢化钛（TiH_2）是钛吸氢后的产物，同时也是氢化脱氢制备钛粉的中间产物。氢化钛粉末冶金法的核心是利用TiH_2粉替代钛粉末作为初始原料进行后续压制和烧结，该方法的优势并不仅仅在于通过简单的原料替代来降低成本，TiH_2粉末在压制和烧结等方面也表现出的优越性，能够制备出性能更为优异的粉末冶金产品，具体表现在以下几点：（1）氢化钛脱氢产生的相体积变化和剪切力导致较高的空位和位错浓度，增加了扩散速率；（2）氢化钛颗粒通常比钛粉末更细，压制过程破碎产生更细的颗粒和新鲜的表面；（3）氢化钛粉中释放出的氢原子对钛粉表面氧化膜产生清除作用，降低了烧结坯中的氧含量；（4）清除氧化膜后有助于增加钛粉表面的化学活性，增加了钛粉间的扩散速率，进而促进烧结致密度的增加。因此TiH_2直接烧结成为粉末钛合金的研究热点。

从图3-30可见氢化钛的分解在300℃即开始，大约于700℃结束。小部分氢气仍会在较高温度下释放出，氢释放的强度取决于加热空间内的氢分压，并且与氢化钛的相变相关。氢化钛在低于450℃保持单相$TiH_2(\delta)$状态，超过这一温度后发生$TiH_2(\delta) \rightarrow \beta$转变。单相$\beta$态存在于约500~600℃的温度范围内，随后又发生$\beta \rightarrow \alpha$转变，最终在650℃下转变为单相α状态。

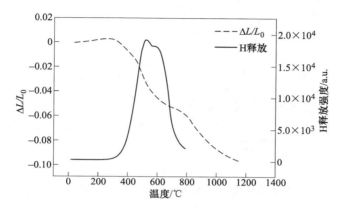

图 3-30　TiH_2 粉末压坯烧结过程中的尺寸收缩及氢释放规律[34]

TiH_2粉烧结过程中发现烧结态氧含量低于初始粉末时含量，在和钛粉烧结的对比中发现在100℃和300~400℃时观察到了两个H_2O的释放峰，其中100℃的峰值同时存在于Ti和TiH_2中，可以判定为粉末表面吸附的水汽，而TiH_2粉在300~400℃的峰值则证明了TiH_2表面的氧化膜被脱氢释放出的氢所净化。TiH_2烧结过程中，发生了下面的反应：

$$TiO_2 + 2H_2 \longrightarrow Ti + 2H_2O \tag{3-6}$$

$$TiO_2 + 4H \longrightarrow Ti + 2H_2O \tag{3-7}$$

通过热力学分析计算得出了以上两个反应的吉布斯自由能：

$$\Delta G_T^{\ominus} = 101600 - 27.95T + 3.46T\lg T + 2RT\left(\ln \frac{p_{H_2O}}{p_{H_2}} - \ln \frac{p_{H_2}}{p_0}\right) \tag{3-8}$$

$$\Delta G_T^{\ominus} = -110800 + 27.95T + 3.46T\lg T + 2RT\left(\ln \frac{p_{H_2O}}{p_0} - 2\ln \frac{p_{H_2}}{p_0}\right) \tag{3-9}$$

式中　p_0——标准大气压；

　　　T——开尔文温度。

通过以上的热力学计算表明了式（3-8）在任何H_2O和H_2分压情况下都大于零，而式（3-9）则在大部分温度和分压情况下小于零，证明了分子态的氢不能够对钛粉表面氧起到还原作用。氢与钛粉中间隙氧结合生成的H_2O净化了粉末表面，并且在脱氢位置留下了许多空位缺陷，为烧结过程进一步提供了驱动力，因此获得了更高烧结致密度的钛合金。图 3-31 为钛粉和氢化钛粉烧结 H_2O 释放及反应机理示意图。

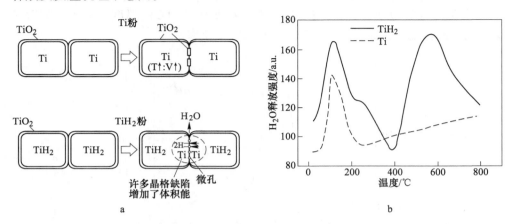

图 3-31　钛粉和氢化钛粉烧结 H_2O 释放(a)及反应机理示意图(b)[35]

　　研究表明，同样的烧结工艺和粉末粒度条件下，TiH_2 粉末烧结的相对密度明显高于钛粉烧结密度近 2%~5%。如图 3-32 所示，虽然 TiH_2 粉末压坯密度低于钛粉压坯，但考虑到 TiH_2 本身的密度 $(3.7g/cm^3)$，其相对密度还略高于钛粉压坯。在脱氢阶段，发生 $TiH_2(\delta)\rightarrow\beta\rightarrow\alpha$ 的相转变，扩散速率明显增加，因此 TiH_2 粉末压坯密度明显增加。脱氢结束（800℃）至烧结完成 TiH_2 压坯密度也基本高于钛粉压坯。当然，氢原子对钛粉表面的净化作用也是致密度提升的重要因素。采用氢化钛烧结虽然从一定程度上改善了烧结致密度，但若需获得 98% 以上的致密度仍需要 1200℃ 以上的烧结温度，最终烧结组织与钛粉烧结组织类似。以 Ti-6Al-4V 为例，氢化钛和铝钒合金混合粉真空烧结获得的组织类似基于氢化脱氢钛粉烧结组织，为长而平直的 $\alpha+\beta$ 的片层，局部会出现魏氏组织、原始 β 晶粒和晶界 α 等组织。

3.2.2.2　氢气烧结

　　尽管氢是一种钛合金中需要严格控制的间隙元素，但由于其可通过真空加热将含量降至标准范围内，因此氢元素可以用作钛合金中的临时合金元素来细化组织和改善材料的热加工性能，如置氢热塑性加工等技术。在粉末冶金工艺中，从压坯中释放氢较致密材料中释放氢更容易，因为氢的释放可以顺着开放孔隙进行。Fang 等人开发了一种称为氢气烧结和相转变（hydrogen sintering and phase transformation，HSPT）的工艺，将氢化钛与母合金或元素粉混合并在动态受控的氢气气氛下烧结，利用 Ti-H 系统的相变在热循环过程中实现细化微观组织的目的。

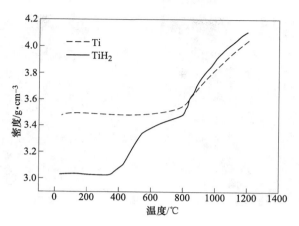

图 3-32 钛粉和氢化钛粉烧结的密度变化[36]

如图 3-33 所示，HSPT 过程可分为三部分：首先，TiH_2 压坯在氢气压力为 1~100kPa 的气氛下烧结至转变温度以上，温度一般为 1000~1300℃。在这样的温度和压力情况下，烧结坯为固溶状态的 β-Ti(H)。第二步是相转变过程，在控制氢气压力和温度的情况下，β-Ti(bcc) 发生共析反应分解为 α-Ti(hcp) 和 δ-TiH_2(fcc)。最后在脱氢过程中，δ-TiH_2 继续分解为 α 和 β 相，同时由于在相转变时存在内应力而发生再结晶。脱氢结束后，材料氢含量能够低于 0.015%，烧结后的钛合金的相对密度在 99% 以上。

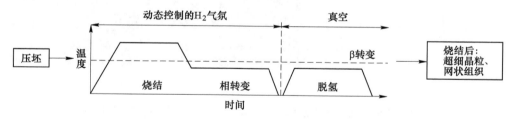

图 3-33 HSPT 制备钛合金过程示意图

图 3-34[37] 为 HSPT 工艺制备的 Ti-6Al-4V 合金微观组织，不同于氢化钛或氢化脱氢钛粉烧结产生的粗 α+β 片层组织或魏氏组织，HSPT 工艺制备的钛合金呈现超细晶粒显微组织，细小的片层组织长度为数微米，厚度为亚微米级，且呈不连续的分散状态，这种组织对于材料的力学性能也是有利的。通过对烧结后的材料进行热处理可以形成双态组织和近等轴组织，其中近等轴 α 晶粒的尺度约为 5~10μm。这种组织通常是采用热加工结合热处理后产生，而普通粉末冶金烧结材料由于没有再结晶的驱动力，因此热处理并不会细化晶粒。

由于其特殊的微观结构，HSPT 制备的烧结态 Ti-6Al-4V（氧含量质量分数约

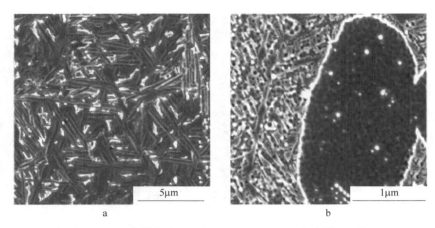

图 3-34　HSPT 烧结态微观组织（a）和 954℃/1h 水冷微观组织（b）

为 0.2%）具有类似熔炼锻造态的力学性能，抗拉强度为 940~1000MPa，屈服强度为 860~920MPa，延伸率一般为 15% 以上，如图 3-35 所示。简单热处理后可将延伸率提高到超过 20% 或强度超过 1100MPa。此外，HSPT 烧结加上后续气态等静锻（gaseous isostatic forging，GIF）的样品已显示出与锻造态以及粉末热等静压态 Ti-6Al-4V 相当的疲劳性能。

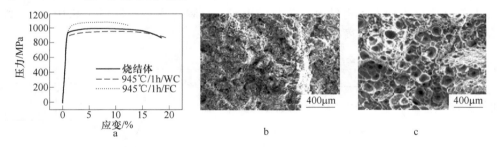

图 3-35　HSPT 烧结态及热处理态室温拉伸性能（a）及拉伸断口（b、c）

3.2.3　压力烧结

　　无压烧结提供了一种经济有效的方法来制造接近最终形状的钛及钛合金产品，尽管目前出现了一些改善无压烧结的技术和工艺，但烧结过程需要使用较高的烧结温度（不低于 1200℃）和较长的等温保持时间（不低于 120min），制备完全致密的材料仍然是一项挑战。更重要的是，高于 β 相变点的烧结温度以及过长的保温时间会引起严重的晶粒长大，这对材料性能也是极大的损害。为此，热等静压、热压、放电等离子和微波烧结等强化烧结技术被相继用以实现钛合金粉末固结，通过高温和高压的同时作用获得完全致密无孔的细晶组织钛合金材料，并实现达到锻件水平的静态力学性能和动态力学性能。

3.2.3.1 热等静压

钛合金粉末热等静压技术（HIP）针对特定构件，设计制备包套与内部型芯组合的模具，将预合金粉末密封在与目标件相似的复杂型腔内，在高温条件下施以等静压力，实现粉末的烧结致密化和构件成形，然后通过选择性化铣技术及少量机械加工获得最终零件。该工艺中，包套通过高温塑性收缩变形向内传递压力，实现粉末致密化，一般由塑性好的碳钢和不锈钢加工制备，对于复杂钛合金构件，还需通过刚性型芯来控制构件的尺寸和形状。

钛合金粉末热等静压技术相比其他的钛合金制造工艺，得到的制件致密度达到或接近100%，冶金质量好，而且成形温度较低，从而避免了传统工艺中晶粒聚集长大，可以得到细小均匀的组织，因此综合力学性能优异，可达到相同材料的锻件水平；另外，该技术制备复杂形状产品时具有极大的灵活性，通过模芯的设计能够制备各种复杂外形和内腔的产品，尺寸精度高，加工量小，可大幅降低生产成本。研究表明，通过热等静压技术生产粉末钛合金大型整体零件，根据尺寸和复杂程度不同，该技术生产成本相对锻造降低20%~50%。经优化设计包套，该工艺制件的尺寸精度和表面粗糙度可以达到或超过精密铸造件水平，对制备航空、航天领域中具有高性能、高精度要求的大型薄壁复杂整体构件具有较大优势。

国外发展钛合金粉末热等静压技术始于19世纪50年代，俄罗斯轻金属研究所早在20世纪70年代已在世界上最先研制出了整体复杂形状的粉末钛合金氢泵涡轮，并在RD-0120型氢氧发动机上得到应用；美国在20世纪90年代首先在航天领域实现商业化应用，并逐步拓展到航空、兵器领域，如PW公司的F110发动机的连接杆、战斧式巡航导弹F107发动机压缩机转子、Sidewind导弹头罩、F107巡航导弹发动机叶轮，以及Stinger防空导弹战斗部壳体等；英国罗·罗公司与伯明翰大学合作开展了钛合金粉末冶金整体机匣的研究，形成了完整的制备工艺技术，研制的航空发动机大尺寸复杂机匣，轮廓直径超过1m（见图3-36）。

近年来我国热等静压技术也有了很大进步，已在航天领域多种型号的研制生产中得到了重要应用，如航天材料与工艺研究所研制的多型舵翼骨架等构件实现特定型号应用[38]，金属所研制的粉末钛合金液氢叶轮成功伴随"长征五号"火箭实现首飞[39]，北京航空材料研究院研制出薄壁舱体、进气道等构件（见图3-37），冶金质量、尺寸精度及力学性能全面满足应用要求。

一般来说，普通粉末冶金钛合金的力学性能介于铸造钛合金和锻造钛合金之间，但通过高性能钛粉的使用以及严格的工艺控制，如今热等静压粉末钛合金的力学性能已与锻造棒材的性能相当。其主要原因一方面是相较其他粉末冶金工艺，热等静压制件氧含量低、致密度高；另一方面是其成形温度通常在β相变点

图 3-36　热等静压技术制备的钛合金典型构件

a—伯明翰罗·罗公司 V2500 钛合金机匣；b—Synertech 公司 ELI TC4 叶轮；
c—Synertech 公司 ELI TC4 机匣；d—Courtesy Turbomeca 公司直升机扩压器

图 3-37　热等静压制备薄壁钛合金构件

a—薄壁舱体；b—进气道

以下，这可以保留住原始钛合金粉末中因快速凝固形成的细小组织，从而使得成形材料的微观组织细小均匀，如图 3-38 所示。

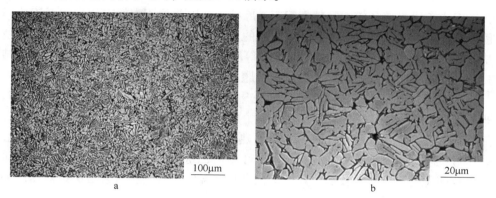

图 3-38　典型粉末热等静压 Ti-6Al-4V 合金的显微组织

在粉末热等静压构件成形工艺当中，包套变形及粉末体的收缩给制件尺寸控制带来了很大难度，模具设计制备的成功经验是由长期的实践与理论相结合并不断积累而获得。近年来，随着计算机技术的发展，UG、Pro/E、Solidworks 等三维造型软件和 MSC. Marc、ABAQUS 等有限元仿真软件功能的日益完善，计算机辅助包套设计和模拟关键尺寸收缩技术为热等静压工艺制备构件提供了有力支持。通过借助计算机模拟仿真，系统研究粉末构件的致密化收缩行为，为粉末构件的尺寸精确控制、模具优化设计提供了很好的理论指导，显著缩短了从包套设计到生产合格制件的周期，降低了研发成本。

在航空航天应用技术需求的牵引下，钛合金粉末 HIP 技术在向着大型薄壁复杂构件和高温应用方向发展。一方面，零部件设计采取薄壁、整体结构以达到减重和提高结构刚性的目的，集原来多零件为一体的组合件在制备上往往超过了传统成形工艺的极限，而 HIP 技术对复杂结构的可成形性和高质量等优势在实践中得到了较好的验证，有望在未来发挥更大作用。另一方面，轻质耐高温材料是航空航天材料应用研究追求的永恒主题，采用 HIP 技术制备 Ti-Al 系金属间化合物（TiAl 合金、Ti_2AlNb 合金及 Ti_3Al 合金）构件可克服此类脆性材料的加工成形难题，发挥其轻质和耐高温的性能优势，代替镍基高温合金零部件，可实现减重 30% ~ 50%，减重效果明显。但是，目前 HIP 技术相对于熔模铸造技术成本仍然偏高，降低成本是促使该技术拓展应用领域和实现大规模商业化应用的关键[40]。

3.2.3.2　热压

单轴热压是粉末压力烧结的典型方法，通常比热等静压更简单且成本低。在热压过程中，压实和烧结同时发生，对于高于 600℃ 的温度，通常使用由陶瓷或石墨制成的模具。加热方式一般使用电阻加热，也可以采用其他加热方法，包括感应和对流、辐射和传导等。热压通常在惰性气氛（如氩气）中或在真空下进行。但由于模具壁和粉末颗粒之间存在摩擦力，因此热压中的有效应力低于热等静压。此外模具或模具润滑剂与钛粉间的反应也是应当重点关注的，因为这会使烧结样品表面生成诸如 TiC、TiN、TiB 等陶瓷相。当使用石墨模具时，由于烧结过程中的富碳气氛，烧结材料的增碳问题也应关注。

　　和温压过程相似，热压由于温度提升，钛合金屈服强度大幅度下降。例如，当温度从 750℃ 升至 1050℃，Ti-6Al-4V 的强度从 140MPa 降低至约 12MPa。因此无论是混合元素粉末还是预合金粉末，热压烧结下的材料均可实现完全致密化。热压过程粉末主要依靠外加应力产生塑性变形，粉末的特性如粒度、比表面积等对于致密化的影响相对较弱，热压工艺参数如温度、时间和压力是关系热压产品质量更重要的因素。

　　图 3-39 所示为几种不同 Ti-6Al-4V 粉末在不同热压工艺下产生的微观组织，当热压温度在 900℃（β 相变点以下 100℃）时，预合金粉末产生细小均匀的 α 短棒状组织，晶间 β 较少，没有明显的成分偏析。混合元素粉末则会出现明显未完全扩散均匀的中间合金，该情况会在热压温度为 1100℃ 时消失。继续提高温度至 1100℃ 以上会逐渐产生晶粒长大现象，产生类似于无压烧结或 β 退火的粗大 α+β 片层组织。值得注意的是，当采用感应加热（升温速率为 50℃/min），即使热压温度为 1100℃，组织仍出现了合金元素的偏聚，这表明了混合元素粉末中合金元素的均匀化需要温度和时间的共同作用，短时高温并不能实现某些慢扩散的合金元素均匀化。当然，以上热压实验制备样品均达到近全致密，这表明热压烧结能够在较低温度（低于 β 相变点）下产生更高的致密度。采用 TiH$_2$ 进行热压烧结的微观结构如图 3-39f 所示，似乎仍可以识别出完整 β 晶粒的晶界，晶粒尺寸约 50μm。针状的 α 钛晶粒在晶粒内部和整个微观结构中都具有不同的取向，这可能是由于施加的单轴压力在材料上引起的压缩机械应力所致。此外，较高的氧氮含量也促进了 α 钛针状相的形成，氧使微观结构细化，使 α 板条变小。

3.2.3.3　放电等离子体烧结

　　放电等离子体烧结（spark plasma sintering，SPS），也称为电流辅助烧结技术、等离子活化烧结或脉冲电流烧结等，是一种利用脉冲电流的焦耳加热来实现致密化的烧结技术。与热压和热等静压相似，SPS 依靠同时加热和加压以促进粉末固结。其中粉末样品被装入导电模具中，并在单轴压力下烧结。当脉冲直流电通过时，模具和粉末本身就是加热源。因此，可以从外部和内部加热金属粉末样品，这导致快速加热，增强物质的扩散实现了快速烧结。另外，焦耳加热可使粉末颗粒之间形成烧结颈从而产生局部塑性流动，进一步加快致密化。目前最大的

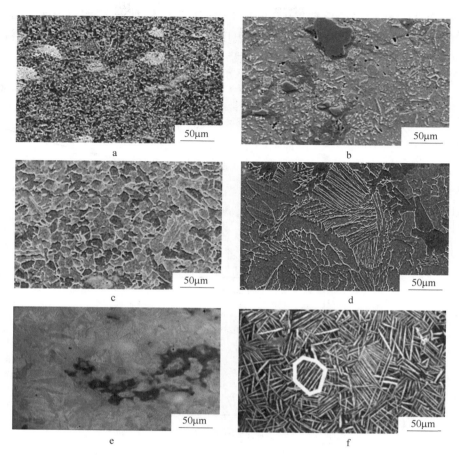

图 3-39 预合金粉末和混合元素粉末 900℃时的热压组织（a、b）、预合金粉末和
混合元素粉末 1300℃时的热压组织（c、d）、混合元素粉末感应加热后
1100℃的热压组织（e）和氢化钛粉 1100℃时的热压组织（f）[41,42]

SPS 设备可用于制造直径为 300mm 的大型预成形件，这使 SPS 成为制造特种和活性合金的有效选择。但迄今为止，钛和钛合金的 SPS 技术仍仅限于实验室研究。

影响钛粉 SPS 烧结致密度的因素主要有：温度、压力、升温速率、模具厚度以及粉末粒度等。首先，烧结温度和压力是首先要考虑的参数，因为 SPS 主要依靠粉末在高温高压的综合作用下实现固结。如图 3-40 所示，随着温度升高，相同条件下的致密度显著上升，800℃以上致密度基本大于 99%。但致密度变化与粉末种类关系不大。单变量研究压力的实验结果同样显而易见，在低于 800℃的温度下，烧结压力越大，致密度越高。烧结温度高于 800℃后，压力对烧结密度的影响逐渐减小，大于 10MPa 的压力均能获得 99%以上的致密度。较高的加热速率（200℃/min）在小于 800℃ 的较低温度下比低加热速率（50℃/min 和 100℃/min）获得更高的致密度。随着温度提升，这一差距在逐渐缩小。当温度为 800℃ 后，不同升温速率对粉末致密度几乎没有影响。

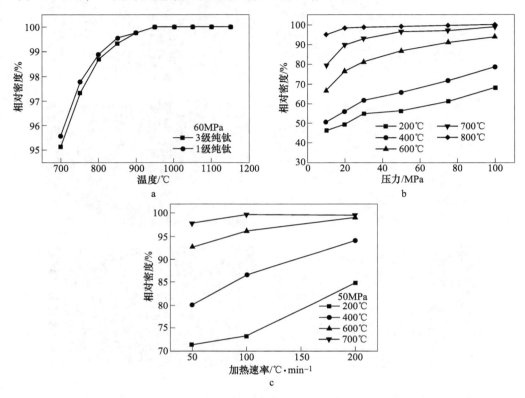

图 3-40　SPS 烧结时不同因素对烧结相对密度的影响[43]

a—温度；b—压力；c—加热速率

粉末粒度分布对纯钛粉末的 SPS 烧结致密度的影响如图 3-41 所示，−100 目、−200 目和−325 目纯钛粉及其混合物（−100 目和−325 目粉末以 3：7、5：5 和 7：3 的质量比混合）在 800℃ 和 850℃、30MPa 的压力下，Ar+H₂ 气体的流动气氛中进行烧结实验。在超过 850℃ 和 30MPa 的 SPS 条件下，样品相对密度均高达 99%，而 800°C 时除−325 目钛粉外均小于 98%。这表明在温度较低的情况下，粒度会影响粉末致密化，当温度足够时，粉末粒度对致密度几乎没有影响。

SPS 烧结 Grade 1/3 纯钛组织中 α 晶粒大小随烧结温度变化的趋势如图 3-42 所示。对 Grade 1 钛粉，烧结温度低于 900℃ 时，细小等轴的 α 相长大趋势不明显，保持在 20μm 以内。而 Grade 3 粉末则在 950℃ 以上出现晶粒快速长大，这主要与钛的 β 转变温度相关，Grade 1 转变温度约为890℃。随着氧含量的提升，

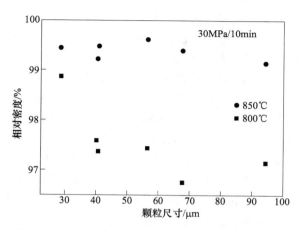

图 3-41　粉末粒度对钛粉 SPS 烧结致密度的影响[44]

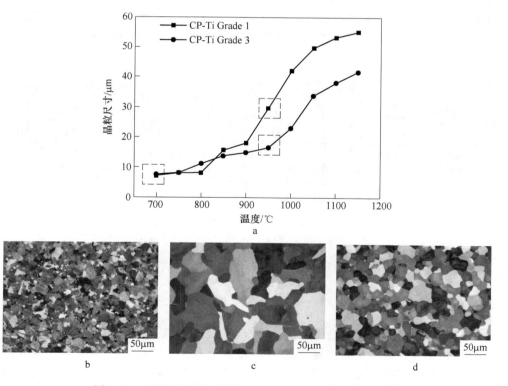

图 3-42　不同温度 SPS 烧结 CP-Ti Grade 1/3 的晶粒尺寸[45]

a—晶粒尺寸变化规律；b—700℃ Grade 1；c—950℃ Grade 1；d—950℃ Grade 3

Grade 3 的相转变温度提高了 30℃。在 β 相变点以上烧结时，微观结构易出现不均匀，具有许多不规则和板状晶粒，并且每个大晶粒中还会存在亚结构，这导致难以测量晶粒尺寸，从而导致较大的离散度。纯钛 SPS 烧结试样室温拉伸性能普遍极为优异，强度指标受间隙元素含量及晶粒度影响，波动较大，抗拉强度为 450~750MPa，屈服强度为 350~650MPa，伸长率为 15%~40%。

　　在进行钛合金的 SPS 烧结时，粉末可以选择混合元素粉和预合金粉，两者的烧结微观组织如图 3-43 所示。混合元素粉末在合金元素均匀化上存在明显问题，900℃/30MPa/5min 和 1100℃/30MPa/5min 均出现明显的 Al-V 中间合金颗粒。在 1100℃ 下将等温保持时间从 5min 增加到 15min，最终产生了较为均匀的 α+β 片层组织。尽管低温下仍存在合金元素不均匀，但相较保温时间 2h 以上的真空烧结，SPS 仅在 1100℃/15min 就完成合金元素扩散，这归因于 SPS 过程中直流电通过样品时强烈的焦耳热效应以及施加的压力效应，从而提高了扩散率。因此快速溶质均质化是 SPS 相对于真空烧结和热压烧结等技术的一个优势。预合金粉没有这种合金元素偏聚的问题，在低烧结温度带来足够致密度的情况下还能明显抑制晶粒长大。文献表明 SPS 烧结制备的 Ti-6Al-4V 合金的抗拉强度普遍大于 1000MPa，屈服强度大于 900MPa，伸长率大于 15%。而进一步通过高能球磨细化粉体再结合 SPS 烧结能够制备超细纳米尺度晶粒的 Ti-6Al-4V 合金，强度和塑性指标因细晶强化作用同时得到大幅度提升。

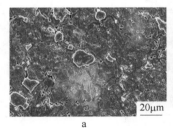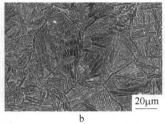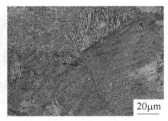

图 3-43　不同粉末原料 SPS 烧结微观组织[46]

a—HDH 钛粉和 40V-60Al 合金粉的混合粉末；b—HDH 钛粉和 40V-60Al 合金粉的预合金粉末；
c—两者 SPS 烧结的微观组织

3.2.4　热塑性加工

　　以粉末轧制、锻造和挤压为代表的粉末热塑性加工技术是将粉末致密化和塑性变形相结合。与传统的铸锭/锻造工艺相比，主要的优势为：（1）通过减少加工步骤，减少了设备投资；（2）无偏析且材料利用率更高；（3）可以制备出晶粒细小，高强度的材料；（4）生产常规方法难以获得的特种材料，例如功能梯度材料、复合材料以及难以热/冷加工的材料。与传统粉末固结技术相比，主要的优势有：（1）致密度更高，更易获得全致密材料；（2）塑性变形细化晶粒，甚至可制备纳米晶材料；（3）成形性更强，能够获得形状更为复杂的构件；（4）大幅度提升材料的疲劳性能。根据热塑性变形时的温度，该技术又分为粉末冷变形和粉末热变形。粉末冷变形一般直接将粉末进行塑性加工成形，如粉末冷轧成板，随后再采用烧结等致密化手段完成粉末固结。粉末热变形一般将松装粉末封包套或将粉末压实成坯，接着加热后直接进行塑性变形，加热方式可以是电阻炉加热，也可以是感应加热等方式。

金属粉末的加工特性（例如流动性，表观密度，可压缩性和可烧结性）都受颗粒形态、尺寸分布和化学性质的影响。不同的工艺对粉末特性要求不一，用于粉末轧制的粉末通常要求为不规则形状的细颗粒，具有相对较低的松装密度和相对较差的流动性，以便在轧辊间充分咬合实现致密化。除此之外，粉末粒度及其分布，颗粒间摩擦，可压缩性和化学成分等也对辊压实过程存在一定程度上的影响。

有关粉末轧制钛合金制造技术的报道中，比较成熟的有澳大利亚 CSIRO 提出的粉末冷热轧制备钛合金薄板（不高于 1.5mm）技术。该技术示意图如图 3-44 所示，其原料是以纯态 HDH 钛粉为主，将金属粉末垂直送入一组水平放置的对称辊中，冷轧至相对密度为 75%~90% 之间的片状压坯（1.5~3mm）。随后热轧阶段继续降低约 40%~55% 厚度，最后轧机退火后再进行冷轧。获得板材的化学成分（氧含量为 0.12%，氮含量为 0.013%，氢含量为 0.001%，质量分数）和力学性能（抗拉强度为 517~520MPa，伸长率为 20%~27%）均达到铸锻水平。垂直于轧制方向进行测试时显示出更大的强度，而平行于轧制方向进行测试时则显示出更大的延展性。

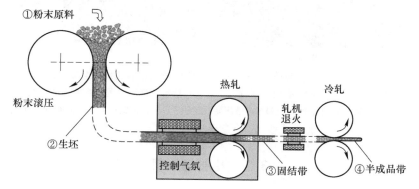

图 3-44 钛板的 CSIRO 粉末轧制工艺示意图[47]

关于粉末挤压和锻造的相关报道更多见于实验研究，分别针对于预合金粉末和混合元素粉末。热挤压/锻造加热速率快，高温保温时间短，变形时间短，因此采用混合元素粉末易存在合金元素扩散不均匀的现象，这与热压、放电等离子烧结出现的情况一致，采用预合金粉末则能很好避免这一现象。图 3-45a 为氢化脱氢纯钛粉压坯在 1350℃感应加热后热锻造的微观组织，呈现全片层组织，α 薄片的厚度在 0.5~6μm。样品的抗拉强度约为 800MPa，屈服强度为 650MPa，伸长率为 23.8%。图 3-45c 和 d 为预合金的氢化脱氢 Ti-6Al-4V 粉末压坯 1250℃热挤压和 1300℃热锻造的微观组织。由于变形温度高于 β 相变点近 250℃，两者组织呈现明显的魏氏片层组织，粉末热锻组织中片层更细，α 片层的厚度分别为 0.1~2μm 和 0.1~1μm。由于粉末致密化时强烈变形的存在，未出现完整的 β 晶粒，取而代之的是被破碎的晶间 α 相。由于氧含量高（0.44%~0.51%），两种样品的抗拉强度均大于 1250MPa，屈服强度大于 1100MPa，伸长率为 2%~10%。

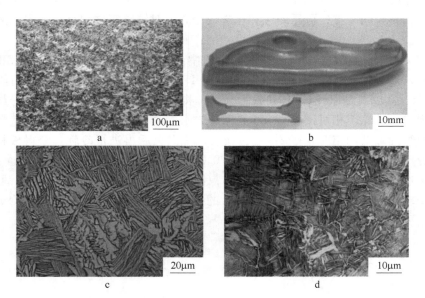

图 3-45　钛及钛合金粉末热锻造和热挤压微观组织及实物图

a—HDH 钛粉 1350℃热锻造微观组织；b—HDH 钛粉 1350℃热锻造微观组织实物图；
c—HDH Ti-6Al-4V 预合金粉 1250℃热挤压微观组织；d—HDH 钛粉 1300℃热锻造微观组织

3.3　发展与展望

钛粉的压力成形和致密化技术是基于最典型的粉末冶金工艺发展而来的，即粉末→成形→烧结→后加工。该技术具有极强的灵活性，可生产从几克到几百公斤不等的各种近净成形的构件，这包括三种目前较为成熟的技术路线：其一，通过冷压或改进的模压技术制备尺寸精度高的终成形小型零部件；其二，采用预合金粉末和热等静压技术制备力学性能优异的终成形中大型结构件；以及采用元素粉末和无压烧结技术获得近成形坯料，后续配合热塑性加工或全致密手段制备低成本型材（棒、管和板等）。三种技术都获得了不同程度的应用，所制备的产品已经与熔锻技术相当甚至更优，因此它们所展现出来的商业应用前景正日趋突出。

今后，研究机构及生产企业应在生产技术的低成本化、产品批次的稳定性以及产品和技术的规范化等方向不断研发。除此之外，针对钛合金所独有的特点，并借鉴其他成功的金属基粉末冶金技术，进一步丰富相关钛粉的压力成形和致密化技术，但不断涌现的新技术还需继续完善以及等待市场的检验。总之，以压力成形为代表的粉末近净成形技术将会在未来钛产业发展中占据重要位置。

参 考 文 献

[1] Esteban P G, Thomas Y, Baril E, et al. Study of compaction and ejection of hydrided-dehydrided titanium powder [J]. Metals and Materials International, 2011, 17（1）：45~55.

[2] Simchi A, Veltl G. Behaviour of metal powders during cold and warm compaction [J]. Powder Metallurgy, 2013, 49（3）：281~287.

[3] Gerdemann S J, Jablonski P D. Compaction of titanium powders [J]. Metallurgical and Materials Transactions A：Physical Metallurgy and Materials Science, 2010, 42（5）：1325~1333.

[4] Lou J, Gabbitas B, Zhang D L. Effects of lubrication on the powder metallurgy processing of titanium [J]. Key Eng Mater, 2012, 1933（520）：133~138.

[5] Lou J, Gabbitas B, Zhang D. Improving the uniformity in mechanical properties of a sintered ti compact using a trace amount of internal lubricant [J]. Journal of Materials Processing Technology, 2014, 214（9）：1798~1805.

[6] Lou J, Gabbitas B, Zhang D. The effects of lubrication on the density gradient of titanium powder compacts [J]. Key Eng Mater, 2013, 2362（551）：86~91.

[7] Machio C, Machaka R, Chikwanda H K. Consolidation of titanium hydride powders during the production of titanium pm parts：The effect of die wall lubricants [J]. Material and Design, 2016, 90：757~766.

[8] Lim J B, Bettles C J, Muddle B C, et al. Effects of impurity elements on green strength of powder compacts [J]. Materials Science Forum, 2010（654~656）：811~814.

[9] Luo S D, Yang Y F, Schaffer G B, et al. Warm die compaction and sintering of titanium and titanium alloy powders [J]. Journal of Materials Processing Technology, 2014, 214（3）：660~666.

[10] Jia M, Zhang D. Warm compaction of titanium and titanium alloy powders [J]. Titanium Powder Metallurgy, 2015：183~200.

[11] He S W. Warm compacting behavior of pure titanium powders [J]. Advanced Materials

Research, 2011: (189~193): 2775~2779.

[12] Yan Z, Chen F, Cai Y. High-velocity compaction of titanium powder and process characterization [J]. Powder Technology, 2011, 208 (3): 596~599.

[13] Yan Z, Chen F, Cai Y. High velocity compaction behavior and sintered properties of ti powders with different particle sizes [J]. Acta Metallurgica Sinica, 2012, 48 (3): 379~394.

[14] Yan Z, Chen F, Cai Y, et al. High velocity compaction and characteristics of ti powder [J]. Acta Metallurgica Sinica, 2010, 46 (2): 227~232.

[15] Khan D F, Yin H, Li H, et al. Effect of impact force on Ti-10Mo alloy powder compaction by high velocity compaction technique [J]. Material and Design, 2014, 54: 149~153.

[16] Doremus P, Guennec Y L, Imbault D, et al. High-velocity compaction and conventional compaction of metallic powders: comparison of process parameters and green compact properties [J]. Proceedings of the Institution of Mechanical Engineers, Part E: Journal of Process Mechanical Engineering, 2010, 224 (3): 177~185.

[17] Yan Z, Chen F, Cai Y, et al. Influence of particle size on property of Ti-6Al-4V alloy prepared by high-velocity compaction [J]. Transactions of Nonferrous Metals Society of China, 2013, 23 (2): 361~365.

[18] Zhang H, Zhang L, Dong G, et al. Effects of warm die on high velocity compaction behaviour and mechanical properties of iron based pm alloy [J]. Powder Metallurgy, 2016, 59 (2): 100~106.

[19] Eriksson M, Häggblad H Å, Berggren C, et al. New semi-isostatic high velocity compaction method to prepare titanium dental copings [J]. Powder Metallurgy, 2004, 47 (4): 335~342.

[20] Gohl W B, Jefferies M G, Howies J A, et al. Explosive compaction: design, implementation and effectiveness [J]. Géotechnique, 2000, 50 (6): 657~665.

[21] Haase C, Lapovok R, Ng H P, et al. Production of Ti-6Al-4V billet through compaction of blended elemental powders by equal-channel angular pressing [J]. Materials Science and Engineering: A, 2012, 550: 263~272.

[22] Ng H P, Haase C, Lapovok R, et al. Improving sinterability of Ti-6Al-4V from blended elemental powders through equal channel angular pressing [J]. Materials Science and Engineering: A, 2013, 565: 396~404.

[23] Fartashvand V, Abdullah A, Vanini SA S. Effects of high power ultrasonic vibration on the cold compaction of titanium [J]. Ultrasonics Sonochemistry, 2017, 36: 155~161.

[24] Liu T, Lin J, Guan Y, et al. Effects of ultrasonic vibration on the compression of pure titanium [J]. Ultrasonics, 2018, 89: 26~33.

[25] Vivek A, DeFouw J D, Daehn G S. Dynamic compaction of titanium powder by vaporizing foil actuator assisted shearing [J]. Powder Technol, 2014, 254: 181~186.

[26] Vivek A, Taber G A, Johnson J R, et al. Electrically driven plasma via vaporization of metallic conductors: A tool for impulse metal working [J]. Journal of Materials Processing Tech, 2013, 213 (8): 1311~1326.

[27] Upadhyaya A, Upadhyaya G S. Powder metallurgy: science, technology and Materials [M]. Franklin Institute Research Laboratones, Scienco Informafion Services, 1985.

[28] Kim K T, Lee H T. Effect of friction between powder and a mandrel on densification of iron powder during cold isostatic pressing [J]. International Journal of Mechanical Sciences, 1998, 40 (6): 507~519.

[29] Sagawa M, Nagata H, Watanabe T, et al. Rubber isostatic pressing (rip) of powders for magnets and other materials [J]. Materials & Design, 2000, 21 (4): 243~249.

[30] Baril E, Lefebvre L P, Thomas Y. Interstitial elements in titanium powder metallurgy: sources and control [J]. Powder Metall, 2013, 54 (3): 183~186.

[31] Oh J M, Kwon H, Kim W, et al. Oxygen behavior during non-contact deoxi-dation of titanium powder using calcium vapor [J]. Thin Solid Films, 2014, 551: 98~101.

[32] Yang Y F, Luo S D, Schaffer G B, et al. Sintering of Ti-10V-2Fe-3Al and mechanical properties [J]. Materials Science and Engineering: A, 2011, 528 (22~23): 6719~6726.

[33] Carman A, Zhang L C, Ivasishin O M, et al. Role of alloying elements in microstructure evolution and alloying elements behaviour during sintering of a near-β titanium alloy [J]. Materials Science and Engineering: A, 2011, 528 (3): 1686~1693.

[34] Ivasishin O, Moxson V. Titanium powder production via the Metalysis process [C] // Qian M, Froes (Eds.) F H. Titanium Powder Metallurgy. Boston: Butterworth-Heinemann, 2015: 51~67.

[35] Savvakin D H, Humenyak M M, Matviichuk M V, et al. Role of hydrogen in the process of sintering of titanium powders [J]. Materials Science, 2012, 47 (5): 651~661.

[36] Wang C, Zhang Y, Xiao S, et al. Sintering densification of titanium hydride powders [J]. Materials and Manufacturing Processes, 2016, 32 (5): 517~522.

[37] Paramore J D, Fang Z Z, Sun P, et al. A powder metallurgy method for manufacturing Ti-6Al-4V with wrought-like microstructures and mechanical properties via hydrogen sintering and phase transformation (HSPT) [J]. Scripta Materialia, 2015, 107 (5): 103~106.

[38] 阴中炜, 孙彦波, 张绪虎, 等. 粉末钛合金热等静压近净成形技术及发展现状 [J]. 材料导报, 2019, 34: 1099~1108.

[39] 徐磊, 郭瑞鹏, 吴杰, 等. 钛合金粉末热等静压近净成形研究进展 [J]. 金属学报, 2018, 54: 1537~1552.

[40] 徐磊, 郭瑞鹏, 刘羽寅. 钛合金粉末热等静压近净成形成本分析 [J]. 钛工业进展, 2014, 31 (6): 1~6.

[41] Bolzoni L, Ruiz-Navas E M, Neubauer E, et al. Inductive hot-pressing of titanium and titanium alloy powders [J]. Materials Chemistry and Physics, 2012, 131 (3): 672~679.

[42] Bolzoni L, Meléndez I M, Ruiz-Navas E M, et al. Microstructural evolution and mechanical properties of the Ti-6Al-4V alloy produced by vacuum hot-pressing [J]. Materials Science and Engineering: A, 2012, 546: 189~197.

[43] Eriksson M, Shen Z, Nygren M. Fast densification and deformation of titanium powder [J]. Powder Metall, 2013, 48 (3): 231~236.

［44］Shon J H, Song I B, Cho K S, et al. Effect of particle size distribution on microstructure and mechanical properties of spark-plasma-sintered titanium from cp-ti powders ［J］. International Journal of Precision Engineering and Manufacturin, 2014, 15 (4): 643～647.

［45］Zadra M, Casari F, Girardini L, et al. Microstructure and mechanical properties of cp-titanium produced by spark plasma sintering ［J］. Powder Metall, 2013, 51 (1): 59～65.

［46］Yang Y, Imai H, Kondoh K, et al. Comparison of spark plasma sintering of elemental and master alloy powder mixes and prealloyed Ti-6Al-4V powder ［J］. International Journal of Powder Metallurgy, 2014, 50 (1): 41～47.

［47］Cantin G M D, Gibson M A. 21-titanium sheet fabrication from powder ［C］∥ Qian M, Froes (Eds.) FH. Titanium powder metallurgy, Boston: Butterworth-Heinemann, 2015: 383～403.

4 钛粉注射成形

<<<<<<<<<<<<<<<<<<<<<<<<<<<<<<<<<<<<<<<<<<<<<<<<<<<<<<<<<<<<

金属注射成形技术（Metal Injection Molding，MIM）是将现代塑料注射成形技术引入粉末冶金领域而形成的一门粉末近净成形技术，其工艺流程为：将原料粉末与有机黏结剂混合均匀并制成粒状喂料，在注射成形机上，借助加热熔融黏结剂的流动性把粉末注入模具中成形得到预成形坯，然后将黏结剂脱除并烧结致密化得到最终产品。该技术可以直接制备三维复杂形状的制品，材料利用率接近100%，易于批量化生产，是一项节约资源、能源的低成本制造技术，它为复杂形状钛制品的批量化制备提供了新的解决途径。本章节将重点介绍粉末注射成形的工艺流程及技术特点、MIM 钛合金的黏结剂体系及脱脂工艺、烧结成形原理、MIM 钛合金的研究现状及产品应用领域。最后对粉末注射成形钛合金的发展前景做出展望。

4.1 粉末注射成形技术简介

粉末注射成形工艺虽然是从塑料注射成形技术发展而来，但是其由于需要在生坯成形后进行黏结剂的去除及致密化烧结，故该技术比塑料注射成形更为复杂。图 4-1 所示为喂料制备、注射、脱脂和烧结的工艺流程[1]，图 4-2 为粉末注射成形过程中的主要设备[2~8]。

喂料是由黏结剂与金属粉末在适当的温度下均匀密炼制成，市场上现有的黏结剂种类包括：蜡基黏结剂、塑基黏结剂、水基黏结剂、油基黏结剂、水溶性黏结剂、芳香族化合物基黏结剂及新型萘基黏结剂等。理想状态下黏结剂应填充满粉末颗粒间的空隙，起到润滑的效果，从而在粉末注射成形过程中提高粉末的流动性。当黏结剂过多时会导致注射成形的生坯在脱脂过程中难以保持零件原有的形状，导致变形、开裂等缺陷。而当黏结剂较少时会增加混合物的黏度，降低粉末的流动性，难以顺利完成注射成形过程。黏结剂与粉末应按一定的比例混合后在密炼机上进行均匀搅拌，温度控制在略高于黏结剂的熔融温度，适当提高搅拌剪切力，促使粉末颗粒与黏结剂充分接触，并保证密炼过程的洁净和稳定，最后待喂料降至室温后进行切割破碎制粒。

注射生坯是将制粒后的喂料均匀填充模具型腔后制得所需形状、尺寸零件的过程，该制备环节是整个注射成形过程中决定产品质量的重要环

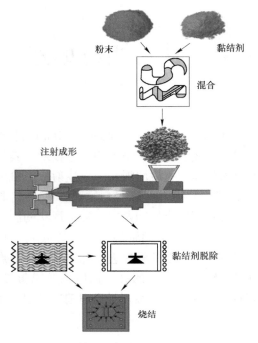

图 4-1 粉末注射成形主要工艺流程

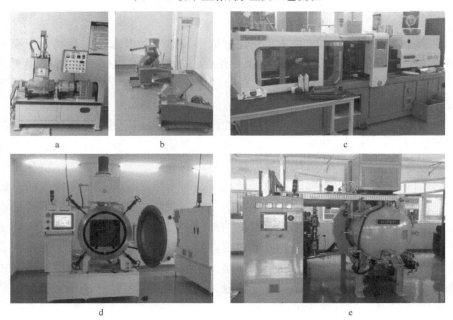

图 4-2 粉末注射成形主要设备

a—密炼机；b—破碎机；c—注射机；d—硝酸脱脂炉；e—真空脱脂烧结炉

节，在注射生坯过程中样品产生裂纹、表面波纹、强度低、脱模难、欠注、尺寸及形状不稳定等缺陷都与注射成形的工艺参数不合理有关。因此选择合理的温度（料筒温度，喷嘴温度，模具温度）、压力（塑化压力，注射压力，保压压力）及时间（合模时间，注射时间，保压时间，模内冷却时间），对成形生坯的质量至关重要。

脱脂过程是在生坯烧结前，将粉末中的黏结剂脱除而保持原生坯形状的工艺步骤。该步骤要使黏结剂全部脱除从而避免粉末受到污染及生坯变形等情况发生。目前存在几种常见的脱脂工艺，包括热脱脂、溶剂脱脂、催化脱脂、虹吸脱脂以及综合脱脂。脱脂工艺优化的前提是保证制品形状和尺寸精度情况下，尽量缩短脱脂过程的工艺步骤以及脱脂所需要的时间，脱脂的时间已从最初的几天，缩短到了现在的几个小时。推动脱脂工艺的发展往往牵涉到粉末及黏结剂的性质、喂料的流变性能以及脱脂后的烧结性能等，只有将这些因素与脱脂过程综合考虑才能推动脱脂工艺的进步。

烧结为粉末注射成形的最后一个步骤，通过升高温度后保温一定的时间，使粉末颗粒间形成牢固的冶金结合，冷却后最终形成制件。烧结产品质量与尺寸控制是烧结过程中最为关键的问题，影响烧结体质量的因素有粉末特性、成形质量及烧结条件等，其中烧结条件包括烧结温度、加热速率、保温时间、烧结气氛、冷却速率以及压力等，这些因素会对制件的致密度、孔隙率、收缩率、力学性能以及材料的微观组织结构产生影响。因此，制定合理的烧结工艺对产品最终质量尤为关键。

粉末注射成形技术是一种批量化近终成形制备高精密零部件的先进制备工艺，与其他成形技术相比，可以直接制备出具有许多如螺纹、通孔、盲孔及加强筋等复杂形状、结构的三维零部件产品。制备的样件不仅具有均匀的细晶组织，而且尺寸精度高，力学性能优良。MIM 技术避免了后续大量机械加工工序所带来材料的浪费，是推动复杂零部件低成本制备的有效途径。因此，当大批量生产制备零部件时，MIM 技术就显得更为经济。并且因其具有近终成形的特点，可以在孔、槽、凹陷等不规则部位增添图案、文字及商标等，可以提高产品设计的灵活性，而且并不额外增加制造成本。常用的精密铸造工艺与其相比，虽然也可以制备形状复杂的三维零部件，但更适用于熔点相对较低的金属或合金，对于难熔合金、硬质合金及陶瓷等高熔点材料，以及小尺寸薄壁零件的批量化生产，MIM 技术更具优势。

MIM 技术突破了传统粉末模压成形工艺在产品形状上的限制。其优势主要表现在如下几个方面：

（1）良好的成形能力。对复杂形状的制品可一次成形，无需或只需少量后续加工。

（2）优良的材料性能。由于所采用的原料粉末较细，烧结的致密化程度高，一般的固相烧结即可获得95%以上的理论密度，而液相烧结可达99%以上，其显微组织细小均匀，某些性能可达到铸造或锻造材料水平。

（3）制品表面光洁度高。MIM制品的表面光洁度在没有后续加工的情况下可达到 $Ra3.2$，比精密铸造制品更好。

（4）尺寸精度高。MIM喂料在注射过程中处于等静压状态，所得成形坯的密度均匀，保证了烧结时收缩均匀。因此 MIM 制品尺寸精度和质量一致性高，尺寸公差一般为±0.3%。

（5）适用材料范围广。粉末注射成形不但能应用于不锈钢、氧化铝、硬质合金和钨基重合金等传统材料，而且可以生产陶瓷、超合金、金属间化合物和金属基复合材料等。

（6）生产成本低。MIM为粉末冶金近净成形技术，材料利用率接近100%，可制得最终形状的零件而无须后续机加工，因而减少了生产步骤，大大降低了生产成本。

但是，MIM技术现阶段仍然存在着一些不足：

（1）生坯粉末含量较低，约占总体积的50%～70%，因此在烧结过程中会产生11%～20%的线收缩，不利于生产尺寸精度要求极高的制品。

（2）MIM工序复杂、繁多，不利于控制成形过程，从而影响制品的质量。

MIM技术对原料粉末的质量要求较高，理想的 MIM 粉末一般要求具有如下特征：适宜的粒度分布以保障高的粉末装载量；颗粒无团聚、无内部孔隙；为保证快速烧结，粒度最好小于 $20\mu m$；形状为球形或等轴形；足够的颗粒间摩擦以维持脱脂坯形状；无毒，表面清洁，不与黏结剂发生反应。粉末的流动性和保形性是一对矛盾的特性，一般流动性好的粉末保形性会不足，研究者尝试使用球形粉末与不规则粉末的混合粉末进行 MIM 以达到两者的平衡。

粉末注射成形是多种工艺、技术相结合而形成的一种新的零部件制造方式，是融合了塑料注射成形工艺、粉末冶金工艺、金属材料学、陶瓷材料学以及高分子学等一系列学科的一门新兴近净成形技术。对于批量生产尺寸小、精度高的零部件有着不可比拟的优势。许多零部件只有与 MIM 技术相结合才能实现最终的设计思路，进而促进了制造业朝新的方向迈进。

4.2　钛黏结剂体系研究

黏结剂是一种暂时存在的载体，它使粉末能够均匀填充型腔形成所需形状，并且保持这种形状直到烧结开始。因此，尽管黏结剂不决定最终的化学成分，但是它会直接影响工艺成功与否。不同的粉末注射成形工艺，所选用的黏结剂成分以及脱脂技术不同。黏结剂的设计会影响到粉末注射成形的各个方面，且其中有些方面是相互矛盾的，故而黏结剂成为各方面因素综合考虑的协调剂。

钛合金粉末注射成形所用的黏结剂基本为多组元体系，包括：填充剂是黏结剂的主体成分，降低黏度以提供喂料流动性；骨架剂，维持注射生坯脱脂后形状不发生变形；表面活性剂，改善黏结剂与粉末之间的相容性。黏结剂的关键作用是提供形成最终形状所需要的流动性，且注射完成后，黏结剂要在粉末颗粒加热至初始烧结温度前保证颗粒在成形坯体中不发生位移，即发挥提供流动和保持形状这两项基本功能。最后，再通过脱脂无残余去除黏结剂。

钛合金活性较高，在接近 400℃ 时容易发生碳化、氮化、氧化，生成碳化钛、氮化钛以及氧化钛等杂质相，降低了烧结致密度，恶化了材料的力学性能。在碳、氢、氧、氮等杂质中，控制氧含量通常比控制其他杂质元素更困难，氧含量对 Ti-6Al-4V 制件力学性能的影响如图 4-3 所示。随着氧含量的增加，钛合金的强度提高，但塑性显著恶化。因此，在选用黏结剂时除了要保证较高的粉末装载量外，还应保证无脱脂残余或低脱脂残余，以达到杂质含量的精确控制，保证产品质量。

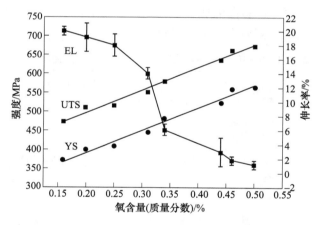

图 4-3 氧含量对 Ti-6Al-4V 制件力学性能的影响[9]

用于钛合金粉末注射成形技术的理想黏结剂是其可与粉末具有良好润湿性，并可制备成均匀的注射喂料以实现无缺陷注射成形，然后通过脱脂工艺将其从生坯中完全除去且不会与原料粉末发生任何反应。但是截至目前，如何开发出钛合金专用理想黏结剂，对于钛注射成形技术仍是一重大挑战。基于钛合金"天性亲氧"这种特性，在实际的工业生产中使用可在更低温度下脱除的黏结剂体系这一需求越发迫切。在研究初期，钛合金粉末注射成形所用的黏结剂大多沿用其他金属的黏结剂体系，而随着科研工作的深化，出现了水溶性、聚缩醛基等新型黏结剂。当前，粉末注射成形钛合金广泛应用的黏结剂体系包括热塑性的蜡基黏结剂和塑基黏结剂，以及环境友好型的水基黏结剂，以下章节将对这三种黏结剂分别展开介绍。

4.2.1　石蜡基黏结剂体系

蜡基黏结剂是一类研究最为深入的粉末注射成形钛合金黏结剂体系，常用的填充组分包括普通石蜡、蜂蜡、棕榈蜡、微晶蜡、聚乙二醇蜡等，它们的共同特点是分子量小、熔点低、润湿性好、黏度低，能够提高喂料的流变性能，使粉末喂料在压力作用下均匀填充于形状复杂的模腔；常用的骨架剂包括聚乙烯（PE）、聚丙烯（PP）、乙烯-醋酸乙烯共聚物（EVA）以及聚甲基丙烯酸甲酯（PMMA）等，见表 4-1；常用的表面活性剂主要是硬脂酸（SA）和油酸（OA）。20 世纪 80 年代，钛合金粉末注射成形使用与其他金属通用的热塑性/石蜡基黏结剂体系，例如 PW-PBMA-EVA-DBP，其中 PW 为石蜡，PBMA 为聚甲基丙烯酸正丁酯，DBP 为邻苯二甲酸二丁酯，但由于黏结剂脱除不彻底，杂质含量高，烧结密度有限，难以获得高质量的注射成形钛合金产品。随着研究的深入和对环保因素的考量，又发展出了含催化剂加速组分分解的聚缩醛基黏结剂和水溶性黏结剂体系等。目前低成本热塑性的石蜡基黏结剂是钛合金粉末注射成形的主流黏结剂之一，其研究一直在进行。

表 4-1　MIM-Ti 常用黏结剂、骨架剂组元的热力学性质

聚合物组元	结　构	热分解行为			
		热分解起始温度/℃	热分解结束温度/℃	分解原理	产物类型
高密度聚乙烯（HDPE）	$\begin{bmatrix} H_2 \\ C - C \\ H_2 \end{bmatrix}_n$	368	498	随机断链	烷烃、烯烃、少量单体
低密度聚乙烯（LDPE）	$\begin{bmatrix} H_2 \\ C - C \\ H_2 \end{bmatrix}_n$	355	467	随机断链	烷烃、烯烃、少量单体
聚丙烯（PP）	$\begin{bmatrix} H_2 \ H \\ C - C \\ CH_3 \end{bmatrix}_n$	304	420	随机断链	烷烃、烯烃、少量单体
聚苯乙烯（PS）	$\begin{bmatrix} H_2 \ H \\ C - C \end{bmatrix}_n$	236	426	随机断链	苯乙烯单体、二聚体及三聚体

聚合物组元	结　构	热分解行为			
		热分解起始温度/℃	热分解结束温度/℃	分解原理	产物类型
聚甲基丙烯酸甲酯（PMMA）		278	428	端链断裂	单体（约90%~100%）
乙烯—醋酸乙烯共聚物（EVA）		306	491	链式剥离	乙酸、1-丁烯、CO_2、CO、乙烯、甲烷
聚甲醛（POM）		180	395	端链断裂	甲醛单体

注：以上各聚合物的热分解温度都是通过热分析曲线（DTA-DSC）获得。

最早德国 GKSS 研究中心研究者[10]利用 32%（体积分数）的石蜡基黏结剂与气雾化 TiAl 粉末混合用于注射成形，喂料在 120℃ 混炼后，于 42MPa、90℃ 下注射成形，脱脂后分别在 10^{-9}MPa 的真空环境和 $3×10^{-2}$MPa 与 $9×10^{-2}$MPa 的氩气气氛中于 1360℃ 烧结保温 3.5h，随后经 200MPa、1300℃、2h 的热等静压（HIP）处理后，制得近 γ 组织的 TiAl 合金制品，其抗拉强度为 412MPa，屈服强度为 398MPa，伸长率为 0.45%。随后，该研究团队中其他学者[11]使用 60% PW+35%PE+5%SA（质量分数，下同）蜡基黏结剂与气雾化 Ti-6Al-4V 合金粉末均匀混合进行注射成形。实验结果表明，烧结温度、升温速率以及冷却速率对材料的抗拉强度影响较大，但对样品的延展性几乎没有影响。此外脱脂参数的变化对材料最终的抗拉强度影响也较小。基于这些发现，他们通过优化工艺参数，在烧结温度为 1350℃、升温速率为 5℃/min、冷却速率为 66℃/min 的条件下，成功制得抗拉强度为 861MPa，屈服强度为 757MPa，伸长率为 14.3%的 Ti-6Al-4V 合金制品。编者所在研究团队[12]用聚乙二醇（PEG）代替部分石蜡，为纯钛粉末注射成形开发了一种改进型蜡基黏结剂，所制材料的抗拉强度为 419MPa，伸长率为 4%，硬度为 23HRC，尺寸偏差为 ±0.04mm，具有良好的保形性。Friederici 等[13]通过调整 PW、LDPE 以及 SA 的比例，得到四种黏结剂配比，使用配比为 83%PW+15%LDPE+2%SA 的蜡基黏结剂与微米纯钛粉均匀混合后进行注射成形，最终制得的钛制品中碳、氧、氮含量分别为 0.04%、0.18%、

0.02%，相对致密度为 98.1%，具有优异的力学性能。Wang 等[14] 使用 60%PW+35%LDPE+5%SA 的蜡基黏结剂与 Ti-6Al-4V 合金粉末均匀混合后进行注射成形，在研究其流变特性时，发现随着混炼时间的增加，喂料黏度降低，而粉末装载量越高，则黏度越大。为了降低 MIM-Ti 合金的生产成本，解决钛合金在实际应用中这一巨大的掣肘因素，有研究者[15] 使用配比为 55%PW+35% LDPE+5%SA 的蜡基黏结剂与氢化钛粉末均匀混合，以 60% 的粉末装载量进行实验，先在 50℃ 正庚烷溶液中保温 2h 进行溶剂脱脂，后在 500℃ 下保温 1h 进行热脱脂以完全去除黏结剂的剩余组元，烧结样品的杂质元素含量及力学性能见表 4-2，达到了四级纯钛水平。该黏结剂体系使氢化钛粉末成功替代了粉末注射成形使用的纯钛粉，降低了生产成本。

表 4-2　MIM-Ti 杂质元素质量分数及其力学性能

质量分数	O /%	N /%	C /%	H /%	致密度 /%	屈服强度 /MPa	极限抗拉强度 /MPa	伸长率 /%
MIM-Ti	0.30	0.27	0.065	0.013	97.1	519	666	15
ASTM Ti grade 4	0.40	0.05	0.08	0.015	99.0	480	550	15

蜡基黏结剂体系在注射成形中占据着重要地位，但是由于蜡基黏结剂体系进行溶剂脱黏使用的有机溶剂脱脂效率低，坯体保形性差，制品残碳严重，为此研究者们在此基础上不断创新，又尝试开发新型黏结剂体系。

4.2.2　塑基黏结剂体系

塑基黏结剂的主要组分是聚甲醛（POM），1984 年由美国 Celanese Corp 公司首先将其应用于黏结剂体系，之后经德国 BASF 公司开发，成功去除了黏结剂体系中的蜡和小分子量组元。后期添加聚乙烯作为骨架剂，以维持高温脱脂阶段成形坯体的尺寸稳定性。目前，BASF 公司已经将塑基黏结剂商业化，并开发了对应的催化脱脂工艺，将其广泛应用于粉末注射成形，且已成功制备出钛及钛合金产品。钛合金粉末注射成形用塑基黏结剂的优势在于：（1）聚甲醛在酸催化脱除过程中始终处于固体状态，无液相产生，避免了因黏结剂成分沸腾引发的膨胀、裂纹等缺陷，变形较小，保形性好，尺寸精度高，适合连续自动化生产。（2）塑基黏结剂中，聚甲醛往往占据黏结剂体系很大比重，由于其分解温度较低（通常在 110℃ 左右），分解产物中碳、氢、氧等杂质元素含量可实现无残留脱除。（3）塑基黏结剂的脱脂速率很快，能够达到 10~20 倍于传统溶剂脱脂的速率，并且可用于较厚尺寸 10~15mm 的脱脂。（4）与蜡基黏结剂相比，塑基黏结剂的注射坯强度更高，后续的脱脂更方便、更便捷[16]。

虽然塑基黏结剂在生坯强度以及脱脂速率等方面显示出了超高的优越性，但是目前生产应用的 POM 黏度较大，使复杂几何形状零件成形较为困难。为了发挥塑基黏结剂的优势，扩大粉末注射成形钛合金的应用范围，推动实用化进程，不少学者就降低塑基黏结剂体系的黏度展开研究。有学者[17] 在制备钛合金专用塑基喂料时，发现加入乙烯-醋酸乙烯共聚物和硬脂酸锂可以有效降低体系的表观黏度。另有文献报道[18]，在塑基黏结剂中加入小分子量组元蜂蜡（WAX）或者用低结晶度的 POM 来降低体系的整体黏度，比如：加入 16%WAX 可使喂料黏度下降约 20%，但仍远小于预测值，且大量 WAX 的加入会使喂料产生两相分离等缺陷。为此进一步选用分子量为 24410g/mol 的低结晶度 POM 进行实验，测得其喂料黏度降低约 200 倍，证明了降低结晶度以降低黏度的可行性，具有显著的参考价值。

塑基黏结剂本身具有生坯强度高、脱脂效率快、适合复杂形状零件制造等特点，它的出现解决了传统蜡基黏结剂发展的瓶颈难题。目前钛合金塑基黏结剂体系大多沿用铁、镍等金属，然而钛合金本身化学性质活泼，极易与碳、氧等杂质元素反应，导致制件性能严重恶化。现阶段工业化应用的钛合金喂料大多进口于德国的 BASF 公司，且黏结剂配方处于技术封锁状态，因此自主设计新型国产化钛合金喂料迫在眉睫。

塑基黏结剂体系的填充剂组元为 POM，改善粉末和黏结剂相容性的表面活性剂组元为 SA，这两个组元基本确定。因此，设计开发新型塑基黏结剂的重点便是骨架剂的选择。骨架剂一般为高分子量的有机聚合物，用来维持主组元脱除后注射生坯的形状不发生塌陷、变形等缺陷。常用的骨架剂有 PE、HDPE、LDPE、PP、EVA、PMMA、PS、PVB 等。黏结剂体系要想发挥作用，多组元黏结剂必须要与钛合金粉末混炼成均匀喂料，这就要求黏结剂体系各组元必须相容，并在混炼温度下实现均匀共混。部分相容是聚合物-聚合物共混的前提，聚合物-聚合物相混有三种不同水平的相容性：第一种，热力学相容，聚合物可以形成分子水平的混合均相结构；第二种，聚合物链段能相容，热力学上部分相容；第三种，广义上的工艺相容性，以两种材料共混难易程度和混合物的稳定性而定，是微观上的非均相和宏观上的均相。在 MIM 混合中，如果两组分之间不相容，混合的黏结剂体系在宏观上会发生分离，例如钛合金粉末混炼后不能获得均匀的喂料，则注射过程中会发生两相分离，致使烧结后的样品出现尺寸收缩不均匀现象。最常用的判断聚合物之间相容性的参数为溶解度参数和 Huggins-Flory 相互作用参数。

4.2.3　水基黏结剂体系

前文所述的几种黏结剂使用的脱脂溶剂（如正庚烷）或黏结剂组元分解产物（如甲醛）都或多或少的对环境以及人体产生一定的危害，因此开发环境友好型的黏结剂体系就具有十分重要的意义。钛合金粉末注射成形现有的环境友好型黏结剂体系是以水作为脱脂溶剂，根据水在注射料制备过程中的不同作用将这类黏结剂分为凝胶基水基黏结剂和非凝胶基水基黏结剂两种。

非凝胶基水基黏结剂体系常用的聚合物为聚乙二醇，其流动性较好，价低易得。低分子量的聚乙二醇可在 60℃ 水中快速溶解以去除，该体系中常用的骨架剂是相对分子质量为 10000 的聚甲基丙烯酸甲酯。奥克兰大学 Cao 等[19~21] 在研究 PEG/PMMA 基黏结剂体系中 PEG 的最佳相对分子质量时以 1500、4000、10000 和 20000 四种分子量进行实验，通过研究喂料的流变特性以及脱脂行为，发现该黏结剂中 PEG 的最佳分子量为 10000。并在后续实验中通过加入一定量的结晶抑制剂聚乙烯吡咯烷酮（PVP），减少了 PEG/PMMA 黏结剂的空洞形核现象，发现在 PEG 中 PVP 的掺入量为 20%（质量分数）时可以获得平均致密度为 98%、伸长率为 9.5% 的钛合金样品，力学性能较为良好。

2018 年，Cao 等针对钛合金粉末注射成形水基黏结剂的研发有两项重要的报道。其一为研发了一种用于钛合金粉末注射成形的 PEG/PVB（聚乙烯醇缩丁醛）的新型黏结剂体系[22,23]，并通过大量优化试验表明，配方为 32%PEG+6%PVB+2%SA 在 60% 粉末装载量条件下制备的喂料具备低黏度、低活化能，以及低流动指数等优良的流变性能，能够使喂料均匀填充模具，在后续的溶剂脱脂于 35℃保温 4h 或者 40℃保温 3h 可获得更好的脱脂特性，降低了生产成本，充分表明该黏结剂体系适合于钛合金 MIM 工艺；其二为研发了一种配比为 73%PEG+20%PPC（碳酸丙烯酯）+5%PMMA+2%SA 新型四元共混黏结剂体系[23]，使用平均粒径小于 45μm 的气雾化钛粉，以 67% 粉末装载量进行实验，通过分析测试，发现黏结剂组元之间存在较大的相互作用，并通过对比实验论证了 PMMA 的加入会增强 PEG 与 PPC 相互作用力，从而使喂料具有优异的均匀性和流变特性，并保持较高的生坯强度，保证了后续热脱脂的尺寸稳定性，且真空热脱脂后，样品的氧含量为 0.17%，达到 ASTM F2989-13 标准一级水平。该实验结果突显了不同黏结剂聚合物组元相互作用的重要性，为后来的科研工作者进行新型黏结剂体系设计提供可行的研究依据。

凝胶基水基黏结剂大多数为天然物质，如纤维素、淀粉琼脂等。Tokura 等[24] 利用琼脂替代钛粉末注射成形中的聚合物黏结剂，研究了该黏结剂体系的热稳定性、注射喂料黏度。Metal Powder Report（MPR）[25] 报道了一种利用琼脂基黏结剂生产钛合金口腔种植体的研究，黏结剂由琼脂、水以及凝胶增强材料组成。Suzuki 等[26] 利用含有 4% 的琼脂（相对分子质量为 82500）黏结剂制备了致密度为 97.3% 的样品，其碳、氧含量分别为 0.33% 和 0.30%，屈服强度为 539MPa，伸长率为 10%，实验结果表明当使用高分子量琼脂时，凝胶强度增大，但是残余碳、氧含量较高，导致烧结件的烧结密度降低，拉伸强度和伸长率在一定程度上有所降低。

非凝胶基水基黏结剂的优点在于容易控制，脱脂设备成本相对较低，且黏结剂具有生物可降解性，对微生物无毒无害，但是脱脂后的废水处理增加了额外的费用；而凝胶基水基黏结剂大多为天然物质，比如纤维素、淀粉琼脂等，利用凝胶基水基黏结剂注射成形生产的最终产品尺寸控制较难，成分波动大，其应用范围比较窄，工艺条件和质量控制仍需进一步的研究和优化。

4.2.4 喂料的混炼和流变学行为

待钛合金粉末与所用黏结剂体系确认后，下一步工作便是均匀喂料的制备，即混炼过程。喂料的性质决定了注射成形钛合金产品的最终性能，因此混炼过程至关重要。人们普遍认为足够的混炼时间便可制得均匀喂料，但这也只是普通的经验认识。事实上喂料的混炼过程极为复杂，涉及黏结剂和粉末的加入方式、混炼温度、装置特性、混炼热力学和动力学等多种因素。目前混炼工艺仍然处于经验摸索阶段，因此建立合适的混炼工艺评价体系对后续 MIM 制件力学性能和尺寸精度控制极为关键。

4.2.4.1 钛合金粉末注射成形喂料的设计标准

钛合金粉末注射成形喂料表示的是钛合金粉末与黏结剂之间的一种平衡关系，两者之间适当的比例是决定以后注射成形一系列过程成败的关键。喂料的设计应考虑注射成形的难易以及对最终产品尺寸的控制要求，使用低分子量的黏结剂可以减少黏度，易于成形。黏结剂过多虽然可以降低喂料的黏度，但不能使钛合金粉末颗粒间充分接触，脱脂时变形严重，甚至导致塌陷。如果黏结剂太少，喂料的黏度高，容易生成孔隙，给注射带来困难，同时脱脂后孔隙会导致产品开裂。黏结剂加入的标准应该是使钛合金粉末颗粒间发生点接触，粉末颗粒在没有外界压力的情况下粘在一起，中间的空隙全部被黏结剂填充，而实际生产中 MIM 钛合金的最佳粉末装载量一般较临界粉末装载量低 2%~5%（体积分数）。装载量是评价喂料的一个重要指标，装载量 φ 一般是用固体粉末与总的粉末和黏结剂的体积比来表示，但工业上一般使用质量分数，如要获得体积比为 60% 的喂料（其中黏结剂密度和粉末的密度分别为 $1.0g/cm^3$ 和 $7.5g/cm^3$），换算成质量分数则需要 91.8% 的粉末和 8.2% 的黏结剂。

合格的钛合金注射喂料应该是粉末在黏结剂中均匀分布，不能有团聚或气孔存在。喂料的不均匀分布会导致黏性不一致，不利于成形和烧结。如果钛合金粉末颗粒小或是形状不规则（如低成本的氢化脱氢钛粉），则要适当延长混炼时间，以便达到均匀混合。但是随着混炼时间的增加，混合料的均匀性虽然增加，但污染也会随之加重，尤其对于易脏化的钛合金来说，严格控制混炼温度与时间尤为重要。

　　因此，钛合金粉末注射成形制备均匀喂料应做到以下几步：先加热黏结剂使其呈现流动胶体状态，然后将表面处理过的钛合金粉末（表面处理的目的在于钝化，隔绝高活性钛合金粉末与外界环境的接触，防止脏化、氧化等）加入熔化的黏结剂中进行混合，利用保温加压使液态黏结剂通过毛细作用进入钛合金粉末颗粒间隙中，在剪切力作用下，实现粉末颗粒间润滑和颗粒团聚体的分离，若存在一些坚硬的团聚颗粒不易用一般的剪切力破坏，此时可加入起分散作用的化学表面活性剂来提高分散效果。

4.2.4.2　表面活性剂对钛合金粉末注射成形喂料性能的影响

　　表面活性剂对钛合金粉末润湿性的好坏直接影响粉末的装载量和黏结剂与粉末间的结合强度。粉末的装载量对于喂料的流动性、合金烧结收缩率起决定作用，因而对于注射工艺、脱脂工艺和烧结工艺有着重大影响。而黏结剂与粉末间的结合强度对喂料的均匀性影响很大。

　　黄伯云等[28]在研究表面活性剂对 MIM 硬质合金黏结剂的影响时，以硬脂酸表面活性剂为变量，各组元的质量分数见表 4-3。其中 1 号为未加入硬脂酸的黏结剂，将其与 2 号加入 1%硬脂酸进行对照。采用粉末冶金技术制备合金板，经机加工后使得平面光滑，将熔化的黏结剂滴在圆片上来测量黏结剂与钛合金粉末的润湿角，结果如表 4-3 所示。

表 4-3　表面活性剂对黏结剂粉末润湿性能的影响

黏结剂	成分（质量分数）/%					润湿角/(°)
	PW	MW	EVA	HDPE	SA	
1 号	64	16	15	5	0	23
2 号	63	16	15	5	1	18

　　由表 4-3 可知，1 号黏结剂的润湿角为 23°，大于 2 号黏结剂的 18°。润湿角越小代表润湿性越好，故 2 号黏结剂的润湿性更佳，证实表面活性剂能够改善黏结剂对合金粉末的润湿性。这是由于未加表面活性剂时，黏结剂对粉末的润湿是依靠粉末的表面吸附作用，黏结剂难以均匀铺展在粉末表面，从而造成需要更多的黏结剂加入以保证在粉末表面形成完整的包覆层，但无疑增加了包覆层的厚度，降低了粉末的装载量。通过表面活性剂的加入，其分子链上不同亲和性的基团选择性地结合黏结剂和合金粉末。一般认为其极性端与无机粉末连接，非极性端与黏结剂连接，从而形成牢固的粉末与黏结剂界面搭桥，有效地减少了黏结剂的需求量，降低了喂料的黏度，提高了粉末装载量。

　　此外，刘春林等[29]以 Ti-6Al-4V 合金和聚甲醛基黏结剂（POM + WAX + HDPE）为原料，研究了表面活性剂对注射成形喂料相容性的影响。研究表明，不同类别的表面活性剂对 Ti-6Al-4V 合金粉末的润湿性不同，其中添加了乙撑双硬脂酸酰胺（EBS）表面活性剂的黏结剂与 Ti-6Al-4V 合金粉末的润湿角为37.6°，小于添加了硬脂酸表面活性剂的 52.7°，表明了添加了 EBS 的黏结剂对 Ti-6Al-4V 合金粉末的润湿性更好。不同的表面活性剂钛粉末的润湿性不同，因此，在实际实验以及生产中，工作者应根据实际粉末形貌、粒径、成分等因素选取合适的表面活性剂进行研究。

4.2.4.3　钛粉末注射成形混料过程

钛粉末注射成形喂料的混合是在剪切力和热效应的联合作用下完成的。混合时，第一步是要通过剪切力把团聚的钛粉末颗粒分散开，随着混合的不断进行，颗粒团聚的尺寸随着它的分解而减小。混合中，均匀度 H 随时间呈指数变化，如公式（4-1）所示：

$$H = H_0 + \alpha \exp(kt + C) \tag{4-1}$$

式中　H_0——初始混合物的均匀度；

　　　　t——混合时间；

　α，C，k——常数，与混合方式、粉末特性、粉末的团聚以及粉末的表面状况有关。

在混炼中，混合扭矩可以用来衡量混合的程度，它是由混合物对持续剪切的抵抗力与混炼时间之比来确定的。当钛粉末颗粒团聚分解、黏结剂在混合物中均匀分布，扭矩会减小并趋向稳定，故混料的均匀性可以由混合扭矩的变化表现出来。均匀的混合料扭矩比较小且变化不大，当钛合金粉末加入时，由于粉末是冷的，而且在黏结剂中分布不均，因此扭矩要增大。随后由于连续的剪切力，扭矩又达到了一个固定值，表明此时混料是均匀混合的。此后粉末不断加入，混炼扭矩也不断增大，扭矩值不稳定表明混合是不均匀的，一旦扭矩超过了临界值，混料就会处于不稳定状态。

在钛粉末注射成形工艺中常用的两种混炼方法分别是：将钛粉末和黏结剂干混后作为预混合料放入混料机中，或是将黏结剂在混料机中加热，然后将钛粉末分批加入熔化的黏结剂中。对于球形钛粉末，通常选用前一种混炼方法，而对于高活性的不规则钛粉末来说，一般选用第二种，以减少粉末暴露在空气中的时间，避免氧化。但当黏结剂的成分在室温下已经是熔融态的时候，干混是不可行的。在分批混炼时，后一种混炼方法更常用，黏结剂在加热条件下混合，首先应加入的是高熔点组元，随之降温，然后再加入低熔点组元，这样可以防止低熔点组元的气化或分解。分批加入钛粉末还可防止降温太快而导致扭矩急增，减少设备损伤。为了在粉末周围均匀涂覆一层黏结剂，还可将钛粉末直接加入高熔点组元中，再加入低熔点组分。

混炼时的温度选择也很重要，温度随混炼方式的不同而有所变化。对热塑性黏结剂来说，混炼是在中等温度下进行的，此时剪切力起主导作用。加热对降低喂料的黏性和消除混合物的屈服点也很重要。混炼温度太高，会造成黏结剂分解或者与钛粉末产生分离，这是因为高温降低了混合物的黏度，由于低黏度而产生的分离会导致喂料中密度分布不均匀。蜡基黏结剂 MIM 钛喂料的混炼温度一般在 165℃左右，混炼时间为 2h；塑基黏结剂 MIM 钛喂料的混炼温度为 180℃左右，混炼时间为 2h；水基黏结剂 MIM 钛喂料的混炼温度为 140℃左右，混炼时间为 1h。

4.2.4.4　钛粉末注射成形喂料均匀性评价

混合的目的是获得最佳的粉末装载量、密度、黏度和流动性等物理性能，以获得均匀性、成形性和形状保持能力良好的喂料。理想的钛粉末注射成形喂料是指喂料的各个部分都具有相同含量的粉末，同时这些粉末又具有相同的粒度分布。一般来说，在实际工业生产中，评定混合料的质量最需要考虑的便是混合料的均匀性。

评价钛粉末注射成形喂料的均匀性，可通过对注射喂料的各个部位分别进行抽样，通过测量其某一物理化学参数的变化进行数理统计来反映其均匀性。许多表征混合料均匀性的参数曾被提出来，其中包括测量混料过程中的扭矩、喂料的剪切模量、喂料的黏度、喂料的密度以及喂料的成分等。总的来说，一般常用的评估喂料均匀性的方法可以分为以下三种：

（1）测量喂料制备过程中混炼设备扭矩的变化来反映喂料均匀性。在混料过程中，随着大量团聚的钛粉末颗粒逐渐均匀分散到黏结剂之中，设备的扭矩逐渐降低，当扭矩降到最低且已趋于稳定时，可认为此时喂料已混合均匀。但采用此种方法评估喂料的均匀性，无法对均匀性指标进行量化，且无法比较不同喂料体系均匀性的高低。

（2）通过对注射喂料不同部位进行抽样，测量样品密度的变化，用样品密度的均方差来反映喂料的均匀性。

（3）通过对注射喂料不同部位进行抽样，测量样品黏度的变化，用样品黏度的均方差来反映喂料的均匀性。

相比于第一种方法，第二种和第三种评估方法对喂料的取样有比较严格的要求：测量喂料密度时所取的样品大概需要 10cm³，所以它反映的是钛粉末注射成形喂料宏观的均匀性。而测量喂料黏度时，由于采用的是毛细管流变仪，只需取 0.1cm² 的样品即可。因此可认为它反映了钛粉末注射成形喂料的微观均匀性，测量喂料密度或黏度的均方差可以采用如下公式：

$$\delta = \frac{1}{n} \sum_{i=1}^{n} (\bar{Y} - Y_i)^{1/2} \tag{4-2}$$

式中　　δ——均方差；

$\bar{Y}$, Y_i——喂料抽样的平均密度和单个抽样测量值（或平均黏度和单个抽样的

测量值);

n ——抽样总数。

为更为直观地衡量钛粉末注射成形喂料的均匀性,可采用"喂料均匀度指数 M"来表示,M 的具体表达式如下所示:

$$M = \frac{S_0^2 - S^2}{S_0^2 - S_r^2} \tag{4-3}$$

式中 S^2——样品间粉末含量的方差;

S_r^2——均匀混合的随机样品中粉末含量的方差;

S_0^2——混合前喂料样品中粉末含量的方差;

M——表征混合料均匀度的参数,在 0~1.0 之间变化。

通过测量多个样品,采用统计技术,可以得到表征喂料混合均匀程度的真实方差,测量的精确性与用来计算方差的样品数量的平方根变化相关。首先黏结剂与粉末体系是完全分离的,它们的方差为

$$S_0^2 = X_p(1 - X_p) \tag{4-4}$$

式中 X_p——粉末的理论装载量。

对于一个充分混合的随机抽取的样品来说,最终的方差应该接近于 0:

$$S_r^2 = 0 \tag{4-5}$$

因此,式(4-3)可化解为

$$M = 1 - \frac{S^2}{S_0^2} \tag{4-6}$$

粉末粒度分布会影响钛粉末注射成形喂料的表观质量,因此应特别注意大颗粒对混合料表观均匀度的影响。一般而言,喂料的均匀性在混合过程中会迅速提高,但在黏结剂黏度低且粉末粒度分布较宽的情况下会因发生偏聚而造成均匀性下降。对混合料质量的评价经过大量细致的研究后,可以看出混合良好的喂料具有较好的假塑性流体行为,避免喂料黏度大且不稳定。通过对粉末与黏结剂所制的混合料中粉末大小分布不均匀的分析,即利用随机数产生器随机选出样品,样品之间的差异可以提供喂料混合质量评估的依据,而样品分析的准确程度跟混合料样品大小是有关系的。选择大样品可分析出颗粒大小偏聚的程度,小样品中含有太少的粉末,难以得到有用的数据。

4.2.4.5 钛粉末注射成形喂料流变学行为

钛粉末注射成形喂料和一般金属及陶瓷粉末喂料要求并没有明显区别,喂料是一种粉末颗粒与黏结剂的悬浮分散体系,其黏结剂一般为多组元体系,要由一种低熔点、低分子量的主要组分和一种高熔点、高分子量聚合物的骨架剂和少量表面活性物质构成,且黏结剂熔体通常呈假塑性流体特征,在一定温度下,随着剪切速率的增加,其黏度值下降。

关于悬浮分散系的黏度计算可以采用 Einstein 黏度定律，在该理论中，假设体系是一个极稀的刚性分散系，球面与液体之间没有滑动，流体为不可压缩的牛顿流体，并且假定颗粒尺寸比溶剂分子大得多，介质可视为连续介质。颗粒尺寸与黏度计尺寸相比小得多，可以忽略壁面的影响。Einstein 认为具有一定动能的流体，在经过一段距离的流动后，因黏性力的作用而产生能量耗散。通过考虑球形颗粒对能量耗散的影响，得出相对黏度，即分散系黏度与介质黏度之比与固体粉末的体积分数（φ）之间有如下关系：

$$\eta_r = \eta / \eta_0 = \left(1 + \frac{\varphi}{2}\right)(1 + \varphi + \varphi^2 + \cdots)^2 \qquad (4\text{-}7)$$

经整理并可近似写为

$$\eta_r = 1 + 2.5\varphi \qquad (4\text{-}8)$$

大量的实验研究证明，Einstein 黏度定律式仅适用于 $\varphi < 15\%$ 的粉末分散系。当 $\varphi > 15\%$ 时，式（4-8）将会发生较大的偏差，粉末注射成形涉及的分散系 φ 均在 50% 以上。对于这样的体系，虽然理论的研究还在继续，但进展不大。因此，流变学家把更多的精力放在有关经验、半经验-半理论关系的研究上。

由于金属粉末注射成形流变学的问题主要为黏度的评价表征问题，所以通过确定喂料黏度的影响因素就可以确定喂料的流变学特性，前面所讨论的黏度定律公式是围绕着黏度与粉末装载量之间的关系展开的。除粉末装载量之外，另一个影响喂料黏度的重要因素就是介质特性。对于粉末注射成形喂料，介质通常为剪切稀化的非牛顿流体。黏度与剪切速率的关系原则上符合幂律流体定律：

$$\eta = k\,\gamma^{n-1} \qquad (4\text{-}9)$$

式中　k——常数；

　　　n——幂律指数。

造成粉末注射成形喂料产生剪切稀化的原因是固体粉末颗粒的有序化和黏结剂分子的平直化。n 值的大小代表了黏结剂对剪切速率的敏感程度，n 值越大表明黏结剂黏度随剪切速率的变化速度越慢，注射喂料流动变形的稳定性较好。但 n 值太大则没有足够的剪切稀化效果，无法顺利完成注射成形过程。

除剪切速率外，另一个影响黏结剂黏度的重要因素是温度。热塑性的黏结剂具有随温度升高体系黏度降低的特征。因为温度升高，一方面黏结剂分子平直化，另一方面黏结剂分子之间的相互排斥力增加，固体粉末颗粒的存在将加快黏度随温度升高而降低的速度。由于温度的影响是一个热激活过程，分散系黏度与温度的依存关系可以表述为

$$\eta = \eta_0 \exp \frac{E}{RT} \qquad (4\text{-}10)$$

式中　E——黏流活化能，kJ/mol；

R——气体摩尔常数，8.314J/(mol·K)；

T——温度，K；

η_0——参考黏度，Pa·s。

E 值的大小表征了黏结剂黏度对温度的敏感性，E 值越小表明黏度对温度变化越不敏感。对粉末注射成形喂料来说，这一点非常重要，因为喂料进入模腔会产生较大的温度变化，如果黏度变化太大，则必然会引起应力集中、开裂、变形等一系列缺陷，因此选择较小 E 值的喂料对于粉末注射成形技术来说十分有利。另外，较小 E 值的粉末注射成形喂料还存在另外一个优势：在注射成形后期，可以适当提高保压的压力，以确保形成无收缩、无缺陷的坯体。压力的升高，必然会引起温度的升高，如果黏度对温度不敏感，那么获得制品的质量对温度和压力不敏感，这对于注射成形过程稳定化控制而言是非常有利的。

前述的黏度表达式中，各参数都有特殊的意义，但都不足以完整表达钛粉末注射成形喂料流变性能的优劣。Weir 提出采用模塑性指数 α_{STV} 来综合评价粉末注射成形喂料的流变性能。这个指数包括了喂料黏度、黏度对温度的敏感性和黏度对剪切速率的敏感性这几个流变学主要参数，称为喂料综合流变学因子，公式为

$$\alpha_{STV} = \frac{1}{\eta_0} \times \frac{\left| \dfrac{\partial \lg \eta}{\partial \lg \gamma} \right|}{\dfrac{\partial \lg \eta}{\partial 1/T}} = \frac{1}{\eta_0} \times \frac{|n-1|}{E/R} \tag{4-11}$$

式中　η——喂料的黏度，Pa·s；

η_0——参考黏度（给定剪切速率），Pa·s；

T——绝对温度，K；

γ——剪切速率，s^{-1}；

E——黏流活化能，kJ/mol；

n——流动行为指数；

R——气体摩尔常数，8.314J/(mol·K)。

在粉末注射成形工艺中，对流体要求黏度小，应变敏感性因子小，黏流活化能小，显然，式（4-11）中的 α_{STV} 值越大，粉末注射成形喂料的综合流变学性能越好。这样，通过综合流变学因子的比较，就能预测和评价粉末注射成形喂料在注射成形过程中的流变学行为，指导注射成形模具设计及工艺参数的设定。

以编者所在研究团队 Ti-6Al-4V 粉末制备的塑基注射成形喂料体系为例，讨论分析其流变学行为。所用原料粉末为 Ti-6Al-4V 粉末（−500 目，球形），黏结剂组元包括聚甲醛（POM）、高密度聚乙烯（HDPE）、乙烯-醋酸乙烯酯（EVA）、微晶蜡（CW）、硬脂酸（SA）。黏结剂及其组成见表4-4。混炼在 ZH-1 型捏合机中进行，将雾化 Ti-6Al-4V 粉末与黏结剂进行混合，混炼温度为 180℃，混炼时间

为 120min，捏合机转速为 30r/min。将喂料进行造粒，然后在 CJ-ZZ50 型卧式注射成形机上注射得到所需形状的预成形坯。随后在 STZ-E 型催化脱脂炉中脱除黏结剂，脱脂温度为 100~125℃，脱脂时间为 6~10h，进酸速率为 1.0~1.5g/min。喂料黏度的测量在 XLY-Ⅱ型毛细流变分析仪上进行，毛细管直径为 1.27mm，长度为 76.2mm，$L/D=60$。

表 4-4　黏结剂组成

编号	POM	HDPE	EVA	CW	SA
F1	87	5	3	0	5
F2	85	5	5	3	2
F3	85	5	2	3	5

图 4-4 为 3 种不同喂料的粉末装载量对喂料密度变化曲线，从图中可以看出粉末装载量较低时，3 种喂料密度变化趋势较为一致。当粉末装载量升高至一定程度后，喂料密度突然转折呈现下降趋势，这个转折点即为喂料临界粉末装载量。3 种喂料的临界装载量（体积分数）分别为 63%（F1），66%（F2）和 68%（F3）。在实际操作中，由于模具设计不同，一般认为最佳固体粉末装载量比临界粉末装载量低 2%~5%，因此 3 种黏结剂装载量（体积分数）分别选择 60%（F1）、63%（F2）和 65%（F3）进行后续实验。

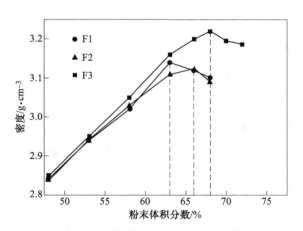

图 4-4　不同粉末装载量对 Ti-6Ai-V 合金粉末喂料密度的影响

图 4-5 为不同喂料黏度与剪切速率的双对数曲线，经过线性拟合，根据斜率计算可以得到各注射成形喂料的 n 值，各喂料的 n 值见表 4-5。从图 4-5 可以看出 3 种喂料均表现出假塑性流体的剪切稀化特性，黏度随着剪切速率升高而降低，

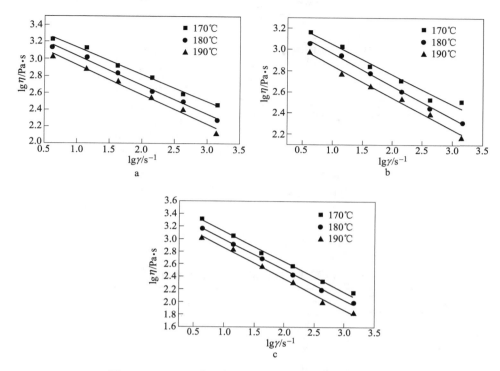

图 4-5 Ti-6Al-V 合金粉末喂料黏度与剪切速率的关系

a—F1 喂料；b—F2 喂料；c—F3 喂料

表 4-5 不同温度下喂料流动行为指数

温度/℃	n 值		
	F1	F2	F3
170	0.68	0.725	0.517
180	0.66	0.695	0.521
190	0.65	0.7	0.506

可满足注射成形要求。n 值的大小表明剪切稀化效果以及流体对剪切作用的敏感程度。由表 4-6 中 3 种喂料的 n 值对比发现，F3 喂料在所有温度下 n 值较小，根据工程经验更适合于注射成形。

图 4-6 为喂料剪切速率在 1412/s 下的不同喂料黏度与温度的双对数曲线，计算得到的 E 值见表 4-6。E 值越小，说明温度变化对喂料黏度值影响越小，喂料的注射温度范围宽，这对注射成形更有利。因为喂料进入模腔后黏度变化小，可避免试样因应力集中而导致内部开裂、变形，即降低了温度波动对注射坯质量的影响。F3 黏结剂 E 值最小，表明其更适合进行注射成形。

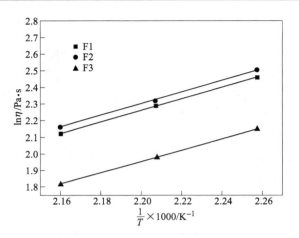

图 4-6　喂料黏度与温度的关系

表 4-6　喂料在剪切速率为 1412/s 下的 E 值

温度/℃	F1	F2	F3
$E/\mathrm{kg \cdot mol^{-1}}$	28.98	29.02	28.18
$\ln\eta_0$	−5.41	−5.38	−5.50
E/R	3.486	3.49	3.39

　　根据式（4-11），在温度为 180℃，参考剪切速率为 1412/s 下，由表 4-6 中数据计算得到 F1、F2、F3 的 α_{STV} 值分别为 5、4.2、14.9。可知 F3 喂料的综合流变学因子最大，黏结剂所得喂料的综合流变性能最好。

4.3　钛注射坯脱脂技术研究

　　将喂料在注射机上注射成所需产品形状后，注射坯在烧结之前必须通过脱脂技术将其中的载体，即黏结剂从钛粉末颗粒中除去，否则将会造成变形、开裂、塌陷以及成分污染等缺陷，且这些缺陷无法通过后续工艺消除。

　　钛粉末注射成形的脱脂行为是指利用物理或者化学方法将注射成形坯体中的黏结剂组元分阶段去除，每一阶段只脱除黏结剂中的一种或两种组分，这种渐进式的过程可以保持生坯形状，避免样品塌陷以及减少碳、氧残留等问题。脱脂是一个精细复杂且耗时较长的过程，因为不仅要使黏结剂无残余的从坯体中脱除，还需要保持产品形状不发生变形。几种主要脱脂机制包括：利用黏结剂随温度变化而发生物态变化，即受热分解成气态、液态物质而脱脂；利用黏结剂在溶剂中具有一定的溶解度可以采用溶剂脱脂；利用黏结剂与气态物质反应生成气态或者液态产物可采用特种物质作催化剂进行催化脱脂；此外，还可根据不同的黏结剂体系利用以上几种脱脂方法进行组合而形成两步脱脂或多步脱脂工艺。

脱脂是粉末注射成形工艺过程中耗时最长，但最关键也是最难控制的一个工序，对最终产品的性能影响重大。从工艺控制的角度来看，脱脂时间应尽可能短且无缺陷或少缺陷，碳、氧含量应保持在特定的范围之内。根据黏结剂体系的不同出现了多种类型脱脂方法，现阶段广泛应用的脱脂方法有热脱脂、催化脱脂、溶剂脱脂等。

4.3.1 热脱脂过程及机理

就粉末注射成形钛所用黏结剂的热脱脂而言，其脱除过程通常可以分为两个最基本的过程：一方面是黏结剂的热分解，这是一个化学反应过程；另一方面是黏结剂分解产生的气体传输到坯体表面进入外部气氛，这是一个物理的传热、传质过程。一般 MIM 钛黏结剂中各种组元的热分解和在坯体内传输的过程和机制均有所不同，理想情况下要求各组元快速有序地从注射生坯中脱除。钛注射坯的热脱脂过程可分为 3 个阶段：（1）初始阶段，主要指初始孔隙的形成和钛粉末颗粒在黏结剂毛细管力作用下产生的颗粒重排；（2）中间阶段，主要指钛粉末坯体内连通孔隙通道的产生及连通孔隙通道形成后剩余黏结剂组元的脱除；（3）最终阶段，黏结剂完全脱除后钛粉末颗粒之间发生点接触实现预烧结[5,7]。

如图 4-7 所示，粉末注射成形生坯为钛粉末/蜡基黏结剂两相体系，粉末之间的空隙被连续的黏结剂相填充。黏结剂通过一系列的物理化学过程从坯体中逸出，而坯体内的粉末颗粒则形成连通孔隙通道环绕的粉末堆积结构。

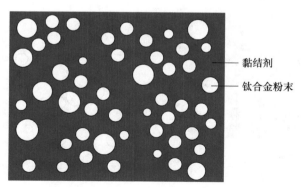

图 4-7 钛合金注射成形坯粉末/黏结剂两相结构[2]

钛注射坯中黏结剂的脱除过程包含多种物理化学现象，包括黏结剂在毛细管力作用下的流动和在坯体内的重新分布；黏结剂组元的蒸发或热分解；黏结剂的低分子量组元在高分子量组元中的液相扩散；黏结剂蒸发或热分解产生的气态物质通过坯体内连通孔隙传输到坯体表面并被外部气氛带走等，同时坯体内孔隙逐渐被打开并最终形成连通孔隙通道。不同的物理化学现象由不同的动力学控制，任何进行最慢的步骤成为整个黏结剂脱除过程的动力学控制因素；而在黏结剂脱除过程中的不同阶段，动力学控制因素可能会由某一步骤变为另一步骤，从而使得问题更加复杂化。

　　很明显，不同黏结剂体系、不同类型粉末原料、不同尺寸试样都会形成不同的脱脂速率，即不同的动力学控制步骤。但是无论何种黏结剂体系、何种粉末堆积结构、何种尺寸的试样，黏结剂脱除过程都是坯体内起初被黏结剂填满的孔隙逐渐被打开的过程。黏结剂脱除到一定程度时，将在整个坯体内形成连通孔隙通道，这一阶段脱除的黏结剂一般为低分子量组元。剩余的黏结剂低分子量组元和高分子量组元将在后续的加热过程中继续脱除直至完全被除去。图 4-8 为热脱脂过程中两组元黏结剂脱除模型的示意图。

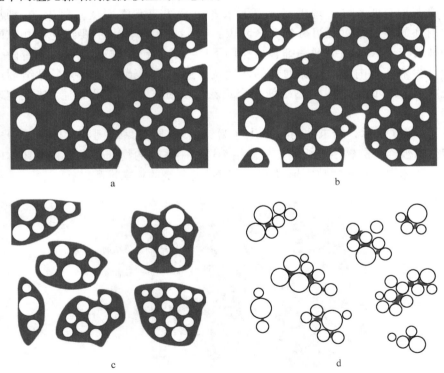

图 4-8　两组元黏结剂脱除模型[5]

a—初始阶段；b—连通孔隙形成；c—低熔点组元脱除；d—高熔点组元脱除

以一组钛合金典型的多组元蜡基黏结剂为例，它由主组元石蜡（低分子量、低熔点组元记为 A）（65%）、次级组分高密度聚乙烯和聚丙烯（较高分子量、较高熔点组元记为 B）（35%）以及少量表面活性剂硬脂酸组成。由于表面活性剂一般只占黏结剂的 1%~2%，一般可忽略其影响。图 4-9 所示为对应的典型的脱脂升温规程，$0a$ 段为从室温升至第一个保温区，ab 段为对应脱除低分子量、低熔点的主组分（一般低熔点的表面活性剂也会在这一阶段开始脱除）。随后升温至 c 点，开始 cd 段保温，对应为脱除较高分子量、较高熔点的次级组分。最后快速升温至 e 点，开始 ef 段保温，进行钛合金注射生坯的预烧结，然后冷却得到有一定搬运强度的预烧结坯体。$0a$、bc 段的升温速率和 ab、cd 段的保温温度和时间会取决于具体的黏结剂组元成分和含量。

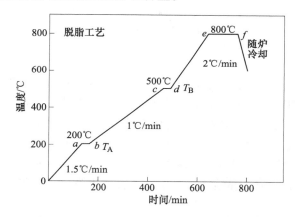

图 4-9　钛粉末注射成形典型热脱脂升温规程

4.3.1.1　热脱脂初始阶段

下面来具体分析升温规程中各段对应的黏结剂脱除过程。在热脱脂初始阶段，首先是 $0a$ 段，该段升温至 T_A，此时只有低分子量、低熔点的石蜡和硬脂酸发生蒸发并从坯体中脱除，而骨架剂则不发生热分解，仍稳定存在于坯体中。T_A 温度点的选取需要根据具体黏结剂体系的 DSC-TG 曲线确定。因为若 T_A 太低，则黏结剂脱除速度太慢，影响生产效率。若 T_A 太高，则次级组分已开始发生热分解，不能达到分步脱除的目的。选定 T_A 温度点后还要确定 $0a$ 段的升温速率。一般 $0a$ 段采用较低的升温速率，如 1℃/min。图 4-10 为本例中采用蜡基黏结剂体系所制喂料的 DSC-TG 曲线，根据其熔化与分解温度，选择 T_A 为 200℃，由于钛合金性能受氧含量影响较大，需要保持中等升温速率来适当缩短脱脂时间，且因本例中钛合金制品形状较为简单，因此 $0a$ 段升温速率采用 1.5℃/min。

A　钛注射坯初始表面孔隙的形成及原因

假设黏结剂脱除首先从 a 点保温开始才发生，来看一下 ab 段黏结剂脱除的情况。如图 4-8a 所示，为黏结剂脱除的起始状态。此时由于坯体表面温度最高，

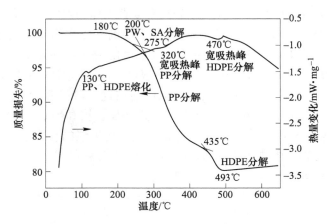

图 4-10　喂料的 DSC-TG 曲线

其 v_A 主要组分的蒸气产生速度最快，此时 A 从坯体表面或接近坯料表面的区域首先脱除，于是在坯料表面区域内最先出现一些细小的毛细孔。

脱脂开始前，粉末间的空隙被黏结剂填充，当温度升高时，黏结剂开始熔化，达到一定温度时，各组元均发生熔化，其中石蜡已开始汽化。由于脱脂坯表面有许多钛粉末颗粒，微观上并非平面，而钛粉末粒径并不均一，所以粉末之间会形成大小不一的孔隙。黏结剂填充期间，会产生类似于毛细管的现象。根据开尔文公式，有：

$$RT\ln\frac{p'}{p_0} = \frac{2\gamma M}{\rho r} \tag{4-12}$$

式中　R——气体摩尔常数，8.314J/(K·mol)；

　　　T——温度，K；

　　　p'——空隙处蒸气压，Pa；

　　　p_0——平面处蒸气压，Pa；

　　　γ——液体表面张力，N/m；

　　　M——液体的摩尔质量，kg/mol；

　　　ρ——液体的密度，kg/m³；

　　　r——孔隙半径，m。

在一定温度下，R、T、p_0、γ、M、ρ、r 均为常数。

若黏结剂在空隙处为凹液面，则根据此公式，r 为负值，小孔隙处蒸气压较大，大孔隙处蒸气压较小。在一定温度下，大孔隙尚未达到饱和的蒸气而对小孔隙处却可能达到饱和，因此在小孔隙处凝结为液体，使小空隙处液面变成凸液面。此时，r 为正值，小孔隙处曲率半径较小，根据式（4-12），此处蒸气压将变大，因而黏结剂将优先在小孔隙处挥发。若黏结剂在孔隙处为凸液面，则 r 一开始就为正值，黏结剂也是优先在小孔隙处挥发。由于黏结剂的脱除，小孔隙处会形成真正的孔洞，这就是热脱脂时表面微小开孔的形成机理。

B 黏结剂流动和钛粉末颗粒重排

微小开孔形成以后，在毛细管力的作用下，内部熔化状态的黏结剂将被吸出。根据毛细管力的计算公式：

$$p_s = \frac{2\gamma}{r} \tag{4-13}$$

式中 p_s——毛细管承受的附加压力，Pa；

γ——液体表面张力，N/m；

r——孔隙半径，m。

当黏结剂呈流体分布在钛粉末之间时，根据式（4-13），小孔隙处吸力较大，较大孔隙处的黏结剂将被吸至小孔隙处。根据脱脂微小开孔形成机理，表面形成非常细小的孔洞，由于毛细管力的作用，坯体内部的黏结剂将被吸至表面，从而形成初始孔隙。初始孔隙形成的同时，坯体内部粒径较小的钛粉末也随着黏结剂的流动而被带到坯体外表面。

4.3.1.2 热脱脂中间阶段

如前所述，由于毛细管力的差别，这些表面细小的毛细孔将钛注射坯内部较大空隙内填充的黏结剂吸至这些较小的毛细孔中以补充减少的黏结剂。M. J. Cima 采用实验方法在 PVB-DBP 黏结剂体系中观察到了这一现象。这样，由于主要组分 A 的不断脱除，表面细小的毛细孔中骨架剂 B 的含量不断增高，不断产生的 A 蒸气需要通过熔体 B 扩散至黏结剂-外部气氛界面才能进一步脱除。随着这一过程的进行，A 蒸气不断地产生和脱除而导致离坯体表面较远的区域也开始出现细小的毛细孔。这些毛细孔起着类似最初坯料表面毛细孔相同的作用，此时 A 蒸气只需要扩散至毛细孔的内表面就能进入气氛中，即黏结剂-外部气氛界面转移到了坯体内部。这样，孔隙的生成不断向内部推进，沿着坯体内较大孔隙的路径，形成连通孔隙，这就是孔隙不断生成的阶段，如图 4-8b 所示。

在这个孔隙不断生成的阶段，黏结剂的脱除可以分为下面几个步骤：（1）主组元 A 蒸发生成 A 蒸气并溶解于聚合物中；（2）A 蒸气在骨架剂聚合物熔体 B 中扩散至孔隙内表面，即黏结剂外部气氛界面；（3）A 蒸气从已打开的孔隙通道中传输至坯体表面；（4）A 蒸气被外部气氛带走。这几个步骤中反应速度最慢的为控制步骤，其对应的动力学方程为整个黏结剂脱除的动力学控制因素。

接下来对各反应步骤的动力学控制方程进行分析。

在第（1）步中，主要组分 A 蒸发生成 A 蒸气并溶解于聚合物中。由于 A 转成其蒸气为一级反应，速度很快，不构成控制因素。因为若 A 的蒸发为控制因素，则脱脂动力学只取决于 A 的蒸发反应速率，这与事实不相符。

在第（4）步中，A 蒸气被外部气氛带走。这一步骤由于外部气氛的不断流动也不构成控制因素，Calvert 也得出了相似的结论。

我们重点分析第（2）和第（3）步骤的情况。对于第（2）步骤，根据 Fick 定律：

$$J = -\frac{D_{\mathrm{eff}}\Delta C}{L} \tag{4-14}$$

式中　J——扩散通量，$\mathrm{kg/(m^2 \cdot s)}$；

　　　D_{eff}——成形坯中 A 蒸气在聚合物熔体中的有效扩散系数，$\mathrm{m^2/s}$；

　　　ΔC——浓度梯度，ΔC 对应为 T_{A} 温度下 A 蒸气在坯体中的起始浓度，$\mathrm{kg/m^3}$；

　　　L——扩散距离，m。

$$D_{\mathrm{eff}} = \frac{D_{\mathrm{A}}(1-\varphi)}{\tau} = \frac{D_0 \exp\left(-\dfrac{Q}{RT}\right)(1-\varphi)}{\tau} \tag{4-15}$$

式中　D_{A}——A 在 B 熔体中的实际扩散系数，$\mathrm{m^2/s}$；

　　　D_0——A 在 B 熔体中的初始扩散系数，$\mathrm{m^2/s}$；

　　　Q——活化能，$\mathrm{J/mol}$；

　　　R——气体摩尔常数，$8.314\mathrm{J/(K \cdot mol)}$；

　　　φ——粉末体积含量，%；

　　　τ——孔隙曲折因子。

将式（4-15）代入式（4-14），得

$$J = \frac{D_{\mathrm{A}}\Delta C(1-\varphi)}{\tau L} = -\frac{D_0 \exp\left(-\dfrac{Q}{RT}\right)\Delta C(1-\varphi)}{\tau L} \tag{4-16}$$

扩散距离 L 最开始表示孔隙到坯体表面的距离，随着孔隙的不断生成和向坯体内部扩展，到坯体表面的距离不断增加，扩散距离 L 最终转变为正在形成的相邻两个孔隙之间的距离。扩散距离 L 约为几个粉末颗粒直径的大小，Angermann 提出式（4-17），即：

$$L \propto d^{\frac{1}{2}} \tag{4-17}$$

式中　d——钛粉末颗粒直径，m。

显然，L 与粉末颗粒直径的平方根成正比。这样，对于单一粉末粒度和不同粉末粒度组成的粉末堆积系统，扩散距离 L 不同。粉末平均粒度越大，扩散距离越大。从式（4-16）中可以看到，扩散通量与 D_{A}、ΔC 成正比，而与 φ、τ、L 成反比，即粉末注射成形钛坯体中 A 的起始浓度越高、粉末含量越小、孔隙曲折因子越小、粉末粒度越大，A 在 B 熔体中的扩散越容易。从式（4-17）中可以看到，在这一步骤中，扩散通量此时与钛注射坯体的厚度没有关系，也就是说如果这一步骤是整个脱脂过程的控制步骤的话，钛粉末注射成形坯体的厚度将不是一个影响因素。

对于第（3）步骤，A 蒸气从已打开的孔隙通道中的传输方式可以分为扩散方式和渗透方式两种。它可根据 A 蒸气的分子平均自由程与孔隙半径大小的比较而定。若 $\delta > 10r$，则为扩散传输方式；若 $\delta < 0.1r$，则为渗透传输方式；居中则由扩散和渗透共同控制。

$$r = 0.306Ed \tag{4-18}$$

式中　r——孔隙半径，m；

　　　E——孔隙率，%；

　　　d——钛合金粉末颗粒半径，m。

对于一般的粉末注射成形钛合金注射坯体，黏结剂蒸发或热分解气体在孔隙通道内的传输以渗透方式为主。对于渗透情况，可以根据 Darcy 方程判断：

$$U = \frac{B}{Gp} \times \frac{p^2 - p_0^2}{2L} \times S \tag{4-19}$$

式中　U——渗透通量，m^3/s；

　　　B——渗透率，m^2；

　　　G——气体黏度，$Pa \cdot s$；

　　　p——黏结剂-外部气氛处压力，Pa；

　　　p_0——坯体表面外部气氛压力，Pa；

　　　L——黏结剂-外部气氛界面至表面距离，m；

　　　S——注射成形坯体面积，m^2。

p 可以认为是与黏结剂中溶解的 A 相平衡的蒸气压，B 可用式（4-20）表示，即

$$B = \frac{E^4 d^2}{90 (1 - E)^2} \tag{4-20}$$

式中　E——孔隙率，%；

　　　d——钛合金粉末颗粒直径，m。

故而有：

$$U = \frac{E^4}{90 (1 - E)^2} \times \frac{d^2}{Gp} \times \frac{p^2 - p_0^2}{2L} \times S \tag{4-21}$$

$$E = (1 - \varphi)(1 - h)$$

式中　h——黏结剂剩余质量分数，%。

从式（4-19）中可以看到，渗透通量与粉末粒度、黏结剂-外部气氛处压力、坯体表面积成正比，而与 A 蒸气的黏度、黏结剂-外部气氛界面至表面距离成反

比，与孔隙率的关系也是成正比。黏结剂-外部气氛界面至表面距离的最大值为坯料厚度的1/2，所以渗透通量会随着钛粉末粒度的增加、黏结剂-外部气氛界面处压力的增加、孔隙率的增加、气体黏度的降低、坯体厚度的减小而上升。因此，若这一步骤为整个脱脂过程的控制步骤的话，钛粉末注射成形坯体的厚度将是一个主要参数。

　　这样，在孔隙不断生成的这一阶段，钛粉末注射成形坯体中黏结剂脱除的控制步骤就取决于第（2）步骤的扩散通量 J 和第（3）步骤的渗透通量 U 的大小。若 $J<U$，则 A 蒸气在 B 熔体中的扩散为动力学控制步骤，这一阶段的动力学过程与坯体厚度无关，意味着不同厚度大小的钛合金粉末注射成形坯体均可采用相同的工艺制度。若 $J>U$，则 A 蒸气在已打开的孔隙通道中的传输为动力学控制步骤，这一阶段的动力学过程与坯体厚度直接相关，不同厚度的钛粉末注射成形坯体则需采用不同的升温制度。

　　在黏结剂脱除的初期，黏结剂-外部气氛界面与坯体表面距离最短，A 蒸气在已打开的孔隙通道中传输很快，不属于动力学控制步骤，说明此时脱脂动力学过程与钛粉末注射成形坯体的厚度无关。随着脱脂的不断进行，黏结剂-外部气氛界面距坯体表面距离增大，其值最大为厚度的1/2，第（3）步骤渗透通量 U 不断减小。从实际生产中发现，脱脂动力学过程与钛粉末注射成形坯体的厚度有必然联系，尤其是厚度大于 10mm 的坯体，脱脂速度需大幅减小以避免缺陷产生。因此必然存在一个临界厚度 H_c，此时脱脂动力学控制步骤从 A 在 B 熔体中的扩散转为 A 蒸气在孔隙通道中的传输。

　　根据前面提到的计算 J 和 U 的公式分析，可知 $J=U$ 时扩散速度与渗透速度相同，据此可以推算出脱脂的临界厚度。由于 J、U 单位不统一，在数据处理时可经由如下计算过程获得临界厚度，即

$$J = \rho \frac{U}{S} \tag{4-22}$$

式中　ρ——脱除气体的密度，kg/m^3；

　　　S——注射成形坯体面积，m^2。

　　即可得

$$D_0 \exp\left(-\frac{Q}{RT}\right) \times \frac{\Delta C(1-\varphi)}{\tau L} = \frac{\rho E^4}{90(1-E)^2} \times \frac{d^2}{Gp} \times \frac{p^2 - p_0^2}{2L} \tag{4-23}$$

　　据此得出临界厚度的计算公式为

$$H_c = \frac{\tau L \rho E^4 d^2 (p^2 - p_0^2)}{180 D_0 \exp(-Q/RT) \Delta C(1-\varphi)(1-E)^2 Gp} \tag{4-24}$$

式中　H_c——临界厚度，m。

在钛粉末注射成形工艺中，对于确定的黏结剂体系，当钛粉末种类及含量都确定时，则 D_o、Q、T、ΔC、G、p、p_o、r、L、ρ 均为确定值，即临界厚度 H_c 为确定值。这样，如果能将坯体厚度限制在临界厚度 H_c 以下，则孔隙不断生成阶段的动力学取决于 A 在 B 熔体中的扩散，而与坯体厚度大小无关。此外，连通孔隙通道生成后 A 的继续脱除阶段动力学控制步骤将同样取决于 A 在 B 熔体中的扩散。当然，若坯体厚度超过临界厚度 H_c，则在孔隙不断生成阶段，当孔隙向坯体内部扩展到某一深度，A 在 B 熔体中的扩散和 A 蒸气在已打开的孔隙通道中的传输达到平衡，然后脱脂动力学控制步骤转化为 A 蒸气在已打开的孔隙通道中的传输。在连通孔隙通道生成后，脱脂的动力学控制步骤仍然为 A 蒸气在已打开的孔隙通道中的传输。

由此可以得出临界厚度的物理意义在于表征脱脂过程中动力学控制因素转变的临界点所对应的坯体理论厚度，它是确定粉末注射成形钛的一个本质物理特征。

根据"确定的黏结剂体系和确定的粉末体系，临界厚度 H_c 是一个确定值"这一理论指导，在实际生产中，我们可以针对不同厚度的产品采用不同的升温制度来保证快速脱脂而不产生缺陷和变形。临界厚度越大，意味着脱脂初始阶段升温速率可以较快，脱脂所需时间可以相对缩短。临界厚度越小，那么脱脂初始阶段必须缓慢升温，以免产生鼓泡、裂纹、变形等缺陷。生产实践中临界厚度越大，脱脂处理越容易进行。

在表征钛粉末注射成形坯体临界厚度的数学表达式中，可以看出，钛材料粉末体系、不同孔隙结构、保温温度及粉末装载量等均是影响临界厚度的关键因素。

A 钛粉末体系对临界厚度的影响

钛粉末粒径的大小直接决定了粉末之间黏结剂扩散或者传输通道的大小。粉末颗粒越大，颗粒之间的通道就越大，黏结剂脱除就越容易，从而使临界厚度变大。因此，在脱脂实践中，对于小颗粒的粉末体系，脱脂时的加热速度必须很慢，这样才不至于产生缺陷。但是，由于在加热条件下黏结剂发生软化，热脱脂时大颗粒粉末体系的升温速率同样不能够太快，以免生坯发生变形。

根据以上的脱脂机理分析表明，若只考虑脱脂过程，会发现采用较大粒径的钛粉末颗粒是十分有利的。但是当粉末粒径较大时，注射喂料的流动性将会降低，不利于注射成形过程的顺利进行。此外，较大颗粒的钛粉末表面能较低，烧结时颗粒之间不易于形成烧结颈，从而导致最终钛产品性能较差，变形严重。

B 不同孔隙结构对临界厚度的影响

通常认为脱除40%（体积分数）左右的黏结剂时会在钛粉末注射成形坯体中形成连通孔隙，脱脂量不同，生坯中的孔隙结构也不相同。

C　不同保温温度对临界厚度的影响

在其他条件相同的情况下，不同的保温温度，也可以影响到临界厚度。随着温度的升高，临界厚度不断减小。因此，对临界厚度的认定还取决于选定的脱脂温度。当坯体厚度小于临界厚度时，脱除主要组分时可以快速升温。温度越高，临界厚度越小，这表明对于较厚的钛粉末注射成形坯体，在脱脂初期必须缓慢升温，以避免裂纹、鼓泡等缺陷的产生。

D　不同粉末装载量对临界厚度的影响

临界厚度与粉末装载量成反比，装载量越高，临界厚度越小。钛粉末颗粒之间的黏结剂含量决定了其粉末之间黏结剂扩散或者传输通道的大小。装载量越小，钛粉末颗粒之间的通道就越大，黏结剂溢出速度越快，从而使临界厚度变大，与钛粉末粒径对脱脂行为的影响类似。在脱脂初期，小于临界厚度的坯体中扩散是控制步骤。因此，在脱脂实践中，对于较高装载量的粉末体系，脱脂时加热速度必须很低，这样才不至于产生缺陷。这并不是说装载量低的粉末体系在热脱脂时加热速度就可以很高，因为黏结剂同样会发生软化，加热过快会发生变形。采用较高装载量虽然初始阶段脱脂速度较低，但是高的装载量对烧结有利，不容易发生烧结变形，烧结后密度较高，力学性能较好。在钛粉末注射成形工艺中，规则的球形钛粉末装载量较高，而不规则的氢化脱氢钛粉末装载量一般较低，具体数值需要视粉末体系以及所用的黏结剂而定。

4.3.1.3　热脱脂最终阶段

黏结剂脱除完成后，经由 de 段升温至 ef 段（见图 4-9）进行预烧结，随后脱脂坯随炉冷却至室温，整个脱脂过程完成。此时，钛粉末颗粒堆积状态类似于松装粉末堆积，大部分钛粉末颗粒之间实现点接触形成烧结颈，坯件具有了一定的搬运强度。

4.3.2　溶剂脱脂过程及机理

溶剂脱脂是利用溶剂渗透到钛注射坯体内部，将坯体内黏结剂中可溶成分溶解出来的过程，通常适用于蜡基黏结剂体系。溶剂脱脂不能溶去全部的黏结剂，只是在溶解大部分黏结剂后，形成连通孔隙的网络，在后续的热脱脂中可缩短升温和保温时间，以达到减少整体脱脂时间的目的。溶剂脱脂是在低于黏结剂可溶组元软化点之下进行脱脂，可保证试样不变形。与热脱脂相比，溶剂脱脂是溶剂从生坯表面向内部扩散，溶解后没有体积的成倍增加，因此缺陷少，但长时间或较快的加热速度，也可能因过分溶胀而导致试样变形或开裂[30~32]。

钛粉末注射成形坯体的脱脂溶剂一般选择单一溶剂，为缩短脱脂时间，需对各种溶剂溶解速度进行筛选。溶解低分子组元，对于适当的溶剂只需几个小时。

若溶解的是高分子聚合物，因溶解步骤包含溶胀和溶解，所以脱脂时间会长达20h 以上。有时也选择两种溶剂对黏结剂组元进行分步溶解。由于一种溶剂只对一种黏结剂组元有溶解作用，所以为减少总的脱脂时间，通常会选用混合溶剂，比如用三氯乙烯和无水乙醇的混合溶剂脱除蜡基黏结剂中的石蜡组元，并结合后续的热脱脂工艺，黏结剂脱除率近100%。此外，某些工艺中，生坯被置于加温的溶剂蒸气气氛中，而不是直接浸入溶剂中，但必须选择恰当的溶剂保证只能溶解黏结剂的某一个组元。钛粉末注射成形常用的脱脂溶剂有三氯乙烯、二氯甲烷、丙酮、正庚烷、水等，典型的溶剂脱脂温度均在 50℃ 以下。溶剂脱脂后，一般需要对钛脱脂坯进行真空干燥处理以除去孔隙中的溶剂，坯体中剩余的少量低分子和高分子聚合物黏结剂组元需要通过后续的热脱脂工艺进行脱除。采用蜡基黏结剂进行粉末注射成形钛的制备，典型的脱脂溶剂为正庚烷，脱脂温度为45℃，真空干燥处理温度为 45℃。

4.3.2.1　溶剂脱脂模型

钛注射坯的溶剂脱脂过程宏观表现为脱脂溶剂由表面向内部逐渐推进溶解黏结剂中可溶成分而达到脱脂目的，微观上可以分为以下几个过程（见图 4-11）：低分子溶剂在生坯中扩散至与黏结剂接触，溶剂溶解黏结剂中可溶物质，然后黏结剂中被溶部分通过扩散到达注射坯体表面，最后进入外部脱脂溶剂中。其中黏结剂的溶解以及黏结剂、溶剂的互扩散均可能是脱脂过程的控制步骤。因此溶剂脱脂的控制步骤可能有以下三种情形：

（1）钛注射坯体较厚，黏结剂溶解较快时，溶剂及被溶解的黏结剂扩散路径较长，因此扩散控制的可能性大。当脱脂受扩散控制时，由 Fick 第二定律并

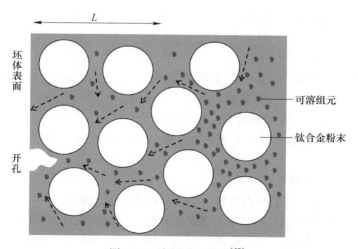

图 4-11　溶剂脱脂模型[27]

经分离变量，可以推得

$$-\ln F = \frac{D_{bs} t\,\pi^2}{4L^2} \tag{4-25}$$

式中　F——黏结剂中可溶组分浓度残余分数，%；

　　　D_{bs}——黏结剂中可溶组分在黏结剂-溶剂中的扩散系数，m^2/s；

　　　t——脱脂时间，s；

　　　L——注射坯体试样厚度的一半，m。

而 $D_{bs} = D_0 \exp\left(-\dfrac{E}{RT}\right)$，式中，$D_0$ 为初始互扩散系数；T 为脱脂温度；E 为活化能；R 为气体摩尔常数，8.314J/(K·mol)。对式（4-25）两边取对数，有：

$$\ln(-\ln F) = \ln\frac{D_0 t\,\pi^2}{4L^2} - \frac{E}{R} \times \frac{1}{T} \tag{4-26}$$

由式（4-26）中 $\ln(-\ln F) - \dfrac{1}{T}$ 的直线关系，可求出脱脂活化能 E 以及互扩散系数 D_0。

（2）黏结剂溶解与扩散都较慢，脱脂可受扩散和黏结剂溶解共同控制，假定黏结剂溶解是一级反应，则扩散的起始浓度 C_i 随溶解过程变化。设 C_0 为黏结剂中可溶组分的本体浓度，由一级反应动力学关系式，有：

$$C_i = C_0 e^{At} \tag{4-27}$$

式中　A——反应常数。

综合式（4-25）、式（4-27）得

$$-\ln F = At + \frac{D_{bs} t\pi^2}{4L^2} \tag{4-28}$$

令 $F = C_i/C_0$，仍为黏结剂中可溶组分浓度残留的分数，式（4-28）和式（4-25）区别在于虽然 $-\ln F$ 与 $1/L^2$ 都呈直线关系，但若受扩散控制，截距为 0；混合控制时，截距不为 0。

（3）钛注射坯厚度很小，而溶剂溶解黏结剂速度很慢时，也可能会出现溶解控制的情形，此时，$-\ln F = At$。

4.3.2.2　工艺参数对溶剂脱脂速率的影响

溶剂脱脂的速度是由各种因素来决定的，其中包括脱脂温度、坯料厚度、粉末装载量等因素。

A　脱脂温度对脱脂速率的影响

脱脂温度对于溶剂脱脂很重要。为了在溶剂脱脂过程中不出现缺陷，脱脂温度必须控制在合适范围内。如果温度太低，将产生脱脂裂纹，这是因为溶剂向石蜡扩散，石蜡也缓慢向溶剂中扩散，引起钛注射坯大幅膨胀从而产生内应力。相反，温度太高，生坯由于黏结剂软化而发生塌陷，同时，由于扩散速率加快，脱脂速率升高，坯体可能产生膨胀甚至裂纹。图 4-12a 为采用水基黏结剂制备的钛粉末注射成形坯体脱脂温度与脱脂率的关系示意图，从图中可以看出，脱脂温度的升高加快了脱脂速率，缩短了脱脂时间；当脱脂温度达到 70℃时，初始脱脂速率最快，3h 后可溶组元的脱除率达到了 98.6%，但由于脱脂温度过高的缘故，使得脱脂坯内部产生了较大的应力集中，导致脱脂坯出现了溶胀和开裂的现象；当脱脂温度为 60℃时，4h 后可溶组元的脱除率达到了 98.4%，且脱脂坯未出现变形、开裂以及溶胀等问题，因此选择 60℃为最佳脱脂温度。

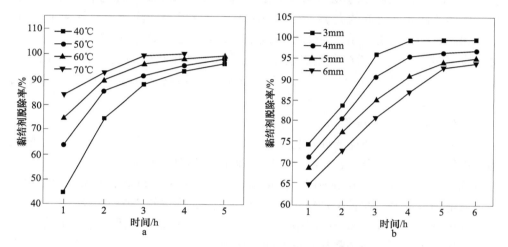

图 4-12　脱脂温度和注射成形坯体厚度对脱脂时间的影响
a—脱脂温度；b—注射成形坯体厚度（60℃）

B　坯料厚度对脱脂速率的影响

对于不同厚度的钛注射坯，随着脱脂时间的增加，脱脂率均有所提高；而随着试样厚度的增加，脱去同样体积分数黏结剂所需的时间大大增加。图 4-12b 为钛合金粉末注射成形坯体于 60℃脱脂温度下厚度与脱脂率的关系示意图，从图中可以看出，脱脂坯越厚，可溶组元的脱除率越低，且耗费的时间越长；脱脂 6h 后，3mm 厚度的脱脂坯脱脂率可达到 99.1%，而 6mm 厚脱脂坯仅为 92.3%，因此需要延长脱脂时间以保证较厚脱脂坯中黏结剂的完全脱除。

C　钛粉末装载量对脱脂速率的影响

对于不同的钛粉末装载量，脱脂速率随装载量的增加而略有减小。这是因为粉末装载量增加，则粉末在坯料中占的体积增多，增多的粉末对溶剂及溶解后溶液扩散的阻力增加，因此表现为脱脂速率降低。

4.3.3　催化脱脂过程及机理

20 世纪 90 年代初，德国著名的化工公司巴斯夫（BASF）开发出了一种催化脱脂工艺——Metamold 脱脂工艺。该工艺的主要特点是采用聚甲醛（POM）作为黏结剂填充剂并在酸性气氛中可快速催化分解。长链聚甲醛具有很好的极性，适应的粉末种类范围较广，从不锈钢、钛合金、硬质合金到陶瓷。同时，聚甲醛在酸性气氛的催化作用下可以快速分解为甲醛，因此达到快速脱除黏结剂的效果。最初 BASF 公司采用硝酸作为催化剂，这种催化脱脂在低于聚甲醛的软化温度下进行，避免了液相的产生，有利于控制生坯变形，并且保证了烧结后的尺寸精度。BASF 公司后来又开发了用草酸作为催化剂的新工艺。草酸催化剂是对已成功应用的硝酸催化剂的完善，特别适用于易氧化的粉末注射成形钛粉末原料。采用 Metamold 脱脂技术在脱脂时不出现液相，避免了 MIM 产品缺陷的产生。同时，应用 Metamold 脱脂技术能快速完好脱除大尺寸生坯中的黏结剂，可以用来生产较大尺寸的 MIM 零件。目前，Metamold 法是应用于工业生产中最先进的MIM 脱脂方法之一[33~37]。

4.3.3.1　催化脱脂原理

钛粉末注射成形坯体的催化脱脂原理是利用一种催化剂把有机载体分子解聚为较小的、可挥发的分子，这些分子比其他脱脂过程中的有机载体分子具有更高的蒸气压，能迅速地扩散出坯体。催化脱脂工艺所采用的黏结剂体系一般是由作为填充剂的聚甲醛、起骨架剂作用的聚合物以及起稳定作用的表面活性剂组成。其中聚甲醛具有重复的 C—O 键结构特点，如图 4-13a 所示。聚合物链的氧原子对酸的作用很敏感，当暴露在合适的酸催化剂中时，在较低的温度下就能进行催化反应引起大分子聚甲醛分裂成 CH_2O（甲醛）气体。一般用于钛粉末注射成形坯体催化脱脂过程中的催化剂气体是环境友好型的草酸气体，在 110~130℃温度范围，催化脱脂的速率可以达到很高，而该温度范围远低于聚甲醛的熔化区间（160~180℃）。这样，生坯中的填充剂——聚甲醛就可以在催化剂的作用下直接由固态转化为气态，达到快速催化脱脂的目的。此时，剩余的少量（低于10%）骨架剂聚合物将起保形作用，使脱除了主要组元的注射生坯仍然可以保持足够的生坯强度，不会产生塌陷、变形等缺陷。此外，这些在钛注射生坯中残留的气态甲醛、表面活性剂以及骨架聚合物组元均可以在预烧结阶段迅速热解脱除。

从催化脱脂的脱脂原理中可以看出，催化脱脂具有区别于传统脱脂方法（热脱脂和溶剂脱脂）的优异脱脂特性：（1）脱脂速率快。在酸性催化剂的作用下聚甲醛能够快速的分解成甲醛气体，黏结剂-气态界面以 1~2mm/h 的线速度向内推进。催化脱脂的速率可以达到 2~4mm/h，而一般蜡基黏结剂为基的注射成形钛生坯的溶剂脱脂速率仅为 0.2mm/h，催化脱脂速率是传统脱脂工艺速率的10~20 倍。由于催化脱脂速率快，脱脂时间短，使得对钛注射坯的尺寸厚度限制较小，最大的脱脂厚度超过 1 英寸（1 英寸 = 2.54cm）。（2）脱脂温度低。催化

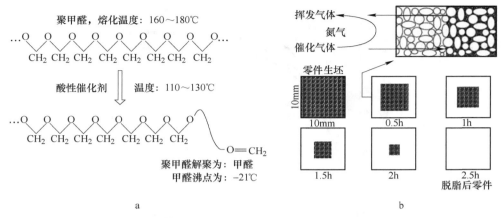

图 4-13 聚甲醛脱脂催化反应(a)和催化脱脂动力学(b)[36]

脱脂的反应温度范围为 100~140℃，低于聚甲醛的熔点（160~180℃），避免了液相生成，从而避免了热脱脂过程中由于生成液相而导致"生坯"软化，或由于重力、内应力或黏性流动影响而产生变形和缺陷。（3）脱脂缺陷少。催化反应仅在气体-黏结剂界面上进行，由生坯外部逐渐向内部发展，称为"缩芯"机制，如图 4-13b 所示。产生的甲醛气体仅局限于在钛注射生坯的多孔"壳"区域产生，可以轻松通过生坯外部的多孔区域迅速逸出，而不会在生坯内部产生应力，注射生坯不会产生鼓泡、开裂等脱脂缺陷。（4）能实现连续脱脂和烧结。由于催化脱脂速率快，脱除黏结剂所需的时间短，使得钛粉末注射成形采用连续脱脂和烧结进行工业化生产成为可能。

4.3.3.2 工艺参数对催化脱脂速率的影响

A 脱脂温度对催化脱脂效率的影响

以编者所在研究团队一组典型钛粉末注射成形的塑基黏结剂喂料为例进行分析（黏结剂组成为 POM-HDPE-EVA-SA，该喂料记为 F）。催化脱脂反应温度范围一般在 100~140℃，低于 POM 的熔点（160~180℃），从而避免了液相的生成。图 4-14 为脱脂温度及脱脂时间对脱脂率的影响曲线，从图中可以看出脱脂率随着脱脂温度增加而提高，3 个温度下最终都可达到最大脱除率。脱脂温度为 115℃ 及 125℃ 时，6h 左右即可脱脂完毕，而 100℃ 下则需要 9h 才能完全脱除。在催化气氛下，POM 由末端开始逐步分解，随着温度升高，气体扩散速率提高，反应速率加快。脱脂温度过低影响脱脂效率，但是过高的脱脂速率可能因气压太大造成内部裂纹，表面气孔等脱脂缺陷，故而合理的催化脱脂温度应该在 115℃ 左右。

B 脱脂时间对催化脱脂效率的影响

由图 4-14 可以看出，脱脂率随着脱脂时间的延长而提高，脱脂速率首先快

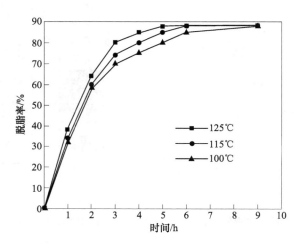

图 4-14　脱脂温度及脱脂时间对 POM 基钛合金喂料脱脂率的影响

速提高，随后逐渐降低并最终趋于平缓。整个过程可分为 3 个阶段：第一阶段（0~3h），生坯最外层 POM 发生分解，此时注射生坯与酸蒸气接触面积大，故脱脂效率较高；第二阶段（3~5h），脱脂界面向注射生坯内部推进，生坯与酸气氛接触面积变小，同时 POM 分解产生气体也阻碍酸蒸气进入坯体内部，脱脂速率缓慢降低；第三阶段（5h 以后），生坯中 POM 接近完全分解，反应界面进一步减小，气体扩散也更加困难，故反应速率趋于平缓。当脱脂时间超过 6h 后，脱脂率几乎没有变化，这表明在此阶段绝大部分黏结剂的主要组元 POM 均已被脱除。因此，该喂料 F 合适的脱脂温度为 115℃、脱脂时间为 6h，此时脱脂率能达到 88.3%，与喂料中 POM 理论含量相一致，表明此工艺下 POM 已被脱除完全。

C　进酸速率对催化脱脂效率的影响

在 115℃下，不同的进酸速率对脱脂率影响如图 4-15 所示，从图中可以看出，相同脱脂时间下，钛注射坯中黏结剂的脱除率随着进酸速率增加而提高。进酸量在 1.3g/min、1.5g/min 时，脱脂 6h 均可将 POM 完全脱除；但进酸速率为 1.0g/min 时，即使脱脂时间延长至 9h 仍脱除不完全。进酸速率增加，气氛中酸浓度增大，从而使 POM 分解加快。但是，脱脂气氛中酸浓度太大会增加设备腐蚀，同时产生更多有害气体，故进酸速率控制在 1.3g/min 较为适宜。

图 4-16 为钛粉末注射成形脱脂坯断口的 SEM 形貌图。从图 4-16a 中可以看出，脱脂坯中未脱脂区域钛粉末颗粒被黏结剂均匀包裹，颗粒间孔隙也被填充。图 4-16b 中虚线表示催化脱脂界面，经催化脱脂后，注射坯体上半部分的钛粉末颗粒呈现原始形貌，颗粒间有大量孔隙，表明 POM 已被分解；而下半部分的钛

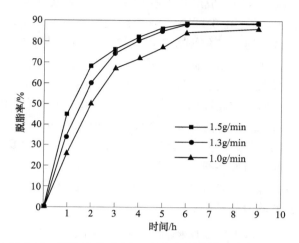

图 4-15 进酸速率对 POM 基钛合金喂料脱脂率的影响

粉末颗粒间仍有大量黏结剂还未脱出。从图 4-16c 可以看出，钛合金粉末颗粒间已经形成了大量连通孔隙，粉末显现出原始形貌，颗粒间仅靠剩余少量骨架黏结剂黏合在一起以保持形状，说明整个区域 POM 已被完全分解脱除。

图 4-16 钛合金注射成形脱脂坯断口 SEM 形貌
a—未脱脂区；b—脱脂界面；c—脱脂完全区

4.3.4 脱脂过程的缺陷产生及控制

除了黏结剂的脱除，钛粉末注射成形坯的脱脂成功与否的另一个关键是在不形成注射缺陷的情况下样品具有足够的保形性。粉末注射成形技术本身有一个形状收缩的问题，但是通常这种改变是可以预测的，是各向同性的，而且一般只在烧结阶段发生。但所谓变形就是形状的不规则改变，比如注射生坯中黏结剂浓度梯度产生的毛细管力有可能引起翘曲和裂纹。人们制造的目标是尽量减小尺寸偏差，而尺寸偏差的大小取决于工艺过程的控制，这也是钛粉末注射成形技术遇到的难题之一。烧结条件、产品几何形状以及注射成形工艺的微小波动都有可能导致巨大的尺寸偏差。

表 4-7 列出了钛粉末注射成形常见脱脂缺陷的种类及其原因，其中裂纹与变形是最普通、最常见的缺陷。脱脂时必须控制脱脂速率以避免缺陷的产生，不均衡的脱脂速率会导致注射生坯的翘曲变形。这是因为，注射生坯表面温度较高，黏结剂首先被脱除，坯体表面不同区域因脱脂速率不同而使黏结剂脱除量也不一样，故导致线膨胀系数不同而引发翘曲。此外，脱脂过程中因局部氧化而引起的非均衡体积变化也会引起样品翘曲，这在钛粉末注射成形坯体的脱脂缺陷中更为常见，且也更需要对脱脂过程进行精确控制以避免脱脂坯产生缺陷。钛注射坯体在热脱脂过程中出现的裂纹和变形反映了区域存在温度梯度现象，通常变形会凹向加热区域。快速加热时黏结剂汽化形成的内部压力常导致表面的鼓泡、开裂，这是由于内部气压超过了生坯强度。有时内部气体会沿着注射缺陷汇聚，因此，脱脂后会表现出明显的分层现象。

表 4-7　钛注射坯脱脂缺陷的种类及原因

缺陷类型	原　因	可以采取的修复措施
鼓泡	内部气体	降低加热速度，增加钛粉末纯度
	溶剂残留	降低溶剂脱脂温度
	气体残留	混料时适当除气和注射过程中适当排气
空心	聚合物分离	选择较多的可溶性聚合物
	粉末分离	降低钛粉末含量
	聚合物结晶	增加无定形聚合物
裂纹	模线	调整模具
	颗粒重排	增加钛粉末含量
	粉末间摩擦力小	增加原料中细粉比重
扭曲	加热不均	增加相容性介质，调整加热方式
	聚合物应力松弛	使用短碳链聚合物
含碳量高	聚合物污染	降低升温速率，延长低温时保温时间，加大保护气氛流量
	脱脂方式不正确	调整气氛，改进脱脂方法
炭黑	聚合物本身化学成分	适当选择含氧量较低的聚合物

脱脂裂纹的产生也可能是由于钛粉末装载量过低。随着脱脂的进行，黏结剂被熔化，此时粉末颗粒将进行重排，生坯中会形成高密度区域和低密度区域，裂纹将在后者附近出现。低粉末装载量还会导致粉末与黏结剂发生两相分离，常表现为裂纹及非均匀收缩。此外，裂纹也易产生于钛粉末注射成形坯体厚度变化较大的区域，较薄区域的黏结剂相对容易被脱除。由于坯体中不同区域的黏结剂含量不同，生坯厚度变化较大区域会由于线膨胀系数不同而产生应力。该应力与线膨胀系数以及温度梯度有关，低温下适当延长保温时间可消除这类应力。钛注射

坯中裂纹产生最常见原因是脱脂过程中加热速度过快。

脱脂中一个常见的问题是碳、氧含量的控制，而对于钛来说则更为重要，这是因为钛化学活性高，易与碳、氮、氧等杂质反应，使得力学性能恶化，因而需要尽量抑制注射成形过程中杂质含量增加。控碳是脱脂过程中的一个重要方面，对某些缺乏稳定碳化物的材料体系则更为重要。碳含量的控制通常是通过脱脂气氛以及加热速率的选择来实现。如果温度达到450℃时聚合物黏结剂仍未脱除，那么剩余黏结剂便会导致残碳问题。以钛粉末注射成形常用的石蜡基黏结剂为例，由于其中含有大量高熔点组元（聚丙烯、聚乙烯、聚甲基丙烯酸甲酯等），其热分解温度通常在500℃左右，在此温度下钛及钛合金的活性提高，极易与黏结剂的热解产物发生反应，造成碳及氧含量升高。要获得较低的碳杂质，需注意以下几点：热脱脂后期保持较低的升温速率、在较低温度下保温脱脂，采用高纯度气体及高的气氛流动速率。

4.4 钛脱脂坯的烧结

钛注射成形坯在脱除黏结剂后，烧结是另一个关键步骤。单个原子通过固相或液相物质运动使颗粒长大，烧结温度越高，原子运动越快，致密化过程越短。所以，为了实现快速烧结致密化过程，钛注射成形坯常在低于钛合金熔点300～400℃进行烧结。由于每一种材料都有不同的成分，即使是同属钛合金材料体系，仍然包括几十、几百乃至上千种牌号，故而烧结温度不是一成不变的，需要根据具体材料体系的组成设计出合理的烧结制度。钛及钛合金脱脂坯的烧结与一般粉末冶金的烧结过程类似，但是，由于在注射成形过程中填充了大量的黏结剂，使得到的钛注射成形坯体密度相对较低，这些黏结剂在脱脂过程中被除去，成形坯内存在着大量孔隙。此时烧结就类似于松装烧结，烧结过程产生的收缩量和钛注射成形粉末装载量密切相关，当装载量较高时，烧结收缩较小，反之较大。这些收缩是烧结致密化的宏观现象，若控制不当，则易产生翘曲等缺陷。因而，要想获得高尺寸精度的产品则需要可控的和均匀的收缩。同时，钛因与碳、氧等元素易发生反应，形成的碳化钛、氮化钛以及氧化钛等物质会对钛制件性能产生严重的影响，故而钛坯需要在惰性气体或真空中进行烧结。此外烧结过程中的微观组织演化也是决定粉末注射成形钛制品性能的一个重要因素。因此钛粉末注射成形产品是否烧结成功其判断依据在于：在保证产品的尺寸精度、可控性和可重复性的前提下，其烧结密度可以达到要求。

4.4.1 钛脱脂坯的烧结原理

钛脱脂坯坯体烧结过程中的主要驱动力是与曲面相关的应力，这些弯曲的钛合金粉末颗粒表面和带来的高表面能为烧结提供主要驱动力。在烧结后期，随着钛粉末颗粒表面的减少，驱动力逐渐消除，烧结速率会不断减慢[38~49]。

钛脱脂坯存在的大量孔隙可以看作是大量空位的聚集物，所以可以通过描述空位的运动来解释烧结致密化过程。在孔隙消除过程中，主要有以下几种运动扩散方式：（1）物质沿颗粒表面流动（表面扩散）；（2）穿过孔隙空间（蒸发-凝聚）；（3）沿晶界流动（沿晶界扩散）；（4）晶粒内部扩散（黏性流动或体扩散）。同时，空位也可能在孔隙间流动，即小孔隙的湮灭导致大孔隙的长大。

烧结过程中的致密化过程是以物质迁移为前提，主要的物质迁移方式见表4-8。

表 4-8　烧结过程各阶段以及物质迁移的方式

序号	是否发生物质迁移	物质迁移方式
1	不发生物质迁移	黏结
2	发生物质迁移，原子移动较长距离	表面扩散
		晶格扩散（空位机制）
		晶格扩散（间隙机制）
		晶界扩散
		蒸发与凝聚
		塑性流动
		晶界滑移
3	发生物质迁移，但原子移动较短距离	回复或再结晶

钛脱脂坯最有效的烧结致密化过程通常是晶界扩散。原子沿着晶界在两块近完整晶体区域间运动，形成连续物质传输到孔隙，由于物质被保留下来而孔隙得以消除。在烧结过程中，钛晶粒的长大会对烧结过程产生不利影响，这是因为晶粒的长大减少了晶界面积，导致烧结驱动能减少。

钛烧结致密化过程中的微观组织变化也是影响烧结产品质量的一个重要因素。晶界可以作为空位沉陷消亡的地方，这是因为如果晶界运动，且孔隙可以在晶界处附着，则这些孔隙也会随着晶界运动，从而达到消除孔隙的目的，而要实现此目的的最好手段就是控制加热速率。表面扩散通常在低温烧结阶段占据主导地位，如果采取缓慢加热的方法，会导致粉末总表面积不断减少，使烧结驱动能降低而又不能使坯件烧结致密化。解决这一问题的方法是将钛制件快速由低温升至中温，此阶段快速加热可有效缩短烧结时间，有助于对碳、氧等杂质元素的精确控制；然后在中温下缓慢加热，较低的升温速率有利于晶粒的形核生长和孔洞的闭合；随后再在高温下短时间保温，高温段有利于孔洞的完全闭合，而短时间保温抑制了晶粒长大，因此保证了钛制件较高致密度的同时而不发生晶粒长大。

故通过控制微观组织的演变过程和实现烧结致密化的一种较为合理的烧结方法是低温下快速升温-中温下缓慢加热-高温下短时间保温。

一般而言,钛粉末烧结活性低、常规固相烧结致密化困难,导致粉末冶金钛制件力学性能得不到充分发挥。通常为实现钛粉末成形坯烧结致密化,需要在靠近液相线温度烧结,但往往导致晶粒粗大,力学性能恶化,制备成本大大增加。为此,可以采用强化烧结技术来提高高熔点钛粉体的烧结活性,其原理是形成瞬时液相在粉末颗粒界面之间提供快速扩散通道来实现烧结强化。以编者团队研发的 TiAl 合金强化烧结技术为例,针对添加了 Sn 基合金的低熔点金属组元实现了粉体的烧结致密化。研究发现,添加的 Sn 组元在相对较低的温度下会与 Ti、Al 形成三元共晶液相,从而增加反应物的接触面积,改善传质过程,而且液相在毛细管作用力下可以填充孔隙,进而促进烧结体致密化进程,如图 4-17 所示。相较于常规粉末烧结方法,该方法可显著提高产品性能,与此同时降低原料粉末成本和能耗。

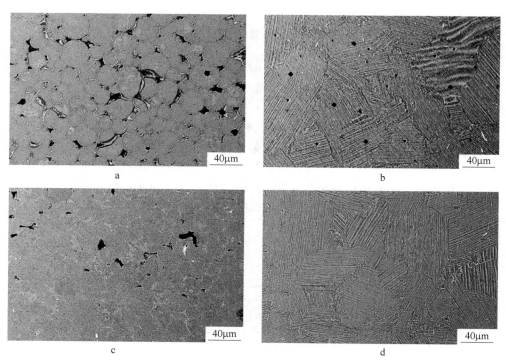

图 4-17　不同烧结温度下添加(原子分数)1%Sn 和未添加 Sn 的高铌 TiAl 合金组织
a—TiAl-0Sn, 1440℃; b—TiAl-0Sn, 1520℃; c—TiAl-1Sn, 1440℃; d—TiAl-1Sn, 1520℃

从微观上看,烧结致密化出现时,原子的移动填充了颗粒间的孔隙。原子可以通过多种扩散方式共同作用形成烧结颈,如图 4-18 所示。这些途径包括穿过晶体的原子扩散和沿自由表面的原子扩散。烧结颈的长大速率、收缩速率及烧结颈的形成速率均依赖于这几种扩散方式的综合速率。同时，液相的出现可有效提高物质的迁移速率，进一步促进烧结颈的形成。

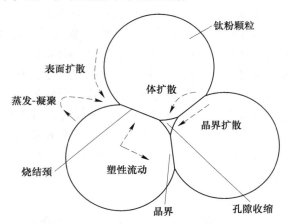

图 4-18　烧结颈的形成过程[2]

　　在钛粉末注射成形产品的烧结过程中，首先是钛粉末颗粒表面的黏结，接着形成烧结颈，伴随着烧结颈及晶粒的不断长大，它们之间会发生撞击进而形成由晶界相连的孔隙网络，烧结继续进行，孔隙逐渐变得更平滑，并且相互连通变成圆柱状的孔隙，当孔隙收缩至孔隙度达到 8% 左右时，成形坯的几何形状收缩逐渐趋于稳定，这时烧结末段的圆柱形孔隙逐渐缩小最后变成圆孔隙，孔隙变化如图 4-19 所示。不难发现，整个烧结过程中晶界对烧结致密化过程起到了关键性作用，这是因为原子在晶界缺陷处移动的阻力小，迁移的速率相应加快，如果可以保存更多的晶界（小的颗粒尺寸）和附着在晶界处的孔隙数量，那么就可以加速烧结，有利于致密化过程。

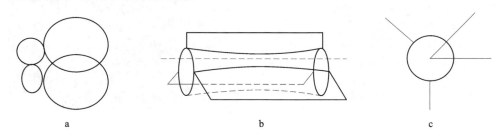

a   b   c

图 4-19　烧结过程中的孔隙形状变化[5]
a—初始阶段的不规则形状孔；b—中间阶段的连通孔；c—最后阶段的球化孔

　　脱脂坯的烧结可以描述为起始松散粉末坯体转化为致密的多晶结构这一过程，其产品性能与其他工程材料近似。从图 4-20 中可以看到烧结过程中的结构变化，理想状态下，烧结后的孔隙集中于晶界处，但由于晶界是高能区域，伴随着烧结的进行，晶粒也会不断长大，少量孔隙残留在晶界上，导致产品性能下降。因此，在控制晶粒长大的同时也要时刻关注坯件的致密化程度。

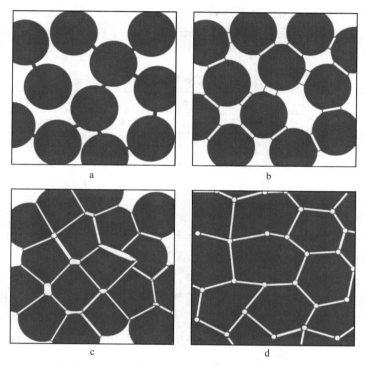

图 4-20　MIM 烧结过程中微观结构的变化[27]

a—初始阶段；b—起始阶段；c—中间阶段；d—最后阶段

由于晶界扩散是钛粉末注射成形烧结过程中物质传输的主要形式，同时也是孔隙湮灭的重要区域，所以晶界过早的消失会导致大量的晶内孔隙出现，该种孔隙非常难以消除。基于以上原因，应采用中温阶段慢速加热的烧结制度使得物质可以充分传输，且孔隙又获得了更多的迁移时间，这样才能得到高密度、高性能的钛基合金制品。

现阶段，钛在多个领域得到广泛应用，也常采用包括纯钛与铝、钼粉在内的多种混合粉进行注射。此时，必须设计制定严格的烧结工艺，使得不同元素可以充分扩散，防止偏聚现象产生，以形成成分均匀的合金。在设计制定烧结工艺时，一般需要考虑的因素包括烧结温度、升温速率、保温时间、烧结气氛种类及浓度等。

4.4.2　烧结产品质量及尺寸精度控制

4.4.2.1　烧结产品的质量

钛制品在烧结过程中控制不当会导致缺陷的产生。表 4-9 总结了钛注射坯烧结时一些常见的烧结问题及补救措施，这些问题一般是与不良的尺寸控制或产品与烧结气氛之间的不利反应有关。如果产品最终尺寸需要调整，则需要从源头改善粉末装载量或者优化烧结制度等。

表 4-9　一些烧结缺陷来源及补救措施

缺　陷	来　源	烧结过程补救措施
不均匀收缩	重力	坯体受力均匀，减少重力影响
	成形	优化喂料及其注射工艺
鼓泡	升温速率过快	降低升温速率
裂纹	升温速率过快	降低升温速率
扭曲	液相含量太多	降低烧结温度
	重力	零件设计减薄以减少重力影响

总结烧结过程影响钛制品质量问题最主要的几个方面包括：

（1）烧结气氛。金属钛的活性较高，极易与碳、氧等元素发生反应，因此需要保证整个烧结过程在惰性气氛（氩气）或真空中进行。如果使用惰性气氛作为保护气氛，其纯度要达到 99% 以上，同时常在烧结的过程中加入吸氧剂，进一步净化气氛中的杂质，避免对钛制件的氧化和脏化。产品颜色是烧结气氛问题的一个明显预兆，褪色的产品表面（蓝色）表明空气进入了炉腔，粗糙、暗淡的产品表面表明氧气渗入炉内高温区域导致氧化。

（2）控碳控氧。控碳控氧对于钛粉末注射成形来说一直是一个值得深入研究的话题。脱脂过程中需要在尽量低的温度下将碳、氧排除，不适宜的烧结气氛是导致控碳控氧问题的主要原因。除此之外，若烧结过程中混有不纯物质，如空气进入高温区，它们将会与钛基体发生反应形成氧化钛、氮化钛等物质，阻碍烧结过程中的物质传输，导致烧结致密化困难。对于钛这种对烧结气氛的氧化能力以及氢脆非常敏感的材料体系而言，保证烧结气氛的纯净和烧结空间的封闭性尤为关键。

（3）烧结炉。目前常用的烧结炉包括管式烧结炉、箱式烧结炉、真空烧结炉等。由于炉中不同位置坯件吸收的辐射热量不同，如果坯件放置的位置不合理，极易产生温度梯度，导致制品翘曲现象出现。一般来说，常把需要烧结的坯件放在靠近热电偶的恒温区，同时采用包埋的方法（氧化锆等粉末），使坯件各个位置可以均匀受热，避免因热应力产生而导致样件弯曲缺陷。

4.4.2.2　尺寸精度控制

脱脂坯经烧结致密化之后最直观的表现就是产品的尺寸发生变化，这会决定钛制品的最终尺寸精度。合格的钛制品不仅需要优良的性能，同时也要保证尺寸精度。在粉末注射成形技术发展早期，产品的大变形和低尺寸精度一度成为制约该技术发展的关键因素。致密化过程中会不断消除孔隙，从而导致产品的几何尺寸发生变化。例如，当粉末装载量较低时，脱脂后形成的孔隙较大，在烧结时烧结体通常会产生较大的收缩率，导致尺寸精度控制困难。通常，烧结时为了保证产品性能，需要对烧结体的密度、显微组织以及碳、氧等杂质含量进行精确控制，其相组成以及密度的改变势必会影响到产品的最终尺寸，从而与事先设计的尺寸精度出现偏差。因此，在实际粉末注射成形工艺中，需要对不同牌号的钛合金进行多次实验研究，在理论与实验的指导下，建立起符合该种钛合金成分的烧结制度，从而满足其对不同尺寸精度的要求。

利用计算机可以对致密化过程进行模拟分析，但对于粉末注射成形技术而言，必须测量尺寸变化与时间和温度的关系来确定适宜的烧结工艺。钛粉末注射成形的成功依赖于对产品各个环节的准确控制，保证工艺的稳定性及可重复性。因注射工艺过程的不良控制而引起的缺陷在烧结阶段难以改正，烧结阶段通常放大了部分与部分的差别，这种尺寸精度的差别常被错误地认为是烧结不当带来的问题，所以粉末注射成形钛产品出现尺寸精度问题时，需要重新审视钛粉末注射成形过程的每个工艺步骤。在烧结过程中，还有一些其他影响尺寸控制问题的因素，包括黏结剂残留、非均匀加热、重力导致的蠕变、烧结炉内的温度梯度等。

对于钛制品而言，烧结后的线收缩率一般为 10% ~ 20%，这样大的收缩率要保持尺寸精度是有困难的。生坯密度增加，烧结收缩率变小。所以在烧结时，低的生坯密度就会有更大的收缩量（粉末装载量低）。这样，如果注射时产生生坯密度梯度，烧结过程将引起产品弯曲。另一方面，如果生坯的微观组织各向同性，则可利于在不改变形状的前提下实现变形均匀收缩。经大数据统计，最终尺寸的变化主要依赖于注射条件，也就是说适宜的烧结条件对产品的最终尺寸精度影响很小。但值得注意的是，烧结炉内温度梯度对于尺寸均匀变化也有很大影响，特别是加热过程中出现的温度梯度。图 4-21 所示为钛制件朝热源方向弯曲图，弯曲是由于产品在加热温区的不合理放置导致的。受热区发生收缩并使脆弱的未受热区发生弯曲，弯曲朝向热源。烧结炉一般都存在温度梯度，通常在接近炉门、通气孔和观察孔处温度较低。此外，对于较大尺寸的钛制品来说，烧结时产品与样品托盘底面之间的摩擦力以及自身存在的重力也是产品烧结变形的主要来源。分别来讲，产品上部在炉腔中没有受到限制，但是产品底部与承烧板间存在摩擦力，导致样品难以实现均匀收缩，烧结支撑物就导了产品变形，若使用光滑的耐高温材料作为烧结支撑物则可有助于改善因摩擦而导致的变形；大尺寸钛制品的质量较大，如采用粉末注射成形技术制备的增压器 TiAl 合金涡轮，其中心轴部与边缘叶片处存在较大的质量差，在烧结时不同方向上产生了不同的收缩率，常表现为边缘缺少支撑的叶片向下凹陷，产生严重变形。随着涡轮制件尺寸的增大，这种现象更为明显，若对边缘叶片部位提供支撑体，则可有效减少因重力作用导致的不均匀变形。

图 4-21　烧结过程中温度梯度引起的弯曲现象

4.4.3　烧结后处理

4.4.3.1　致密化

对于钛粉末注射成形制件而言，单纯通过工艺烧结后很难达到全致密，一般在 95%～98% 间。钛制品的力学性能与其致密度密切相关，全致密产品减少了因残留孔隙带来的应力集中而引发的缺陷，如疲劳裂纹、初始裂纹等，显著提高了制品的力学性能。因此，对那些综合力学性能要求很高的钛制品，通常需要对其进行后处理使其达到完全致密化。一种全致密的方法是对脱脂坯体烧结至孔隙闭合后进行热等静压处理，闭孔由于不和制件表面连通，故不能与烧结气氛进行交换。在致密度达到 92% 时，孔隙会从圆柱形变为球形闭孔。通过压力辅助烧结，外界压力可以通过烧结气氛有效的传递到成形坯。致密化速率与外界压力呈正相关关系，外界压力越大，则致密化越快。只要残留的孔隙与成形坯体表面完全隔离，就可以在不需要容器的情况下对坯体进行加压处理。

4.4.3.2　热处理

钛制品烧结后最简单实用的方法是热处理，它可以重新加热烧结体到高温以除去因残留孔隙带来的残留应力以及均匀化钛显微组织。热处理中值得关心的主要是热处理温度与冷却速率对合金性能的影响。不同的热处理制度可以得到不同类型的合金组织，所以需要根据实际需求制定热处理工艺参数。一般来讲，钛的热处理温度在某些相转变或者某特性转变温度以上，以获得高温组织，且通常需要保温一定的时间，使内外温度一致，保证显微组织转变完全。保温结束之后需要对烧结体进行冷却处理，冷却方式也因工艺不同而不同，主要是控制冷却速度。目前最常用的冷却方式有水冷、炉冷以及空冷等，一般空冷得到的综合力学性能比水冷和炉冷更好，但是空冷样件的强度、硬度低于水冷。需要注意的是，由于金属钛的活性较高，热处理过程中也需要在惰性气氛或真空中进行，同时热处理时间不宜过长，以免造成晶粒长大，影响最终产品性能。

4.4.3.3 表面处理

（1）表面精整。钛注射粉末成形坯体烧结出来后，为了满足客户的需求，一般需要对烧结产品进行表面精整处理。例如：对表面进行平整、去除毛刺、光亮抛光等。应用行星式加工原理，把一定数量的钛烧结件、研磨块、水及研磨剂加入到滚筒中，通常占据滚筒体积的 40% ~ 55%；使用陶瓷、氧化铝等对不规则零件表面的突出棱角加工处理，以去除毛刺、倒角、飞边、氧化皮等。最终可使表面光洁度提高 2~3 级，粗糙度可提高 1~2 级，去除飞边和倒角可提高零件表面的抗疲劳性能。

（2）表面喷砂处理。为了使表面获得更好的光洁度，可以通过喷枪将研磨液高速喷射到被加工的钛制件表面，达到对零件表面清洁和光饰的目的。通过喷砂处理，会给予零件表面一定的预应力，提高了产品表面的抗疲劳性能。

4.5 注射成形钛技术进展及应用

2018 年全球管理咨询（麦肯锡）公司关于先进制造业和工业 4.0、未来工厂的报告中列举了十大变革性制造技术，其中粉末注射成形技术（PIM）位列第二，且发展成熟度远高于目前位于第一位的增材制造（AM）技术，预示着 MIM 产业在全球范围内的蓬勃发展。2014 年开始，中国大陆 MIM 市场规模已经远超其他经济体，并以平均年增长率 50% 的比例快速增长。目前中国大陆已经拥有超过 140 家 MIM 企业，包括常州精研、上海富驰、深圳艾利门特、北京创卓、广州昶盛、东莞博研等一大批优质公司，其中珠三角地区的 MIM 工厂密度更是为世界之最。与其他常用材料相比（不锈钢、低合金钢、钨基合金等），MIM 钛的研发应用还处于起步阶段，大多集中在医疗器械、军事制造和电子设备等领域。粉末注射成形是传统粉末冶金技术和塑料注射成形技术的完美结合，被誉为"最热门的零部件加工新技术"，适用于形状复杂零件的批量化生产，很好地解决了钛材料难加工、成本高的问题。随着 MIM 钛技术和新型黏结剂设计技术的快速发展，钛喂料的流动性和粉末装载量得到很大改善，保证了烧结制件的均匀收缩，控制了尺寸精度，同时也很好地解决了钛易受碳、氧杂质污染的问题。目前，制备的 MIM 钛性能已经可以达到传统锻造材料水平，生产成本大大降低，相信未来 MIM 钛的应用将会得到快速发展[50~69]。

4.5.1　MIM 钛的发展历程

钛粉末注射成形技术早在注射成形发展初期就已经被提出，但直到 1988 年才出现第一份相关研究报道。1992 年日本的 Nippon Tungsten 公司制备出首件钛合金注射成形产品，Ti-4Fe（质量分数,%）的运动夹板。随后美国、加拿大、德国、中国等国家便相继开展大量有关钛粉末注射成形技术的研究。1994 年，德国 BASF 公司成功研发了聚缩醛树脂催化剂脱脂技术，具有脱脂效率高、杂质含量低等优点，大量公司开始涌入钛粉末注射成形领域，如西班牙 Taurus 公司、中国昶联金属等。很多高尔夫球具公司也开始尝试开展 MIM 钛产品在球具上的应用研究，但除了日本 Injex 公司外，其他公司基本上没有相关的 MIM 钛产品应用，这主要是由于原料粉末价格居高不下而造成的。价格低、形状不规则的氢化脱氢钛粉，流动性低、保形性差，烧结收缩不均且难以致密，导致制件性能难以满足要求；而球形度高、流动性好、烧结收缩均匀，制件性能高的球形钛粉（如气体雾化粉、等离子体旋转电极粉）价格昂贵，将近是不规则氢化脱氢钛粉价格的十倍以上，难以大规模推广使用。在随后的 1999 年国际冶金会议上，由日本日立金属精密公司和卡西欧计算机公司联合制造的钛合金表壳，荣获金属注射成形优胜奖，此表在 200m 深的水下仍能正常运转。2000 年最大的钛注射成形生产商 Injex 公司，每月可生产 2~3t 注射成形件，大多数为低应力件，如高尔夫球头、汽车变速杆、手术器械、玩具、表壳、表带和表扣等。随着近年来研究的不断深入，粉末注射成形钛制件的性能不断提高，有的甚至已经接近铸造、锻造合金水平，近 20 年来研究的主要 MIM 钛合金性能见表 4-10[50]。此外，科研人员一方面在研究粉末注射成形技术如何制备大尺寸零部件的同时，另一方面也为了适应快速发展的微电子产品市场，积极研究开发微注射成形（micro powder injection molding）技术，即将粉末注射成形技术运用到外形尺寸达微米级器件的制备上，并能满足高性价比的要求，从而成为制备微型元器件最具潜力的新技术。

表 4-10　近 20 年来粉末注射成形钛合金性能[50]

材　料		黏结剂	氧含量（质量分数）/%	致密度/%	屈服强度/MPa	抗拉强度/MPa	伸长率/%
Ti	GA Ti	PW-PP-SA-CW	—	95.5	378	455	10.3
	GA Ti	PEG-PMMA-SA	0.20	—	—	475	20
	HDH Ti	PW+HDPE+SA	—	96.5	—	395	12.5
	HDH Ti	PW+SA+PP+PE	—	86.8	—	539	1.9
	GA Ti	POM 基（BASF）	0.25	95.4	—	602	10.4
	85%GA+15%HDH	PW-PEG-LDPE-PP-SA	—	97.0	419	0	4
	TiH$_2$	PW-LDPE-SA	0.30	97.1	519	666	15

续表 4-10

材 料		黏结剂	氧含量（质量分数）/%	致密度/%	屈服强度/MPa	抗拉强度/MPa	伸长率/%
Ti-6Al-4V	Ti64	PW-PE-SA	0.19	96.5	700	800	15
	90%GA+10%HDH	PW-PEG-LDPE-PP-SA	0.35	97.5	748	835	9.5
	Ti64（利用 TiH₂）	PW 基	0.17	99.5	—	855	3.8
	Ti64	PW-EVA-SA	0.23	96.4	720	824	13.4
	Ti64-1Gd	PW-EVA-SA	0.24	94.5	655	749	9.9
Ti-Nb	Ti-10Nb	PW-EVA-SA	0.21	96.5	552	638	10.5
	Ti-16Nb	PW-EVA-SA	0.25	94.3	589	687	3.6
	Ti-22Nb	PW-EVA-SA	—	94	694	754	1.4
	Ti-17Nb	PW-EVA-SA	0.16	95.5	620	751	5.1
Ti-Al	Ti-45Al-5Nb	PW-EVA-SA	0.11	99	—	625	0.15
	Ti-47Al-4Nb	PW-PE-SA	0.18	96	409	433	0.6
	Ti-45Al-3Nb-1Mo	PW-PVA-SA	0.16		571		0.12
其他合金	Ti-6Al-7Nb	PW 基	0.20	97.0	—	760	13.0
	Ti-24Nb-4Zr-8Sn	PW-EVA-SA	0.33	97.6	627	655	4.2
	Ti-12Mo	PEG-PP-EVA-HDPE	1.13	95.5	—	900	—
	Ti-12Mn（GA Ti）	PW-PMMA-PP-SA	0.25	94.0	930	980	2.5
	Ti-22Nb-4Zr	PW-PVA-SA	—	96.5	690	800	4.7
	Ti-6Al-2Sn-4Zr-2Mo	PW 基	—	96.4		910	14.1

注：PW—石蜡；PP—聚丙烯；SA—硬脂酸；CW—微晶蜡；PEG—聚乙二醇；PMMA—聚甲基丙烯酸甲酯；HDPE—高密度聚乙烯；PE—聚乙烯；POM—聚甲醛；LDPE—低密度聚乙烯；EVA—乙烯—醋酸乙烯共聚物；PVA—聚乙烯醇；GA—雾化球形粉；HDH—氢化脱氢不规则粉。

4.5.2 钛粉末注射成形工艺研发进展

目前，钛粉末注射成形的原材料主要包括纯钛、氢化钛、Ti-6Al-4V、TiAl 等，产品包括发动机阀门、涡轮叶片、手表表壳、高尔夫球头、3C 产品、医用植入材料等。美国、英国、德国、日本等主要发达国家均对粉末注射成形钛做了大量研究，且已有不少产品进入工业化生产。我国起步较晚，主要研究机构有北京科技大学、中南大学、广州有色金属研究院、西北有色金属研究院等，大多仍处于实验室研究阶段。最近美国材料与试验协会（ASTM）发布了对于外科植入用 MIM 钛力学性能标准：MIM Ti-6Al-4V 合金力学性能标准（F2885-11）及 MIM 纯钛力学性能标准（F2989-13），对粉末注射成形钛工业化起到推动作用。根据不同的材料类别，钛的注射成形工艺进展情况如下。

4.5.2.1　纯钛、氢化钛注射成形技术

国内外对纯钛粉末注射成形有大量报道，制品主要侧重于生物医用领域。英国曼彻斯特大学[51]使用粒度小于 45μm 的等离子雾化钛粉和水溶性黏结剂，进行了纯钛粉末注射成形制备生物医用材料的试验，制得样品的抗拉强度为 483MPa，伸长率为 21%，孔隙度为 3.5%，显示了钛作为生物医用材料的广阔前景。美国巴特尔纪念研究所[52]研究了氢化钛粉的注射成形，使用平均粒径为 7.84μm 的氢化钛粉末和新型萘基黏结剂，制备样品的延展性较差，但抗拉强度超过锻造钛。烧结样品中存在 2 种孔洞：一种是注射前喂料中残余空气造成的大孔洞；另一种是烧结时间不足造成的小圆孔，孔隙度越高，弹性模量越低，若去除表面缺陷则能有效改善其抗拉强度。国内清华大学王瑞锋等[53]使用氢化脱氢钛粉注射成形制备纯钛样件，将粉末与石蜡基黏结剂混合后注射成形，溶剂脱脂结合真空热脱脂后，进行真空烧结获得 MIM 钛制件。发现在 1250℃、烧结保温 1.5h 制得的样品力学性能最佳，相对密度可达 98%，抗拉强度为 349MPa，伸长率为 6.4%。中南大学李益民[54]使用球形钛粉通过注射成形制备得到的纯钛样品，其氧含量（质量分数）低于 0.25%，碳含量低于 0.1%，密度可达 4.3g/cm³，抗拉强度达到 602MPa，伸长率可达 10.4%，力学性能优异。编者所在研究团队[28]使用 85% 气雾化钛粉与 15% 氢化脱氢钛粉的混合粉末进行注射成形，黏结剂组分为 PW+PEG-20000+LDPE+PP，注射坯经脱脂、真空烧结后得到的合金制品尺寸偏差可控制在 ±0.04mm 内，保形性良好。

4.5.2.2　Ti-6Al-4V 粉末注射成形技术

Ti-6Al-4V 合金是最为广泛使用的钛合金，它在耐热性、强度、塑性、韧性、成形性、可焊性、耐蚀性和生物相容性方面均达到较高水平，占全部用钛量的 50% 以上。Ergül 等[55]研究了气雾化 Ti-6Al-4V 粉末的注射成形，发现样品组织为粗大针状组织，升高烧结温度、延长保温时间均可提高样品密度、抗拉强度及伸长率，当在 1275℃下保温 10h 后，样品密度达到 99%，抗拉强度为 704MPa，伸长率为 6.37%，硬度达 38.6HRC。但也有研究指出提高烧结温度、延长保温时间可能使晶粒变得粗大，恶化疲劳性能。德国 GKSS 研究中心[56]使用气雾化 Ti-6Al-4V 合金粉末与石蜡基黏结剂进行粉末注射成形试验，注射坯经正庚烷中溶剂脱脂、氩气气氛下热脱脂以及真空下烧结得到合金制品。研究发现，烧结温度、冷却速率对制品最终抗拉强度有重要影响，而脱脂参数对抗拉强度影响不大，各过程参数对样品延展性影响甚微。编者所在研究团队[28]采用 90% Ti-6Al-4V 粉末与 10% HDH-Ti-6Al-4V 粉末的混合粉末与石蜡基黏结剂在 150℃混炼后，于 165℃下注射成形，经脱脂后在真空环境中、1230℃下烧结 3h，再经 920℃、3h 热等静压处理得到高致密 Ti-6Al-4V 合金，其抗拉强度为 1030MPa，断面收缩

率为12%，伸长率可达到21%。

4.5.2.3　TiAl合金粉末注射成形技术

TiAl金属间化合物兼具陶瓷和普通金属的优点，具有低比重，较高的使用温度、高温强度、比刚度和弹性模量，较好的抗氧化、抗蠕变、抗疲劳性能等特点，被称为最有潜力的新一代轻质高温结构材料。相比纯钛，TiAl烧结温度更高，更易吸收杂质，对杂质含量要求更加严格，这也对TiAl粉末注射成形技术提出了更高的要求。德国GKSS研究中心[57]将气雾化TiAl粉末与石蜡基黏结剂用于注射成形，注射坯经氩气气氛脱脂、真空烧结以及热等静压处理之后得到低氧含量、高致密度的TiAl合金。试验还发现，烧结时通入氩气气流可避免真空烧结时TiAl表面的铝挥发，但在氩气气氛烧结后的制品的碳、氧含量比真空中烧结有较大幅度的增加。Kim等[58]采用MIM技术制备了致密度达98.8%的Ti-48Al合金，其组织细小，性能优异。试验过程为：将SHS制备的Ti-48Al预合金粉末和黏结剂混炼后，在120℃下注射成形，注射成形坯溶剂脱脂后再在氩气或氢气中进行热脱脂。结果表明，在氢气中脱脂后，TiAl原颗粒边界上沉积有细的氧化物，显著降低了烧结后制件的力学性能。在1000℃预烧结3h，再经1350℃烧结30h，可获得相对密度达到98.8%的合金材料。另外，升温速率对烧结体致密度也有较大的影响，一般认为，3℃/min的升温速率比较适宜。大阪冶金工业公司[59]采用注射成形方法制备了名义成分为Ti-47Al-2.6Cr（原子分数,%）的γ-TiAl制件。其中原料合金粉末是通过自扩散高温合成制得，再与有机黏结剂混合、搅拌、注射成形和烧结得到致密度高达97%的烧结件，与传统方法生产的试件一样，呈现出很高的强度和延展性。编者所在研究团队[60]以惰性气体雾化制备的预合金粉末为原料，采用MIM技术制备出了形状复杂的高Nb含量的TiAl合金制品，在1480℃烧结2h后致密度达到96.2%，组织为均匀细小的近片层组织，片层尺寸约为60μm。制品的抗压强度为2839MPa，压缩率为34.9%，抗拉强度为382MPa，伸长率为0.46%。

4.5.2.4　其他钛粉末注射成形技术

为了满足钛合金的加工和使用性能，需要在其中添加不同合金元素以应对不同的使用要求，例如添加锆、铌、钽、钯和锡作为合金元素来改善钛合金的力学性能、耐蚀性和生物相容性，添加锡、锆来改善钛合金的强度和高温蠕变性能等。日本九州大学的研究者[61]用注射成形技术制备了Ti-6Al-2Sn-4Zr-2Mo-0.1Si合金，发现原料使用钛粉与元素粉末的混合粉时，会存在高熔点元素不易扩散、氧含量较高的问题，降低了烧结体密度；使用钛粉与中间合金粉末得到的制品致密度为96.4%，抗拉强度为910MPa，伸长率为14.1%。另外，若在此合金中增加4%Mo，注射成形Ti-6Al-2Sn-4Zr-6Mo合金的抗拉强度可增加至1010MPa，伸长率达14.7%，表现出优异的力学性能。此外，研究工作者对MIM钛合金在生物领域应用开展了大量研究，目前广泛使用的 Ti-6Al-4V、Ti-6Al-7Nb 等生物医用金属材料植入人体后会释放有毒的铝离子和钒离子，对人体造成伤害。而 Ti-Mo合金不含铝、钒等有毒元素，又有良好的力学性能、耐腐蚀性、优异的生物相容性而成为热门的牙科材料和骨科植入材料。日本石卷专修大学[62]采用粉末注射成形制备了 Ti-12Mo 合金，用平均粒径为 38μm 的钛粉和平均粒径为 0.6μm 的钼粉与黏结剂混炼后注射成形，脱脂后于真空中（1120~1300℃）烧结。发现在1160~1200℃烧结时合金抗拉强度达到 1000MPa，与相同成分的锻造钛合金相当；提高烧结温度会使晶粒长大，抗拉强度下降。如果在制品预烧结和烧结工艺之间加入冷等静压处理（CIP），可使最终样品密度提高 10%，抗拉强度提高近 1倍。国内北京有色金属研究总院[63]以三种不同粒度的钛粉为原料，采用粉末注射成形制备了 Ti-Mo 吸气剂。发现钛粉的粒度影响吸气剂的比表面积和孔隙度，从而影响 Ti-Mo 吸气剂的吸气性能。采用平均粒度为 35μm 的钛粉所制备的吸气剂其孔隙度和比表面积均较高，吸气性能最佳。同时，粉末装载量对烧结样品的孔隙度及比表面积有直接影响，当装载量为 40%（体积分数）时，样品的孔隙度及比表面积均较高。

4.5.2.5　多孔钛粉末注射成形技术

多孔钛材料以及新的钛合金体系材料具有适当孔隙结构和力学性能，是理想的骨科置换种植体材料。一方面其能够有效降低种植体和骨组织之间的应力适配问题，进而降低应力屏蔽效应，实现种植体的持久有效功能；另一方面多孔结构是骨细胞向种植体内部生长的必要条件，互相连通的多孔结构能够容许大量的体液通过，能够进一步促进骨细胞的生长。2003 年利用粉末注射成形技术制备多孔钛合金生物医用材料首次被提出，其中常用的造孔剂为 KCl 和 NaCl，孔隙率可达到 10%以上。随后关于粉末注射成形多孔钛合金的研究越来越多，有研究者通过向钛铝钒元素粉中添加 TiH₂ 作为发泡剂和活性剂，形成一种具有开孔结构的新型 Ti-6Al-4V合金，孔径分布均一，孔隙大小在 90~190μm，孔隙度为 43%~59%，弹性模量范围在 5.8~9.5GPa。也有研究者利用雾化球形粉、HDH 钛粉和石蜡基黏结剂体系，通过添加一定量的 NaCl 和 KCl 作为造孔剂，研究了初始粉末对最终多孔钛产品性能的影响，还进一步通过调整造孔剂的用量，获得医用种植体所需孔隙度和孔径的多孔钛材料，材料的化学成分能够满足三级纯钛标准。中南大学[64]以氢化脱氢钛粉为原料，NaCl 为造孔剂，基于石蜡基黏结剂体系制备了多孔钛植入体，样件孔隙度达到 42.4%~71.6%，孔径达到 300μm。通过调整 NaCl 的含量，可以在注射件内部形成连通孔，其力学性能与骨松质相近。

4.5.3　MIM 钛合金的应用

目前，MIM 钛合金的产品在生物医疗、兵器制造、航空航天等领域已经有所应用，包括发动机阀门、涡轮叶片、手表表壳、高尔夫球头、医用植入材料等。比如在医用领域，目前粉末注射成形钛合金制备医用移植体成为研究热点，部分制品已经开始进入临床验证，有望近期实现应用。德国 GKSS 研究中心 Ebel 等[65]采用 Ti-6Al-7Nb 合金粉末与石蜡基黏结剂体系（PW+PE+SA），经溶剂脱脂、真空烧结，成功制备出性能优良的骨螺钉医用材料，如图 4-22 所示。德国 IFAM 研究所[66]也研发了许多人工镫骨、混合器等微注射成形 CP-Ti 产品，如图 4-23 所示。2003 年 12 月成立的德国 TiJet 公司，专门从事 MIM 钛合金的生产，制备了大量钛合金医用植入材料和飞机零部件，如图 4-24 所示。在航空领域，波音 787 梦幻客机上使用了 4 万多个钛合金紧固件，其中大部分为粉末注射成形工艺制备。编者所在研究团队[67]以雾化球形 Ti-6Al-4V 合金粉末为原料，采用 POM 塑基黏结剂体系，通过粉末注射成形技术制备出星载可展开大型桁架结构用钛合金空心节点球，制备的零部件一致性好、尺寸精度高，组织均匀细小，力学性能高。在民用领域，南方科技大学的余鹏等[68]以气雾化的球形 CP-Ti 和 Ti-6Al-4V 合金粉末为原料，采用注射成形工艺制备出表面结构复杂的薄壁钛合金眼镜架，如图 4-25 所示，制件的致密度大于 95%，氧含量约为 0.22%，伸长率分别为 15% 和 8%，已经达到铸造钛合金的性能。此外他们还以气雾化的 CP-钛粉与球形的 Al 粉和不规则的 35Al65V 粉混合，基于 POM 塑基黏结剂体系，成功制备出性能优良的 Ti-6Al-4V 合金表壳[69]，如图 4-26 所示。此外各大品牌的智能手表公司开始采用 MIM 钛合金零部件，如 Garmin 公司中的 MARQ 采用超轻钛合金表圈、表壳、表链、表扣，Fenix Chronos 全能 GPS 运动手表采用钛合金表身及表带，Fēnix 5 Plus 采用钛合金材质表盘；COROS 公司中的 VERTIX 采用 Ti-6Al-4V 合金表圈；万宝龙公司的 SUMMIT 2 采用钛合金表壳；泰格豪雅公司中的 Connected Modular 采用钛合金的表耳、表壳等。但由于雾化原料粉末价格昂贵，目前 MIM 钛合金制件还难以在民用领域大规模推广应用。据统计，2011 年世界粉末注射

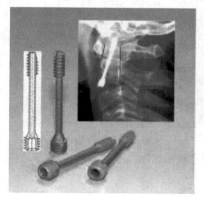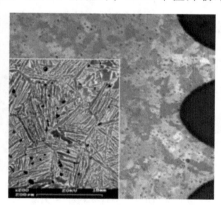

图 4-22　粉末注射成形 Ti-6Al-7Nb 合金骨螺钉

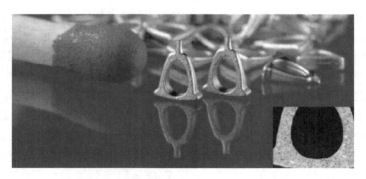

图 4-23　粉末微注射成形 CP-Ti 人工镫骨

a　　　　　　　　　　　　　　　　b

图 4-24　德国 TiJet 公司制备的 MIM 钛合金产品

a—工程应用零部件；b—生物医用零部件

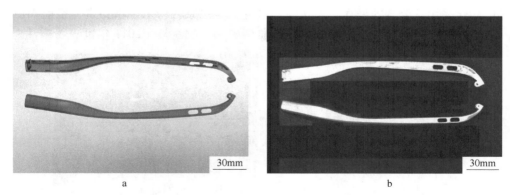

a　　　　　　　　　　　　　　　　b

图 4-25　设计的眼镜架三维 solidworks 模型(a)和采用 MIM 工艺制备的钛合金眼镜架(b)

成形钛合金市场份额达 1000 万美元，并仍在高速增长中，由此可见粉末注射成形钛合金作为新兴市场，具有很大的发展前景。

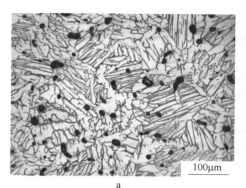 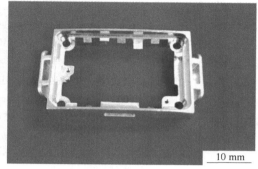

100μm

a

10 mm

b

图 4-26　制备的 MIM Ti-6Al-4V 制件

a—显微组织；b—表壳实物

4.6　发展与展望

目前，钛及钛合金的粉末注射成形研究取得了一些进展，但实际应用相对较少，尤其是在民用市场，这主要是由于高质量原料钛及钛合金粉末制备成本较高，生产过程中易污染，生产条件要求苛刻，尤其粉末注射成形技术对粉末的粒度、纯度等方面提出了更高的要求。此外，采用粉末注射成形制备工艺，易存在间隙元素成分难以控制、粉体烧结性能较差等问题，也增加了制备难度，降低了最终材料的性能。因而下一步的工作重点应在于：不断改进、开发出低成本、高纯净、粒度形貌可控的钛及钛合金粉末制备工艺，并实现规模化生产；研究粉末制备与注射成形过程中合金的脏化和氧化规律，以及在运输及制备过程中有效的防氧化措施，精确控制杂质含量；根据钛合金特性，进一步完善无残留、高效黏结剂的设计与应用技术，以降低烧结材料中的间隙元素及杂质含量，并减少脱脂和烧结过程中的变形，严格控制烧结件的尺寸精度。粉末注射成形工艺控制原理包括注射过程控制、材料烧结致密化规律控制、微观组织结构控制等。随着研究的深入以及新研究成果的不断形成，相信粉末注射成形钛合金技术必将成为推动全球钛工业发展的一支重要力量。

参 考 文 献

[1] 贺毅强，陈振华，陈志钢，等．金属粉末注射成形的原理与发展趋势［J］．材料科学与工程学报，2013（2）：165~170.

[2] 张驰，徐春．金属粉末注射成形技术［M］．北京：化学工业出版社，2008.

[3] Wolff M，Schaper J G，Dahms M，et al. Metal injection molding（MIM）of Mg-Alloys［M］.

TMS 2018 147th annual meeting and exhibition supplemental proceedings，2018.

［4］ Ahn S，Park S J，Lee S，et al. Effect of powders and binders on material properties and molding parameters in iron and stainless steel powder injection molding process［J］. Powder Technology，2009，193（2）：162~169.

［5］ 李益民，李云平. 金属注射成形原理与应用［M］. 长沙：中南大学出版社，2004.

［6］ Liu Z Y，Loh N H，Tor S B，et al. Micro-powder injection molding［J］. Journal of Materials Processing Technology，2002，127（2）：165~168.

［7］ Lin D，Sanetrnik D，Cho H，et al. Rheological and thermal debinding properties of blended elemental Ti-6Al-4V powder injection molding feedstock［J］. Powder Technology，2017，311：357~363.

［8］ Enneti R K，Onbattuvelli V P，Gulsoy O，et al. Powder-binder formulation and compound manufacture in metal injection molding（MIM）［C］//Donald F. Heaney. Handbook of metal injection molding. Cambridge：Woodhead Publishing，2019：57~88.

［9］ Miura H，Kang H，Itoh Y. High performance titanium alloy compacts by advanced powder processing techniques［J］. Key Engineering Materials，2012，1933（520）：30~40.

［10］ Gerling R，Aust E，Pfuff M，et al. Metal injection moulding of gamma titanium aluminide alloy powder［J］. Materials Science and Engineering A，2006，423（1~2）：262~268.

［11］ Obasi G C，Ferri O M，Ebel T，et al. Influence of processing parameters on mechanical properties of Ti-6Al-4V alloy fabricated by MIM［J］. Materials Science and Engineering A，2010，527（16~17）：3929~3935.

［12］ Guo S B，Duan B H，He X B，et al. Powder injection molding of pure titanium［J］. Rare Metals，2009，28（3）：261~265.

［13］ Friederici V，Bruinink A，Imgrund P，et al. Getting the powder mix right for design of bone implants［J］. Metal Powder Report，2010，65（7）：14~16.

［14］ Wang J H，Shi Q N，Wu C L，et al. Rheological characteristics of injection molded titanium alloys powder［J］. Transactions of Nonferrous Metals Society of China，2013，23（9）：2605~2610.

［15］ Carrño-Morelli E，Bidaux J E，Rodríguez-Arbaizar M，et al. Production of titanium grade 4 components by powder injection moulding of titanium hydride［J］. Powder Metallurgy，2014，57（2）：89~92.

［16］ Krug S，Evans J R G，Maat J H H T. Transient effects during catalytic binder removal in ceramic injection moulding［J］. Journal of the European Ceramic Society，2001，21（12）：2275~2283.

［17］ 章诚，刘春林. 金属粉末注射成型催化脱脂料 POM/PP/Ti 的流变行为及脱脂工艺［J］. 热加工工艺，2017，46（24）：45~49.

［18］ Gonzalez-Gutierrez J，Stringari G B，Megen Z M，et al. Selection of appropriate polyoxymethylene based binder for feedstock material used in powder injection moulding［J］. Journal of Physics Conference Series，2015，602（1）：12001.

［19］ Hayat M D，Wen G，Zulkifli M F，et al. Effect of PEG molecular weight on rheological properties of Ti-MIM feedstocks and water debinding behavior [J]. Powder Technology, 2015, 270 (3): 296~301.

[20] Hayat M D, Li T, Cao P. Incorporation of PVP into PEG/PMMA based binder system to minimize void nucleation [J]. Materials and Design, 2015, 87: 932~938.

[21] Hayat M D, Goswami A, Matthews S, et al. Modification of PEG/PMMA binder by PVP for titanium metal injection moulding [J]. Powder Technology, 2017, 315: 243~249.

[22] Thavanayagam G, Pickering K L, Swan J E, et al. Analysis of rheological behaviour of titanium feedstocks formulated with a water-soluble binder system for powder injection moulding [J]. Powder Technology, 2015, 269: 227~232.

[23] Thavanayagam G, Swan J E. Aqueous debinding of polyvinyl butyral based binder system for titanium metal injection moulding [J]. Powder Technology, 2018, 326: 402~410.

[24] Tokura H, Morobayashi K, Al K, et al. Study on agar binder for metal injection molding [J]. Journal-Japan Society for Precision Engineering, 2001, 67 (2): 322~326.

[25] Metal Powder Report. In: Conference Record of the 2006 MPR Annual Report [R]. United Kingdom, 2006.

[26] Suzuki K, Fukushima T. Binder for injection molding of metal powder or ceramic powder and molding composition and molding method where in the same is used: US, 6171360B1 [P]. 2001.

[27] German R M. 粉末注射成形 [M]. 长沙: 中南大学出版社, 2001.

[28] 李昆, 李晓明, 李笃信, 等. 表面活性剂对 MIM 硬质合金粘结剂和喂料性质的影响 [J]. 材料科学与工程, 2002 (2): 248~250.

[29] 刘春林, 张钱鹏, 陆颖, 等. 表面活性剂对 Ti-6Al-4V 金属注射成形喂料相容性的影响 [J]. 高分子材料科学与工程, 2018, 34 (9): 96~100.

[30] 郭世柏, 张厚安, 张荣发, 等. 钛合金粉末注射成形溶剂脱脂工艺研究 [J]. 稀有金属材料与工程, 2007 (3): 537~540.

[31] 王家惠, 史庆南, 许国红, 等. 粉末注射成形钛合金溶剂脱脂过程研究 [J]. 铸造技术, 2011, 32 (3): 361~365.

[32] 祝爱兰, 钟宏. 溶剂脱脂型金属粉末注射成形粘结剂的研究 [J]. 粉末冶金工业, 2002 (3): 18~23.

[33] Bloemacher M, Weinand D. Metamold-BASF's new powder injection molding system [J]. Metal Powder Report, 1992, 47 (5): 43~44.

[34] Bloemacher M. Acetyl based feedstock for injection moulding and catalytic debinding [J]. Metal Powder Report, 1998, 53 (1): 40.

[35] 郑礼清. 粉末注射成形催化脱脂研究 [D]. 长沙: 中南大学, 2006.

[36] 郑礼清, 李昆, 蒋忠兵, 等. 粉末注射成形新型快速脱脂工艺——催化脱脂 [J]. 材料科学与工程学报, 2008, 25 (6): 980~983.

[37] Bloemacher M. Mechanical properties and microstructures of metal injection molded (MIM) parts made with a new binder technique [J]. Metal Powder Report, 1991, 46 (10): 59.

[38] 潘宇, 路新, 等. Sn 对 TiAl 基合金烧结致密化与力学性能的影响 [J]. 金属学报, 2018,

54 (1): 93~99.

[39] Wang R F, Wu Y X, Zou X. Debinding and sintering processes for injection molded pure titanium [J]. Powder Metallurgy Technology, 2006, 24 (2): 83~87.

[40] Guo S B, Qu X H, He X B, et al. Powder injection molding of Ti-6Al-4V alloy [J]. Journal of Materials Processing Technology, 2006, 173 (3): 310~314.

[41] Liu C, Kong X J, Kuang C J. Research on powder injection molding of grade 2 CP-titanium for biomedical application [J]. Powder Metallurgy Technology, 2016, 34 (4): 281~284.

[42] Ergül E, Zkan G H, Günay V. Effect of sintering parameters on mechanical properties of injection moulded Ti-6Al-4V alloys [J]. Powder metallurgy, 2009, 52 (1): 65~71.

[43] Obasi G C, Ferri O M, Ebel T, et al. Influence of processing parameters on mechanical properties of Ti-6Al-4V alloy fabricated by MIM [J]. Materials Science and Engineering A, 2010, 527 (16): 3929~3935.

[44] Guo S B, Duan B H, He X B, et al. Powder injection molding of pure titanium [J]. Rare Metals, 2009, 28 (3): 261~265.

[45] Miura H. Fabrication of near-α titanium alloy by metal injection molding [J]. Journal of the Japan Society of Powder and Powder Metallurgy, 2004, 52 (1): 43~48.

[46] Itoh Y, Uematsu T, Sato K, et al. Fabrication of high strength α+β type titanium alloy compacts by metal injection molding [J]. Journal of the Japan Society of Powder and Powder Metallurgy, 2008, 55 (10): 720~725.

[47] Takekawa J, Sakurai N. Effect of the processing conditions on density, strength and microstructure of Ti-12Mo alloy fabricated by PIM process [J]. Journal of the Japan Society of Powder and Powder Metallurgy, 1999, 46 (8): 877~881.

[48] Sakurai N, Takekawa J. Effect of the intermediate CIP treatment on density and strength of Ti-12Mo sintered alloy fabricated by MIM process [J]. Journal of the Japan Society of Powder and Powder Metallurgy, 2000, 47 (6): 653~657.

[49] Zhao D, Chang K, Ebel T, et al. Microstructure and mechanical behavior of metal injection moulded Ti-Nb binary alloys as biomedical material [J]. Journal of the Mechanical Behavior of Biomedical Materials, 2013, 28 (1): 171~182.

[50] Dehghan-Manshadi A, Bermingham M, Dargusch M S, et al. Metal injection moulding of titanium and titanium alloys: challenges and recent development [J]. Powder Technology, 2017, 319: 289~301.

[51] Sidambe A T, Figueroa I A, Hamilton H, et al. Metal injection moulding of CP-Ti components for biomedical applications [J]. Journal of Materials Processing Technology, 2012, 212 (7): 1591~1597.

[52] Nyberg E, Miller M, Simmons K, et al. Microstructure and mechanical properties of titanium components fabricated by a new powder injection molding technique [J]. Materials Science and Engineering C, 2005, 25 (3): 336~342.

[53] 王瑞锋, 吴运新, 邹欣, 等. 注射成形纯钛脱粘和烧结工艺研究 [J]. 粉末冶金技术, 2006, 24 (2): 83~87.

［54］ 周蕊. 纯钛催化脱脂工艺及氧对注射成形纯钛力学行为及变形微观机制的影响研究 ［D］.
　　　 长沙：中南大学，2014.

［55］ Ferri O M, Ebel T, Bormann R. High cycle fatigue behaviour of Ti-6Al-4V fabricated by metal
　　　 injection moulding technology ［J］. Materials Science and Engineering A, 2009, 504 （1~2）:
　　　 107~113.

［56］ Obasi G C, Ferri O M, Ebel T, et al. Influence of processing parameters on mechanical prop-
　　　 erties of Ti-6Al-4V alloy fabricated by MIM ［J］. Materials Science and Engineering A, 2010,
　　　 527 （16~17）: 3929~3935.

［57］ Gerling R, Aust E, Limberg W, et al. Metal injection moulding of gamma titanium aluminide
　　　 alloy powder ［J］. Materials Science and Engineering A, 2006, 423 （1~2）: 262~268.

［58］ Kim Y C, Lee S, Ahn S, et al. Application of metal injection molding process to fabrication of
　　　 bulk parts of TiAl intermetallics ［J］. Journal of Materials Science, 2007, 42 （6）: 2048~
　　　 2053.

［59］ Syuntaro T, Tsuneo T, Takashi S, et al. Development of TiAl-type intermetallic compounds by
　　　 metal powder injection molding process ［J］. Journal of the Japan Society of Powder and Powder
　　　 Metallurgy, 2000, 47 （12）: 1283~1287.

［60］ Zhang H M, He X B, Qu X H, et al. Microstructure and mechanical properties of high Nb
　　　 containing TiAl alloy parts fabricated by metal injection molding ［J］. Materials Science and En-
　　　 gineering A, 2009, 526 （1~2）: 31~37.

［61］ Itoh Y, Uematsu T, Sato K, et al. Fabrication of high strength $\alpha+\beta$ type titanium alloy com-
　　　 pacts by metal injection molding ［J］. Journal of the Japan Society of Powder and Powder Metal-
　　　 lurgy, 2008, 55 （10）: 720~725.

［62］ Sakurai N, Takekawa J. Effect of the intermediate CIP treatment on density and strength of Ti-
　　　 12Mo sintered alloy fabricated by MIM process ［J］. Journal of the Japan Society of Powder and
　　　 Powder Metallurgy, 2000, 47 （6）: 653~657.

［63］ Zhao Z M, Wei X Y, Xiong Y H, et al. Preparation of Ti-Mo getters by injection molding ［J］.
　　　 Rare Metals, 2009, 28 （2）: 147~150.

［64］ Chen L, Ting L I, Li Y, et al. Porous titanium implants fabricated by metal injection molding
　　　 ［J］. Transactions of Nonferrous Metals Society of China, 2009, 19 （5）: 1174.

［65］ Aust E, Limberg W, Gerling R, et al. Advanced TiAl6Nb7 bone screw implant fabricated by
　　　 metal injection moulding ［J］. Advanced Engineering Materials, 2006, 8 （5）: 365~370.

［66］ Fu G, Loh N H, Tor S B, et al. Replication of metal microstructures by micro powder injection
　　　 molding ［J］. Materials & Design, 2004, 25 （8）: 729~733.

［67］ 路新，潘宇，刘程程，等. 钛合金空心节点球及其制备方法：中国，201810950399.
　　　 ［P］. 2019-01-17.

［68］ Ye S, Mo W, Lv Y, et al. Metal injection molding of thin-walled titanium glasses arms: A
　　　 case study ［J］. JOM, 2018, 70 （5）: 616~620.

［69］ Ye S, Mo W, Lv Y, et al. The technological design of geometrically complex Ti-6Al-4V parts
　　　 by metal injection molding ［J］. Applied Sciences, 2019, 9 （7）: 1339.

5   钛基合金增材制造技术

<<<<<<<<<<<<<<<<<<<<<<<<<<<<<<<<<<<<<<<<<<<<<<<<<<<<<<<<<<

增材制造（additive manufacturing，AM）技术是一种以激光、电子束或电弧等高能束为热源，以数字模型为基础，运用粉末状、丝状材料，通过逐层堆叠方式来构造实体的技术。其作为先进制造技术的代表，在产品结构功能优化设计、性能调控方面展现出独特优势，可以从根本上最大限度降低钛制品传统成形工艺存在问题，满足高端钛产品的制备要求，因此增材制造技术对于提高钛及钛合金行业经济效益、提升钛工业水平、促进产业结构调整具有关键作用。本章将重点介绍增材制造技术原理及工艺过程、分类及技术特点、增材制造钛产品的组织性能调控及结构优化设计、典型产品应用情况等，最后对增材制造钛合金产品的发展前景做出展望。

5.1   增材制造技术概述

增材制造技术在难熔、高活性、高纯净、易污染、高性能金属材料及复杂结构件的制备方面展现出极大优势，因此成为了材料制备与成形领域的研究热点之一。本节将介绍增材制造技术原理和工艺过程，及选区激光熔化（SLM）、选区激光烧结（SLS）、电子束熔融（EBM）和激光近净成形技术（LENS）四类常用增材制造技术的成形过程及特点。

5.1.1   增材制造技术原理、工艺过程及分类

增材制造技术，也称 3D 打印技术，是 20 世纪 80 年代中期发展起来的一种高新制造技术[1]，它综合了计算机辅助设计技术、数字化信息和自动化控制、激光技术、机械制造、机电技术以及新材料等多领域技术。增材制造技术的核心思想是"离散-堆积"，即先将零件的三维模型沿某一方向离散为一系列二维切片模型，再将二维模型转化成加工轨迹，然后将加工轨迹转化成数控代码输入到加工设备中，执行机构（激光束或喷头）按照数控代码逐层加工，最终制造出零件实体[2,3]。因此，相比于传统铸造、锻压、焊接等减材或等材制造方式，增材制造技术具有更独特的技术优势，具体如下：

（1）加工精度高，制造周期短，制造灵活性高。利用传统技术制造复杂零部件时，生产周期长、效率低、成本高且工艺复杂，如需要模具或将切削、加工

等多种工艺结合。而增材制造技术是由 CAD 模型直接驱动，无需设计制造模具、夹具，且无需机加工处理，大幅缩短了生产周期、极大降低了制造成本、提高了复杂制件的制备精度。如果实际成形零件不能满足服役要求，还可通过修改三维模型进行优化设计，再导入设备进行制造，这一过程极大加快产品研发速度。因此，增材制造技术特别适于开发高附加值复杂结构产品和大规模生产前设计与研发的验证环节等。

（2）材料利用率高，节约成本。传统减材制造方式以大块坯料为原料，经过机械加工得到所需零件，这一过程会造成材料的极大浪费，特别是对于复杂薄壁结构零件，一般材料利用率不足 10%，甚至某些特殊复杂结构难以通过机械加工获得。而增材制造技术可以实现零件的近净成形，材料利用率接近 100%；并且在增材制造生产过程中，未熔化的金属粉末可以回收利用，极大地提高了材料利用率，降低了生产成本。

（3）适用的原材料范围广，可实现功能梯度零件制造。增材制造以激光束、电子束等高能束流作为热源，可通过调节激光及电子束功率熔化不锈钢、镍基合金、钛基合金、高强铝合金、黄金等金属材料，以及陶瓷、尼龙和聚酯乙烯等非金属材料，理论上只要能被高能激光束或电子束熔化的金属皆可作为原材料。也可以根据零件的服役要求，调整粉末配比及送粉机制，使零件在不同的位置由不同的材料组成，从而使材料的性能和功能呈现梯度变化，实现功能梯度材料制造。

（4）成形件综合性能优异。增材制造成形过程具有快速熔化与凝固特点，高能量的激光束、电子束可以使成形件组织细小均匀。相对于传统铸造工艺，其晶粒尺寸更为细小。此外，在快速熔凝过程中通常会形成特殊组织，无宏观偏析，综合性能显著优于铸件，并达到锻件水平，尤其在力学性能、耐腐蚀性能和化学稳定性等方面。

根据美国 ASTM 标准分类，金属增材制造技术主要可分为两大类：粉末床熔融技术（powder bed fusion，PBF）和定向能量沉积技术（directional energy deposition，DED），根据能量源属性（电子束、激光或电弧）、原材料状态（粉末、线材、丝材）又可将这两大类成形工艺分为多种典型制备技术。

粉末床熔融（PBF）技术是由麻省理工学院（MIT）率先提出，主要针对陶瓷、金属等粉末材料，是一类通过热能选择性地熔化/烧结粉末床特定区域的增材制造工艺[4]。其具体工艺流程为：先将一层金属粉末铺设到构建基板上，然后能量源（激光或电子束）按当前层的轮廓信息选择性地熔化基板上的粉末，加工出当前层的轮廓后，基板下降一个层厚距离，进行下一层加工，直至完全打印出产品为止，其技术原理如图 5-1 所示[5]。根据能量源属性可将粉末床熔融分为以激光为热源的选区激光熔化（selective laser melting，SLM）和选区激光烧结（slective laser sintering，SLS），以及以电子束为热源的电子束熔融（electron beam melting，EBM）。

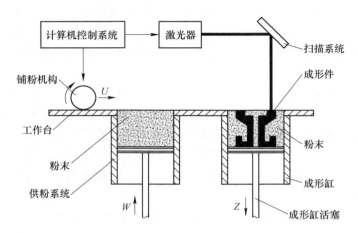

图 5-1　粉末床熔融原理示意图

定向能量沉积（DED）是一类利用聚焦热能将材料同步熔化沉积的增材制造工艺[4]，可用于钛基合金、不锈钢、金属玻璃、金属复合材料及多层材料等的制备和制件修复。与粉末床熔融方法不同，定向能量沉积的原理类似于材料挤出，但是喷嘴不固定在特定轴上，而是在多方向移动的机械臂上。通过系统控制安装在多轴机械臂上的喷嘴将进料聚集到工作台面上，与激光汇于一点后熔融金属并焊接起来，其技术原理图如图 5-2 所示。与其他增材制造技术相同，产品是逐层构建，对于两轴或三轴系统，每一层沉积完后，喷嘴会向上移动，四轴或五轴系统则可同时移动喷嘴和底座，彼此独立，因而可构建更复杂的几何形状。定向能

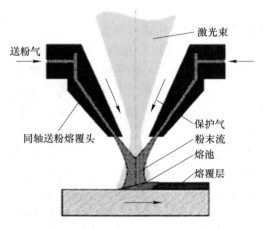

图 5-2　定向能量沉积原理示意图

量沉积可分为激光近净成形（LENS）、直接金属沉积（DMD）、直接激光制造（DLF）、激光快速成形（LRF）及激光沉积/熔覆（LMD）。在商业化激光定向能量沉积装备开发领域，美国 OPTOMEC 公司推出的定向能量沉积系统系列装备可实现高速高质量的金属零件成形。此外，美国 ADDITEC、韩国 InssTek、德国 DMGMori 和 TUMPF、西班牙 Meltio 等公司也陆续推出了各自的激光定向能量沉积设备[6~8]。

由于工作原理差异，PBF 与 DED 拥有各自的技术特点及适用领域。PBF 技术具有更高的沉积速率与成形精度，适用于绝大多数金属材料及陶瓷材料的制备。相比之下，DED 技术成形速率稍低，但其不受粉末床成形腔尺寸限制，可以提供多种材料集成打印以及在现有零件上添加金属的能力，适用于多种材料集成和制件修复。接下来将对目前 PBF 技术中应用最为广泛的 SLM 技术、EBM 技术和 SLS 技术，以及 DED 技术中应用广泛的 LENS 技术进行介绍。

5.1.2 几种典型增材制造技术简介

5.1.2.1 选区激光熔化技术 SLM

SLM 技术也可以称为激光粉末床熔融（L-PBF），是目前应用最普遍的增材制造技术。该技术以激光作为热源，通过聚焦后的激光束逐点熔化金属粉末而后凝固成形，其工作原理如图 5-3 所示。具体成形过程：首先，成形缸活塞下降一定距离 Δh，辅粉辊将粉末从供粉区铺到成形区，形成一定层厚的粉层（20~100μm）；随后，激光器发出激光束，透镜根据零件的加工轨迹将光束进行偏摆并投射在加工平面上，光束经聚焦后形成高能量密度的光斑，光斑逐点熔化粉末

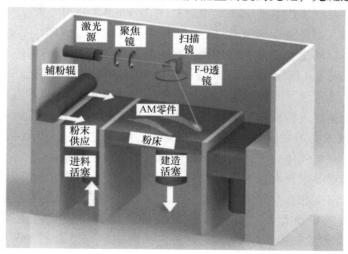

图 5-3 选区激光熔化成形示意图

形成熔池，熔池凝固后形成实体；当前一层加工完成后成形缸活塞再下降 Δh，重复上述步骤完成新的循环，如此周而复始地进行"熔化-凝固"过程，直到零件所有切片信息执行完毕，即加工完成。SLM 的整个加工过程需在惰性气体（通常是氩气）保护下进行，以避免在高温下金属发生氧化，同时可以移除飞溅颗粒及金属蒸发产生的金属蒸气。

SLM 技术成形过程中所采用的高能精细聚焦光斑，可以直接快速熔化预置金属粉末，从而使不同粉层及不同熔道之间产生冶金结合，无需低熔点金属粉末或高分子聚合物作为黏结剂。因此，SLM 技术成形零件的致密度可高达 99% 以上；光斑尺寸小、成形件表面质量好、尺寸精度高，适用于薄壁零件成形。此外其对制造复杂结构件、高强度金属结构零件以及功能梯度材料等方面具有较好的成形适用性，被认为是最具潜力的增材制造技术。杜宝瑞等[9]基于 SLM 技术研发了航空发动机喷嘴，打印误差小于 0.2mm，满足局部精加工的余量要求，随炉试件的力学性能达到传统铸锻件水平。此外该团队还研发了增材制造 Ti-15Al-5V-5Mo-3Cr 合金，相比于同类产品，该合金显示出良好的拉伸性能，是一种航空航天和生物医用领域极佳的候选材料。但 SLM 技术也存在局限性，其对粉末的流动性和粒度分布具有较高要求，所用粉末必须为粒径 $15 \sim 53 \mu m$ 的高流动性球形粉末，而当前该种粉末的市售价格最高，达到 3000 元/kg，因此该技术会大幅提高生产制造成本，极大限制了钛基合金 SLM 技术在各领域的规模化应用。此外，该技术在零件悬垂区域需要添加一定支撑，而成形后部分支撑结构难以去除，进而带来附加的制造成本。

5.1.2.2　电子束熔融成形技术 EBM

电子束熔融成形技术（EBM）由瑞典的 Arcam AB 公司开发，其工作原理与 SLM 技术相似，都是将金属粉末完全熔化凝固，逐层加工成形。不同的是，EBM 是以聚焦的高能高速电子束为能量源，在真空保护下高速扫描加热预置的粉末，其工作原理如图 5-4 所示[10]。EBM 技术的电子束输出能量通常比 SLM 的激光输出功率大 1 个数量级，其扫描速度也远高于 SLM，因此 EBM 技术在构建过程中，需要对造型台整体进行预热，防止成形过程中温差过大而带来较大的残余应力。此外，EBM 技术必须在仅含少量氦气的真空环境中进行，在空气甚至惰性气体气氛中，电子在与气体分子碰撞或相互作用时都会发生偏转。

电子束熔融技术具有以下优点：（1）相比于 SLM 技术，EBM 技术成形过程中较高的基台温度和真空环境下较慢的冷却速率使得零件中的残余应力更少，易形成更为粗大的显微组织，导致零件抗拉强度较低，但具有更高的塑韧性；（2）对粉末粒度要求相对较低，其更高的电子束功率（可达到 3kW 以上）可以对更大尺寸的钛粉原料（$45 \sim 105 \mu m$）进行成形，且高功率的电子束可以实现极高的沉积速率，成形效率高；（3）真空环境有利于制件防护，电子束熔融沉积

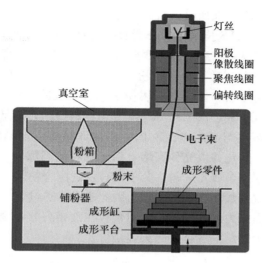

灯丝
阳极
像散线圈
聚焦线圈
偏转线圈
真空室
电子束
粉箱
成形零件
粉末
铺粉器
成形缸
成形平台

图 5-4 电子束熔融技术示意图

成形在 10^{-3} Pa 高真空环境中进行，有效避免了空气中有害杂质（氧、氮、氢等）在高温状态下混入金属零件，非常适合钛、铝等活性金属加工；（4）制件内部质量好，电子束是"体"热源，熔池相对较深，能够消除层间未熔合现象，同时利用电子束扫描对熔池进行旋转搅拌，可以明显减少气孔等缺陷；（5）加工材料范围广，由于电子束能量密度高，可使任何材料瞬时熔化、汽化且机械力的作用极小，不易产生变形及应力积累；（6）成形后的制件被板结的粉末床包围，可以起到一定的支撑悬垂区域的作用，对支撑材料的需求减少。

但是 EBM 技术也同样存在不足，主要表现在：（1）由于电子质量远大于光子，因此与激光束相比，电子束具有更大的动能，在成形过程中粉末会被电子束推开造成飞溅或粉末分布不均，从而降低成形件的致密度，甚至导致连续成形失败，因此需要严格控制 EBM 成形工艺，从而保证 EBM 制件的致密度；（2）EBM 成形过程中会产生 X 射线，需要昂贵的专用设备和真空系统加以防护，因此设备庞大，且设备成本较高；（3）预热后的金属粉末处于轻微烧结状态，成形结束后多余的粉末需要喷砂等工艺才能去除，复杂造型内部的粉末甚至可能难以去除；（4）较大的粉末尺寸和层厚使成形零件的表面粗糙度普遍高于 SLM，需根据零件的应用要求对表面进行机加工或抛光处理；（5）高真空度与高温的结合易导致钛合金中某些成分损失，如 Ti-6Al-4V 合金中的 Al 元素易挥发丢失。

5.1.2.3 选区激光烧结技术 SLS

选区激光烧结（SLS）技术是最先发展起来的粉末床激光加热增材制造技术，为金属材料的 3D 打印开辟了新道路，在某种意义上，SLM 以及 EBM 技术都是建立在 SLS 技术的基础上进一步演化而来的。其基本原理是使用能量密度较低的激光束作为热源，将粉末加热至略低于熔点，进而实现粉末的固相烧结，其技术原理如图 5-5 所示。SLS 技术主要分为直接烧结和间接烧结两种工艺方法，二者的主要区别在于原材料粉末是否需要聚合物作为黏结剂。直接烧结法是将激光源直接作用于金属粉末，对于纯金属粉末，如 Sn、Al、Fe 等，激光加热直接进行固相烧结。对于高熔点和低熔点金属粉末混合而成的双组元金属粉末，如 Al-Mg、Al-Si、Ni-Sn、Cu-Sn、Fe-Cu、Ni-Cu 等，在特定激光能量密度下，加热温度处于混合粉末中低熔点与高熔点区间内，在保证高熔点金属粉末保持固态的同时，低熔点金属粉末熔化并填充到高熔点粉末颗粒的间隙中，最终烧结成形[11]。间接成形法通常适用于金属粉末与高分子聚合物的混合粉末，由于高分子聚合物具有较高的激光吸收系数和较低的熔点，因此激光加热过程中优先熔化，在液相表面张力和固相界面张力的作用下，金属颗粒在液相高分子聚合物中重排，最后凝固形成以有机物为黏结剂的金属骨架烧结件。

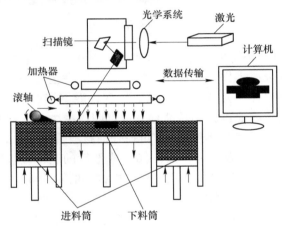

图 5-5　选择性激光烧结原理图

　　SLS 技术的成形原理决定了其具有以下优势：（1）SLS 技术使用了较低的激光能量密度进行材料的制备，在制备过程中球化现象小；（2）SLS 技术烧结速度快，一定程度上节约了能源；（3）SLS 技术材料适用范围广，理论上可加热成形任何能形成原子间黏结的粉末材料，无需使用有机溶剂，且在宏观和微观尺度上易于制作复杂的双相支架几何结构。Hollander 等[12]利用 SLS 工艺制备了孔径尺寸在 500~700μm 的网格状钛合金结构和人体椎骨复制品，且具有优异的生物相容性。

　　然而，相比于 SLM 工艺，SLS 加工钛及钛合金的研究较少，仅集中于有限的几种 Ti 合金，其中 Ti-6Al-4V 合金研究最广泛。直接烧结法中由于激光能量较低，金属粉末颗粒为固相烧结，成形件中孔隙率较高，致密度低，力学性能较差[11, 13]。例如，Das 等利用 SLS 技术得到的样品致密度仅达到92%，随后采用热等静压工艺提高零件的致密度。间接烧结法通过大基质粉末中涂覆或混合低熔点的材料降低粉末烧结的目标温度，可以在一定程度上提高制件的致密度。但是由于基质中黏结剂的分布不均匀，易导致制件各部分性能不均匀；并且间接烧结法在 SLS 过程之后，需进行脱脂烧结使有机黏结剂进一步分解和去除，然后通过等静压和熔渗等后处理工艺来提高零件的致密度。这会导致生产周期延长，生产成本增加，并且后处理过程会使零件收缩，导致零件的尺寸精度降低。

5.1.2.4 激光近净成形技术 LENS

激光近净成形技术（LENS）由美国 Sandia 国家实验室在 1996 年提出，并于 2000 年获得相关专利。该技术同样是通过三维建模软件设计成形件结构，切片成为二维轮廓数据，利用激光器进行逐层 3D 打印成形，但是其将激光选择性烧结技术和同步送粉激光熔覆技术结合，高功率的激光头与送粉系统相配合，金属粉末通过送粉器在惰性气体保护下均匀送至打印部位（局部送粉），在高能量激光作用下形成熔池，逐层打印形成三维制件，其工作原理如图 5-6 所示[14]。此外，该技术还可以对零件破损部位进行修复，首先将损坏区域通过铣削方式切除，然后根据待修复区域绘制 CAD 模型，对激光近净成形设备进行预编程，最后将粉末局部送入待修复区，逐渐构建成完整零件。LENS 技术成形钛合金主要应用材料为 Ti-6Al-4V 双相钛合金，另外也包括 Ti-6Al-2V-6Mo、Ti-25V-15Cr-2Al-0.2C 等钛合金材料。钛合金因化学性质活泼极易被氧化，因此整个成形过程中需在惰性气体保护下进行。

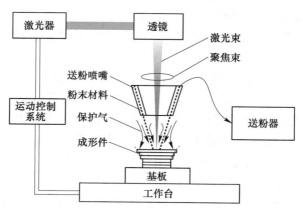

图 5-6 激光近净成形技术原理

与 SLM 技术相比，LENS 技术激光头的运动不再受二维粉床平台限制，可实现三维运动；该技术成形过程中金属粉末与基体几乎在同一时间受热，可避免 SLM 过程中存在的粉末与基体之间温差大的问题，粉末材料中的部分合金元素因温度过高而烧损现象，同时也可避免受热不均导致较大的热应力；激光热能利用率高，能耗少，熔覆层中的气孔率低、开裂倾向较小；其同步输送原料粉末的特征，在进行功能梯度材料加工方面具有显著优势，只需改变不同种粉末的送粉速度即可实现不同成分比例的样件制备，进行新型合金设计和损伤构件的高性能成形修复。西北工业大学的陈静等[15, 16]通过改变激光功率、搭接率等，研究了各工艺参数对 Ti-6Al-4V 合金组织及成形质量的影响规律，制备了高致密度成形件。

　　LENS 技术也存在一些问题：（1）高能激光束局部热输入易产生局部热效应，导致熔池温度场处于非稳态，进而在成形件中形成残余应力；（2）设备较昂贵、速度与精度之间的矛盾等问题也尤为突出。

5.2　钛基合金增材制造过程控制

　　增材制造技术是一种集结构设计、组织与性能控制于一体的技术，其制备过程中独特的快速熔凝特点导致增材制造钛合金往往具有与传统加工方法不同的显微组织结构，因此深入了解不同增材制造工艺下钛合金的组织演变以及力学性能尤为重要。本节就几种典型增材制造钛合金的显微组织、力学性能、成形缺陷及后处理方法展开详述。

5.2.1　典型增材制造钛合金

　　目前使用最普遍的钛合金分类方法是根据退火（空冷）后的相组成，可将钛合金分为 α、β 和 α+β 钛合金三大类，牌号分别以 TA、TB 和 TC 加上顺序号数字表示，组织类型通常由等轴组织、双态组织、网篮组织、魏氏组织四类构成[17, 18]。

　　（1）等轴组织：等轴 α 相分布在 β 转变基体上，如图 5-7a 所示。当加热温度低于 β 相变温度（30~100℃），充分的塑性变形和再结晶退火可形成该种组织。加热温度是影响等轴 α 相含量及尺寸的关键要素，且随着温度的升高，等轴 α 相体积占比降低，颗粒尺寸增大。等轴组织的高低周疲劳寿命、组织受热保持稳定的性能和拉伸时抵抗变形的能力都较好，但其断裂强度和韧性均较低。

　　（2）双态组织：等轴状的原始 α 相和转变 β 相组织中的次生片状 α 相按照彼此分离的形式遍布于基体 β 相上，如图 5-7b 所示。当升温至高于 α+β 双相区温度或者发生变形时，可获得该种形态的组织。双态组织兼具等轴状组织和魏氏组织优势，其抗拉强度、断裂塑性、韧性等多种性能匹配良好。

　　（3）网篮组织：网篮交错编排的 α 相片状组织分布于 β 相转变基体上。变形过程中，少量颗粒状 α 相晶界沿原始 β 晶界断续分布，破坏了初始 β 晶界，片状 α 相长宽比例下降，α "束集" 尺寸减小，如图 5-7c 所示。当合金在双相区变形较小时，或者加热温度在 β 相区内及变形初始阶段，可获得该种网篮组织。网篮组织发生断裂时的韧性较佳，进行高周次疲劳试验时，其寿命较长，但该种组织的伸长率和热稳性较差。

（4）魏氏组织：α 相沿着粗大的原始 β 晶粒形成连续的晶界镶边，同时 β 晶粒内存在彼此互相平行的细长片状 α 相，如图 5-7d 所示。当加热温度位于 β 相区内或者合金变形量不大时，一般形成该种组织。魏氏组织在强度和韧性方面颇具优势，但延伸性、疲劳寿命及热稳性较差。

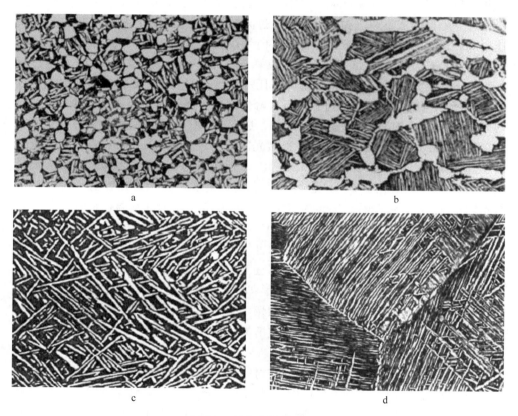

图 5-7 钛合金的微观组织

a—等轴组织；b—双态组织；c—网篮组织；d—魏氏组织

接下来编者将分别介绍几种典型增材制造钛合金制件的显微组织及力学性能。

5.2.1.1 α 型钛合金

α 型钛合金主要由 α 稳定元素（如 Al、Sn）和中性元素（如 Zr）组成，这些元素能够起到扩大 α 相区和固溶强化的作用。α 型钛合金组织稳定，高温性能优异，在 500~600℃ 服役条件下的耐热性高于铝合金且呈现抗蠕变特性，室温强度相对较低，但塑性良好。此外 α 型钛合金的抗氧化性优异，可焊接性好，耐磨性也高于纯钛。因为它不能热处理强化，故 α 型钛合金的性能和使用范围受到极大限制，通常对其进行热轧或退火后再进行加工制造。

TA15（Ti-6.5Al-2Zr-1Mo-1V）钛合金具有比强度和屈强比高、耐热性和耐蚀性优异等特点，在航空航天、核能化工和海洋工程等领域中应用前景广阔。目前，国际上关于 TA15 合金 SLM 成形技术的研究报道较少，主要集中在激光熔化沉积（Laser Melting Deposition，LMD）领域。LMD 技术和 SLM 技术在成形方式上略有差异但是成形原理类似，都是通过激光熔化金属粉末形成微小熔池后经快速凝固并逐层叠加而形成致密零件。国内外众多学者对 TA15 合金的 LMD 成形技术进行了广泛研究。北京工业大学郭彦梧等[19]研究了 SLM 成形 TA15 合金过程中激光参数对试样显微组织与性能的作用规律，研究表明：SLM 成形态组织由针状 α′ 马氏体构成，并且沉积过程中五次峰值温度不同的热循环导致针状马氏体出现分级现象。随着激光能量密度的增加，成形态试样的抗拉强度逐渐降低，屈服强度逐渐增加，伸长率逐渐降低。当激光能量密度为 52.91J/mm^3 时，其抗拉强度达到 1250MPa，屈服强度达到 1063MPa，延伸率为 3.1%。北京航空航天大学王华明院士等[20]研究了 LMD 成形 TA15 合金的力学性能，研究表明：利用 LMD 技术制备的 TA15 合金具有优异的室温、高温力学性能，其室温拉伸性能优于热轧退火态，500℃ 高温拉伸性能和 500℃/471MPa 下高温持久寿命均超过热轧退火态，光滑试样及缺口试样的疲劳性能也优于锻造态。增材制造过程中往往会不可避免存在残余应力，故而如何通过调整工艺参数以减小制件中的残余应力也十分关键。有科研工作者在研究 LMD 成形 TA15 合金残余应力的影响因素时发现，熔池大小对残余应力具有较大影响，激光功率增加导致熔池尺寸增加，熔池冷却收缩引起的变形量增加，因此残余应力增加。扫描速度增加，熔池尺寸减小，相应的残余应力也将逐渐降低[21]。

此外，相关科研工作者还研究了增材制造钛合金不同取样方向与冲击性能间的关系。如钦兰云等[22]研究了 LMD 成形 TA15 合金在不同取样方向上的冲击性能，研究表明：激光沉积试样的宏观组织为垂直并贯穿多个沉积层的粗大 β 柱状晶，β 柱状晶内为典型的网篮状近 α 型钛合金组织，经 850℃/1.5h/AC 退火后组织为细长针状形貌；此外，两种方向上的冲击断裂方式不同，沿沉积方向上呈半韧性半解理断裂，沿垂直沉积方向上呈脆性解理断裂。

热处理常用作增材制造钛合金的后处理手段，用以释放材料残余应力，调控材料组织成分，从而优化零件力学性能。杨光等[23]发现，对于 LMD 成形 TA15 合金，显微组织中 α 相的长宽比随着退火温度升高而变大，且制件沿沉积方向的抗拉强度明显低于沿垂直沉积方向的抗拉强度，并指出温度累积导致的冷却速度差异和热循环差异是使沉积层沿着沉积高度方向上组织形貌发生变化的主要原因。Zhu 等[24]研究了两相区热处理冷却速度对 LMD 成形 TA15 合金组织的影响，研究表明加热到两相区然后水淬得到等轴状初生 α 相和细小 α′马氏体基体，随着水淬起始温度降低，初生 α 相体积分数增加，并析出次生 α 相；随着水淬冷却速度增加，析出的次生 α 相变得更细小。Li 等[25]研究了固溶时效热处理对 LMD 成形 TA15 合金的影响，研究表明：LMD 成形态组织为网篮状 α+β 组织，经过 β 单相区固溶后得到 α′马氏体组织。合金显微硬度随着时效温度增加而降低，原因在于时效温度的增加使 α′马氏体中析出 β 相，并经历了粗化的过程，因此 β 相的析出对强度和硬度有着重要影响。

5.2.1.2 β 型钛合金

β 型钛合金是发展高强钛合金潜力最大的合金，可以对其进行热处理以获得满足需求的组织。受 β-Ti 稳定元素影响，该合金的 Ms 点一般低于室温，所以淬透性高，经过空冷或水冷至室温可以得到单相 β-Ti 组织，然后经时效处理可以大幅提高强度。在淬火状态下能够冷成形是 β 型钛合金的一大优点，因为体心立方结构的 β-Ti 具有良好的塑性。β 型钛合金中含大量 β 稳定元素，如 Mo、V，这样一方面会大幅增加合金成本，另一方面在热加工时容易产生偏析导致性能在一定范围内产生波动且不适于高温环境。β 型钛合金因具有良好的力学性能已成为工业生产中广泛使用的材料。一些新型无毒的 β 型钛合金如 Ti-Nb-Zr-Sn、Ti-Nb-Zr-Mo-Sn、Ti-Nb-Ta-Zr 等不仅具有传统 β 型钛合金高强度、高塑性和耐蚀性等特点，而且与天然骨骼弹性模量更为接近。因此，β 型合金被认为是医用承重植入物的新一代先进生物材料。

与 CP-Ti 和 Ti-6Al-4V 相比，β 型钛合金在增材制造方面的研究工作还相对较少，这主要是因为商用 β 型钛合金粉末难以获得。β 型钛合金增材制造的开创性工作是利用 SLM 技术成形 Ti-24Nb-4Zr-8Sn 合金（Ti2448）。Zhang 等[26]研究了 SLM 制备生物医用 Ti-24Nb-4Zr-8Sn 合金时激光扫描速度与样品的致密度和硬度之间的关系，如图 5-8 所示。结果表明：适当的激光扫描速度可以产生较高的激光能量密度，增强熔池的熔化行为和稳定性，从而得到高密度零部件。此外，当扫描速度在 300~900mm/s 范围内时，合金硬度在很大程度上受致密度影响。而且研究发现，即使致密度较低（扫描速度为 225mm/s），硬度仍然非常高。他们认为这是粉末完全熔化造成的，样品内部在较低的扫描速度下实现了完全致密。若输入的激光能量密度过高，则会导致样品表面光洁度较差，从而降低合金整体的致密度。Liu 等[27]利用 SLM 制备的 β 型 Ti-25Nb-3Zr-3Mo-2Sn 合金与传统的热轧合金相比，具有更优良的强度和塑性。原因在于，SLM 制备的 Ti-25Nb-3Zr-3Mo-2Sn 合金其微观组织中形成了细小的柱状晶粒和亚晶粒、强织构以及存在相变诱导塑性等效应。

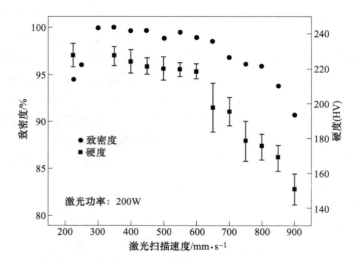

图 5-8　SLM Ti-24Nb-4Zr-8Sn 合金的激光扫描速度与样品致密度和硬度的关系

对于 β 型多孔合金的增材制造工艺，也有相关科研人员进行了研究。Liu 等[28]利用 EBM 技术制备了具有菱形十二面体结构的 β 型 Ti2448 合金，并初步建立了孔隙率和杨氏模量之间的反比关系。当合金的孔隙率分别为 67.9%、72.5%、75.0%、77.4%、79.5% 和 91.2% 时，对应合金的杨氏模量分别约为 1.7GPa、1.4GPa、1.2GPa、1.0GPa、0.9GPa 和 0.4GPa。此外，据报道，随着孔隙率的增加，样品的超弹性也得到改善。与 Ti-6Al-4V 相比，Ti2448 多孔合金样品的正火疲劳强度和塑性更好。另外，Liu 等[29]还利用 SLM 技术制备了多孔立方、菱形十二面体以及拓扑优化 G7 结构的 Ti2448 合金进行对比研究。结果表明，多孔结构制件的弹性模量在人体自然骨组织模量值范围内，其中菱形十二面体结构的最低模量为 1.13GPa，而立方结构和拓扑优化的 G7 结构其弹性模量分别为 3.3GPa 和 2.3GPa，与松质骨接近。

5.2.1.3　α+β 型钛合金

α+β 型钛合金中 β 稳定性元素的添加量一般在 2%～10% 之间，以保证合金中含有一定数量的 β-Ti，这样才能使 α+β 型钛合金具有良好的加工性和热处理强化能力。因此，β-Ti 稳定元素的含量在很大程度上决定了 α+β 型钛合金性能。抑制 β 相在冷却时的相转变，随后进行时效处理控制 α-Ti 的析出程度，可以控制 α+β 型钛合金的相组成，从而起到调控 α+β 型钛合金强度、塑性等性能的作用。α+β 型钛合金的组织和性能有较大的调整空间，所以 α+β 型钛合金是目前研究及应用最广泛的一类钛合金。

TC4 合金是最成熟的一种 α+β 型钛合金，国际上通常用其化学成分命名为 Ti-6Al-4V 或者 Ti64。其中 Al 元素属于 α 稳定元素，可以提高 β 相变温度，扩大

α 相区范围，在 α 相中的固溶度较高，一定范围内 Al 含量的增加可以提高材料强度。V 元素是 β 同晶型稳定元素，可以使 β 相变温度降低，β 相区范围扩展，无限固溶于 β 相，实现强度、热稳定性和塑性的改善。而铁、氧等属于杂质成分，其含量会影响材料的强度和韧性。TC4 合金中元素的波动范围较宽，因而其拉伸强度通常在 800~1200MPa，伸长率在 4%~16%，断裂韧性在 33%~100% 范围波动，并受加工工艺、热处理制度等的影响。该合金密度约为 4.44g/cm³，室温弹性模量为 112GPa，α+β 相变点为 975±5℃，硬度为 293~361 HB，广泛应用于航空航天、医疗、建筑、化工、体育、电力等领域。

SLM 和 EBM 制备的 TC4 合金均具有优异的抗拉强度和耐腐蚀性能，但是由于 SLM 和 EBM 工艺过程中的冷却/凝固速率以及热行为有所差异，因此 SLM 和 EBM 制备的 TC4 合金具有不同的显微组织形貌。由于 SLM 工艺过程中的冷却速率（10^3~10^8K/s）[30] 远高于 β 相向 α′ 相转变的临界冷却速率（410K/s），因此 TC4 合金经 SLM 成形后，在试样内部往往形成均匀分散的细针状马氏体 α′ 组织，如图 5-9a 所示，具有较高的致密度及强度，但是塑性较差。相比之下，传统 5 级

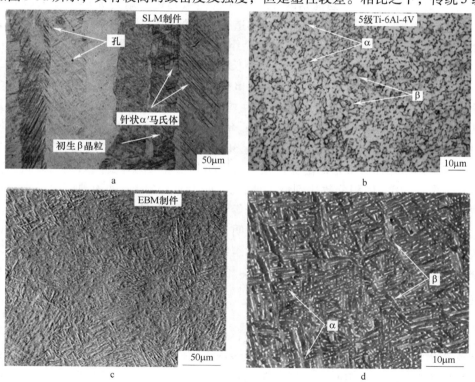

图 5-9　不同工艺制备的 TC4 合金的显微组织[37,38]

a—SLM 制备的 TC4 合金的显微组织；b—5 级 TC4 合金棒材（亮区为 α 相，暗区为 β 相）的显微组织；
c，d—EBM 制备的 TC4 合金的显微组织

TC4 合金由于冷却过程缓慢而呈现典型的 α+β 双相显微组织结构，如图 5-9b 所示。EBM 制备的 TC4 合金其显微组织为网篮组织，如图 5-9c 和 d 所示，其中波浪柱状的初生 β 晶粒由层状 α 相形成的晶界所包围，片层 α 相的厚度由能量输入和冷却速度决定。随着能量输入的增加，层状 α 相的厚度增加，故而屈服强度有所下降。由上述分析可知，SLM 技术制备的 TC4 合金由占主导地位的针状 α′ 和 β 相组成，而其中 EBM 技术制备的 TC4 合金由占主导的微细层状 α 相和 β 相组成（α′ 马氏体在冷却过程中分解成微细片层状的 α 和 β 相）。国内东北大学的 Zhao 等[31] 利用 SLM 与 EBM 两种方式对所制 TC4 合金的显微组织和力学性能的作用差异进行了研究，结果表明：SLM 与 EBM 成形由于成形态组织存在差异，导致两种成形方式在力学性能上也显著不同；与 EBM 成形态力学性能相比，SLM 成形态强度较高，但延伸率相对较差。

影响 SLM 成形 TC4 合金试件显微组织和力学性能的因素有：SLM 成形前的粉末性质，如粉末成分、粉末粒度、形状等；SLM 成形过程中的光束参量、运动参数、扫描参量等[32]，当前国内外对 TC4 合金激光选区熔化成形工艺的研究较为成熟，如澳大利亚航空航天与机械制造工程学院 Xu 等[33] 开展了 SLM 成形 TC4 合金力学性能研究，发现 SLM-TC4 合金组织内部形成了针状 α′ 马氏体和少量柱状 β 相，其屈服强度超过 1100MPa，伸长率达 11.4%，优于传统工艺成形的 TC4 合金；南非斯坦陵布什高校机械工程系 Becker 等[34] 研究发现 SLM 成形 TC4 合金的拉伸性能、裂纹扩展行为及断裂韧性均优于锻造钛合金，而且大多数商业化 SLM 成形工艺材料的致密度接近 100%；华南理工大学王小龙等[35] 研究了不同倾斜角度（试样与基板平面所成的角度）SLM 成形 TC4 合金制件的显微组织及力学性能，结果表明：成形时的倾斜角度是影响各相含量的重要因素，当倾斜角度为 45°时，β 相的体积分数达到最大值，且在相应试样的强度和硬度也最高；中航工业北京航空工艺研究所李怀学教授等[36] 研究了 SLM 成形 TC4 合金试样的表面特征、显微组织及力学性能，结果表明，成形态合金的表面粗糙度约为 10μm，组织为柱状晶，平行和垂直沉积方向的组织存在各向异性，且在 400W 的激光功率、7000mm/s 的扫描速度下制得的 TC4 合金其拉伸强度达到 1100MPa，伸长率达 11%，拉伸性能与锻件标准相当。

5.2.1.4　TiAl 基合金

TiAl 基合金是一种典型的 γ 型合金，由钛和铝接近等量的原子比形成的金属间化合物。其密度较低，仅为 $3.8 \sim 4.0 \mathrm{g/cm^3}$，不足镍基高温合金一半，而室温弹性模量高达 160~170GPa，且 750℃ 弹性模量仍能维持在 150GPa，与 GH4169 等高温合金相当；此外 TiAl 基合金还具有高比强度、高蠕变抗力、优异的抗氧化和抗阻燃性能，能在 760~850℃ 高温下长期稳定工作。因此，TiAl 基合金作为轻质高温结构材料已应用于新一代航空航天飞行器及发动机的高温结构部件，如高压压气机叶片、低压涡轮叶片、壳体、连杆等[39, 40]。

Schuster 和 Palm 给出了目前最权威的 Ti-Al 二元相图，如图 5-10 所示。由相图可知，TiAl 系合金中主要有 TiAl$_3$、TiAl$_2$、TiAl 以及 Ti$_3$Al 四种金属间化合物。在一定的 Al 含量区间，γ 单相区可以一直保持到 1450℃。此外，具有 TiAl 化学计量成分附近的合金可以加热到 α 单相区，然后利用各种不同的相变，通过不同的热处理工艺得到多种显微组织，而其他金属间化合物一般不具有这种特征。TiAl 基合金具有较宽的成分范围，根据 Al 含量的高低可以将其分为 γ 单相合金（约大于 49% Al（原子分数））和 γ+α$_2$ 相组成的双相合金（约小于 49% Al（原子分数））。但研究表明，γ-TiAl 单相合金的室温塑性和断裂韧性不足，没有工程应用价值，而由 γ+α$_2$ 构成的双相组织合金则具有良好的综合性能。因此，目前对于先进 γ-TiAl 合金的研究工作大多集中于 Al 含量（原子分数）在 43%～49% 的 TiAl 双相合金。

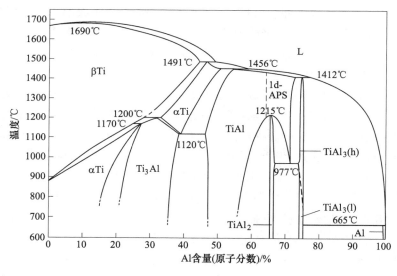

图 5-10　Ti-Al 二元相图

然而，TiAl 基合金的室温脆性大、热变形能力低，采用传统的锻造、精密铸造、粉末冶金等技术均难以制造具有复杂形状，特别是具有空腔结构的钛铝合金叶片，限制了其性能的进一步提升。而增材制造技术能够突破材料形状的制约，有望发展成为制造 TiAl 基合金复杂结构零部件的新技术。近 20 年来，国内外针对 TiAl 基合金增材制造技术进行了广泛研究，并取得了一系列的研究成果，使得增材制造技术在 TiAl 基合金零部件制造领域显示出巨大的发展潜力和广阔的应用前景。目前，应用于 TiAl 基合金的增材制造技术主要有选区激光熔化、电子束选区熔化以及激光金属沉积。

TiAl 基合金的 SLM 增材制造已有不少研究，但 SLM 过程中的超高冷却速度（可高达 10^6 K/s 以上）导致的较大残余热应力及其固有的脆性问题，使 SLM 成形的钛铝合金极易产生裂纹[41]。2011 年，Loeber 等[42] 率先利用 SLM 技术成形 γ-TiAl 基合金，但成形的 Ti-48Al-2Cr-2Nb 合金中存在大量的裂纹和气孔等缺陷，推测 TiAl 基合金的本征脆性和 SLM 成形热应力是导致开裂的主要原因。之后，他们开展了 Ti-43.5Al-4Nb-1Mo-0.1B（TNM-B1）合金 SLM 成形工艺和组织性能研究，并制备出十二面体多孔结构。分析并指出 Nb 含量提高和 Al 含量降低使沉积态组织转变为由基体 β-Ti（B2）相和少量 $α_2$ 相组成的近 β 片层组织，其室温压缩强度达到 1903MPa、压缩率为 4.5% ~ 9.5%。由于铝的熔点远低于钛，因而铝损失是 TiAl 基合金成形时最常见的缺陷，严重时会使 TiAl 基合金冷却过程中凝固路线向相图左侧移动，有可能生成 ω 相，对其高温性能产生不利影响。在较低能量下，能够有效缓解铝损失和偏析，因此可通过合理规划扫描路径、降低扫描间距等工艺参数从而抑制铝损失。Liu 等[43] 利用 SLM 成形 Ti-47Al-2Cr-2Nb 合金过程发现中存在 Al 元素烧蚀现象，通过优化 SLM 成形工艺参数，Al 元素的烧蚀量由最高（原子分数）的 5.73% 降低至 0.32%，同时成形件的致密度由 97.34% 提高至 98.95%。

TiAl 合金在 SLM 成形时易产生裂纹，一般认为直接原因是由于快速冷却带来的高残余应力超过了合金基体的强度，导致基体开裂[44]。因此降低凝固过程的冷却速度可以有效抑制裂纹产生，主要方法有提高基板预热温度和降低扫描速度。Gussone 等[45] 通过 800℃ 高温预热结合 SLM 工艺成功制备出无裂纹的 Ti-44.8Al-6Nb-1Mo-0.1B 合金，其成形组织是由 γ/$α_2$ 片层团簇、晶界处 B2 和 γ 相组成的近片层组织；经 HIP 处理后，组织转变为由 γ 相、$α_2$ 相和 B2 相组成的均匀粒状组织，其室温拉伸强度可达 900MPa 以上，850℃ 拉伸强度也达到 545MPa。李伟等[46, 47] 研究发现采用 SLM 工艺制备的 Ti-45Al-2Cr-5Nb 合金中含有大量的大角度（>15°）晶界，提高预热温度和输入能量密度，不仅会使晶粒粗大，而且会改变晶粒生长取向；而提高预热温度和降低输入能量密度，可以促使基体 $α_2$ 相发生分解，析出 γ 和 B2 相，从而提高强度和硬度。

电子束选区熔化成形技术的冷却速度约为 100K/s，远低于 SLM 过程，该值在经过工艺优化后还有望进一步提高[48]。EBM 成形可以获得较传统铸造件更为细小、均匀的微观组织，在高预热温度和循环热处理作用下，能够在成形时直接引发 γ 相固态转变，调整片层团含量和尺寸。如 Bermani 等[49] 通过引入 Rsenthal 公式，计算模拟了 EBM 成形钛基合金过程中的温度场，在不同工艺参数下，等轴晶或片层团的尺寸在 3.0~0.1μm 间变化。扫描速度和电子束电流是 EBM 中最主要的工艺参数，可以直接影响粉末穿透深度、熔池尺寸和温度。在较高的能量输入下，TiAl 基合金熔池可以获得更高的过热度，从而生成更多、更细的 γ 相片层团，但是能量输入过高时由于 Al 损失增加，凝固路线上倾向于生成 α_2 和 B2 相，因而 EBM 成形钛铝合金的工艺窗口较窄。较深的熔池还能使已凝固层发生部分熔化，随着温度升高，沉积层的再结晶时间延长，大角度晶界角含量上升。在残余应力的驱动下，γ 相中大量保留的孪晶和位错也能有所缓解。但是，能量随着熔池深度增加迅速降低，在能量不足的熔池底部倾向于产生向外生长的柱状晶，因此会出现分层的微观结构。

EBM 增材制造的 TiAl 基合金通常为片层状或者双态组织，通过不同的热处理可以对其组织进行调控，提高热处理温度可以提高层状结构的含量，增大冷却速度可以减小晶粒尺寸和片层间距。相关研究表明，在 1295~1305℃ 进行热处理可形成双态组织，约 50~100μm 的片层被 10~40μm 的等轴晶钉扎，而 1315℃ 进行热处理可形成粗化的全片层组织（约 200~500μm）。此外，Biamino 等[50] 通过不同的热等静压温度调整 EBM 成形的 TiAl 基合金组织，在较低温度下得到了全等轴晶组织，在略低于 α 相转变的温度下保持 2h 后形成了细等轴晶包围的层片和双态组织。两种组织的屈服强度在低温区接近，但是高温性能差别很大；双态组织在常温下屈服强度为 360MPa，伸长率为 1.0%，在 850℃ 时断裂强度可达 500MPa，伸长率为 5.2%，远高于等轴晶组织，这表明双态组织具备比等轴晶更好的高温性能，但双态组织的抗疲劳性能较差，疲劳裂纹在全片层组织中的扩展则较慢。总体来说，增材制造 TiAl 基合金应该尽量通过高压热处理消除其内部缺陷，延缓裂纹的产生和积累。

相比于其他增材制造技术，LMD 技术在 TiAl 基合金制备方面的应用研究最早。Srivastava 等[51] 研究了 LMD 工艺参数对 TiAl 基合金显微组织的影响，研究结果表明：工艺参数对其显微结构影响较大，并通优化过工艺参数，获得了由 γ/α_2 片层团簇、γ 相晶粒和 α_2 相晶粒组成的细小等轴晶组织，与传统制造方法相比，LMD 成形的 TiAl 基合金的 γ/α_2 层片间距更小，约为 30~100nm。Balla 等[52] 的研究结果也印证了上述结论，并进行了 LMD 工艺优化，在无预热条件下成功制备出无裂纹缺陷的 γ-TiAl 基合金试样，但试样气孔率较高，约为 1.1% ~ 2.3%。同时指出降低成形时的输入能量（功率/扫描速率），可以实现晶粒细化，提高 LMD 成形 TiAl 基合金的耐磨和抗腐蚀性能。此外，Zhang 等[53] 通过对比分析 LMD 成形 Ti-48Al-2Nb-0.4Ta 和 Ti-48Al-2Cr-2Nb 合金的组织形态，表明合金成分对 γ-TiAl 基合金的显微组织影响较大，Ti-48Al-2Nb-0.4Ta 的沉积态组织为单相 α_2 相，Ti-48Al-2Cr-2Nb 沉积态组织是由 γ 相和 α_2 相组成的双态结构，指出 Cr 元素的添加有助于 γ 相的形成。

LMD 成形过程中的局部快速熔凝和逐层堆积特性，使得成形的 TiAl 基合金普遍呈现为树枝晶组织。同时其较低的熔深，使得层间重熔区与未发生重熔区域的组织存在明显差异，导致了成分与组织的不均匀。但通过提高激光功率来增大熔深，可制得定向凝固 TiAl 基合金。如 Qu 等[54] 和 Zhang 等[55] 采用 LMD 技术成功制备出定向生长的 γ-TiAl 基合金试样，如图 5-11a 所示。研究结果表明：合金顶端为等轴晶组织，如图 5-11b 和 c 所示，主体区沉积态显微组织为沿沉积方向生长的定向凝固柱晶，组织为 γ/α₂ 全片层组织，如图 5-11d 和 e 所示，片层团簇晶粒尺寸为 50~300μm，片层间距约为 0.5μm。此外，其定向凝固 TiAl 基合金的纵向（沉积方向）和横向的室温拉伸强度分别达到 650MPa 和 600MPa，伸长率均为 0.6%。由于增材制造逐层累积的制备特性，其制备的合金材料中往往容易存在各向异性。Zhang 等[56, 57] 研究了 LMD 成形 γ-TiAl 基合金的各向异性，结果表明：成形的 Ti-47Al-2Cr-2Nb 合金显微组织为与基体平行的交替带状结构，组织为树枝晶组织，其中枝晶由粗大的 γ/α₂ 片层团簇组成，枝晶间由细小的等轴 γ 相和 γ/α₂ 片层组成，且片层取向均近乎平行于基体。这种组织结构导致严重的各向异性，当加载方向与基体平行时，抗拉强度和伸长率可达 706MPa 和 0.51%；加载方向垂直于基体时，抗拉强度和伸长率仅为 273MPa 和 0.16%。

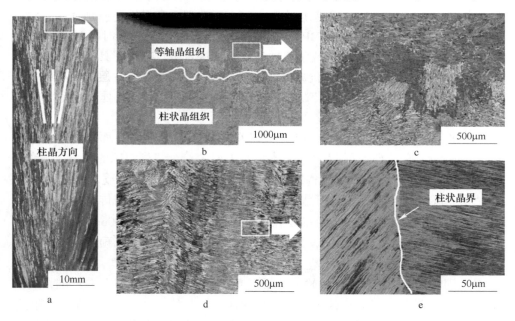

图 5-11　LMD 成形的定向凝固 γ-TiAl 基合金试样显微组织

　　后续热处理是缓解成分偏析和调控组织的有效手段之一。尚纯等[58] 研究发现后续热处理（> 800℃）不仅可以缓解 LMD 成形 γ-TiAl 基合金时因快速熔凝过程引起的成分偏析，还能进行组织调控，但会引起晶粒粗化和片层间距增大。Qu 等[59] 采用 1100℃/30min 和 1125℃/30min 的热处理成功将 TiAl 基合金沉积态的全片层组织转变为双态组织。

　　此外，LMD 技术制备的材料和零件内部也常存在较大残余应力，而 TiAl 基合金作为金属间化合物具有本征脆性，且室温、高温强度相对较低（普遍为350~700MPa），导致成形时极易产生裂纹缺陷。但 LMD 设备具有良好的开敞性，通过设置同步热源（如电阻、感应加热装置、第二激光源）可消除内应力，实现成形裂纹的控制。Thomas 等[60]在 LMD 设备上安装了第二激光源以研究了激光同步热处理对 TiAl 基合金组织和性能的影响。结果表明：LMD 成形过程中第二激光源的局部预热或热处理能有效缓解应力、防止开裂，但沉积态组织仍存在成分和组织偏析；经 1250℃/4h+900℃/4h 热处理后，获得了均匀的双态组织，且各向异性小，其室温拉伸强度和伸长率分别可达 519~539MPa 和 1.2%~1.7%。

5.2.2　增材制造工艺过程的主要缺陷

　　增材制造过程中材料剧烈的温度变化、复杂的熔凝行为等特殊的工艺特点使得零部件中难以避免地出现各类缺陷，严重损害制件性能，成为阻碍增材制造技术发展的重要因素，并在一定程度上限制了该技术在关键领域的应用。因此，研究增材制造制件缺陷的形成机理并进行改进对于提升增材制造技术水平具有重要意义。

　　增材制造中产生缺陷的原因主要有两方面：（1）材料特性导致的缺陷，指材料特性导致的无法通过优化增材制造特征参数予以解决的缺陷，从文献报道可知[61]，由粉末特性导致的缺陷主要是气孔。气孔缺陷呈球形或近球形，随机分布于成形件内部，主要分布于晶粒内部。此类缺陷可以通过更换适合的材料或优化材料品质予以解决。（2）特征参量导致的缺陷，指由于增材制造工艺参数或设备等原因导致的缺陷，此类缺陷均可通过优化成形参量予以控制或消除。文献[62, 61]报道的该类缺陷主要有孔洞、翘曲变形、开裂、球化、存在未熔颗粒等。此外高能束流功率过小、扫描过快、搭接率过小或 Z 轴行程选择过大等都会导致熔合不良，造成孔洞、未熔颗粒等缺陷形成，从而使制件致密性降低，造成层间结合性能差；高能束流功率过大、扫描过慢或扫描轨迹选择有误等都会导致熔合区域的热应力加大，造成的翘曲变形、开裂等缺陷直接影响制件质量。

　　张凤英等[63]对增材制造钛合金制件微观缺陷的产生进行了深入研究，发现钛合金因本身特有的优良塑性，其制件内部往往较少出现裂纹，但会存在微气孔和熔合不良等缺陷。此外成形件内部的气孔形貌呈球形，在成形件内部的分布具有随机性，气孔是否形成取决于粉末材料的松装密度等特性，氧含量对气孔的形成没有影响；熔合不良缺陷的形貌一般呈不规则状，主要分布在各熔覆层的层间和道间，其是否产生取决于成形特征参量是否匹配，其中最显著的影响因素是能量密度、多道间搭接率以及 Z 轴单层行程。

SLM 增材制造是一个复杂的物理过程，其中包含了粉末的快速熔化与凝固、激光能量的吸收与传递、熔池的快速移动、材料的重熔以及材料的汽化等。该过程受到诸多因素影响，如输入激光能量、扫描速度、扫描策略、铺粉厚度以及粉末质量等[64]。缺陷的形成在复杂 SLM 增材制造过程中是一个常见问题，下文编者将以 SLM 钛合金为例，就制品中可能存在的缺陷、形成原因及预防措施展开详述。

5.2.2.1　孔隙缺陷

孔隙是金属增材制造零件中最常见的一种缺陷，通常为小于 $100\mu m$ 的球形结构，随机分布于制件中，造成材料力学性能恶化。孔隙缺陷可以是粉末诱导、加工过程诱导或凝固的产物。粉末原料内部的孔隙率和气体含量的临界水平对层间孔隙形成有较大影响，这些粉末中的孔隙会直接保留在所制备的零件中。对于此类孔隙，可以选择质量较好的原料粉末来消除，避免选择空心粉和卫星粉。然而，孔隙缺陷主要形成于增材制造过程中，钛合金 SLM 工艺通常用氩气气氛作为保护，在打印过程中，由于材料飞溅，部分环境中的氩气也会进入熔池，超高冷却速率的固化过程使得气体在熔池冷却固化之前，来不及"逃逸"，被困于固化的材料当中，形成气孔缺陷。当功率不足，提供给粉末区域能量较低时，粉末未能完全熔化，这样的孔隙缺陷周围可以观察到未熔化的粉末颗粒。当施加激光功率过高时，能量过高会形成缩孔，导致发生飞溅，同时可能会伴随过烧现象。对于选区激光熔化技术，研究表明缩孔和过烧产生的球化会导致孔隙产生。同时不合适的工艺参数条件下，马兰戈尼（Marangoni）效应和毛细力加剧也会导致孔隙的产生。在增材制造过程中产生孔隙缺陷还存在其他原因，如粉末从松散堆积的粉末床到致密部分的固结效果也会有影响。当粉末床上面分布了包含直径大于层厚度的颗粒时，这些颗粒经熔化后会固结成较高的层高度，在持续加工过程中导致层与层之间的结合较差，从而形成孔隙。因此，加工过程中可以选择合适的工艺参数和原材料筛分来降低孔隙产生，获得致密件。

5.2.2.2　裂纹缺陷

裂纹是零件最为致命的缺陷之一，裂纹的存在会导致零件的提前失效，大大降低零件的使用寿命。增材制造钛合金中形成裂纹的机理主要与工艺参数有关，如图 5-12 所示[65]。如果施加的能量过多，可能会发生凝固裂纹，这种裂纹是由熔池凝固区域与尚未凝固的区域之间产生的应力引起的。并且，开裂取决于材料的凝固性质，通常是由于熔池中的高应变或液体流量较小，不足以凝固晶粒阻碍液体流动而造成的。激光加热导致较高的热梯度，形成凝固裂纹所需的较大热应力。此外，宏观裂纹可能与孔隙率等其他缺陷有关，导致层间开裂形成分层。微观晶界裂纹在微结构内发生，是沿着材料的晶界形核而形成的裂纹，并且取决于相的形成或溶解以及晶界形态。裂纹缺陷也可能是其他宏观缺陷引起的，例如过度能量输入导致分层，由于粉末未完全熔化或下层固体重新熔化不足而引起相邻部分之间的分层、剥离和分离。存在于零件内部的微观缺陷可通过后处理来减少，而分层的影响是宏观的，无法通过后处理进行修复。使用基板加热预热已被证实可以有效减少选区激光熔化技术制备过程中的宏观裂纹。虽然增材制造过程中，未熔合、收缩孔隙和裂纹之间的关系尚未得到充分研究，但是已有研究表明工艺参数（激光功率、扫描速率以及扫描间距等）对孔隙是有影响的。因此，必须对工艺参数进行适当调整，以避免触发可能会产生孔和裂纹的各种机制，同时利用后处理减少已有的融合缺陷。

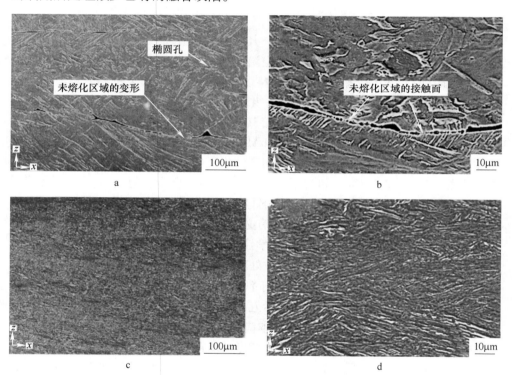

图 5-12　不同 SLM 工艺参数所制 CP-Ti 样品发生一定程度变形时的显微组织[65]

a-30%压缩变形后样品低倍下的显微组织；b-图 a 的高倍放大图；

c-50%压缩变形后样品低倍下的显微组织；d-图 c 的高倍放大图

（样品 a 的激光功率为 85W，扫描速率为 71mm/s，致密度为 96.4%；

样品 c 的激光功率为 65W，扫描速率为 138mm/s，致密度为 99.5%）

综上分析，SLM 钛合金制备过程中为了避免气孔、融合不良、裂纹等缺陷的产生，在制定工艺参数和加工准备时应注意以下几点[66]：

（1）对钛合金粉末的质量进行严格把控，选择合适的粉末进行增材制造成形，避免使用空心粉、卫星粉等缺陷粉。

（2）进行参数优化，调整激光能量、扫描速率、搭接率以及铺粉厚度等工艺参数，以此控制成形零件的孔隙率，减少内部缺陷的产生。

（3）对基板进行合适的预热处理，降低钛合金冷却固化时的温度梯度，防止因残余应力不断累积而导致的裂纹缺陷。

（4）对激光器进行调试与维护，保证在打印过程中，激光能量输入的稳定性和一致性。

5.2.3　热处理及喷丸处理强化钛合金

5.2.3.1　热处理

热处理是一种常见的后处理工艺，其工艺过程主要分为三步：（1）升温，即按一定的升温速率将材料加热到预定温度；（2）保温，即在恒定温度下保持处理一段时间；（3）冷却，即将热材料以不同的速度冷却至室温。合适的热处理不仅可以消除加工成形工艺中造成的组织缺陷、消除偏析、使得显微组织均匀化，还可以降低零件内应力，从而改善其力学性能，提高使用寿命[67]。如在上节中提到 SLM 增材制造直接成形的 Ti-6Al-4V 钛合金的显微组织主要由针状马氏体 α' 相组成，这种显微组织使得材料拥有较为良好的抗拉强度，相关研究表明其抗拉极限可达到 1250MPa，超过了传统锻造成形钛合金，但是其塑性、疲劳强度、热稳定性较差。此外，由于细长的针状组织有明显的取向性，使得材料的力学性能存在较为严重的各向异性。因此有必要通过热处理对增材制造直接成形零部件的显微组织进行调控，从而改善其力学性能。钛合金热处理种类很多，常用的几种热处理方法有：退火处理、固溶-时效处理、形变热处理以及化学热处理等。

（1）退火处理。退火处理主要用于消除零件的残余应力，改善材料塑性以及稳定材料显微组织，退火的形式包括五大类：1）普通退火（退火温度略低于再结晶开始温度，消除半成品零件基本应力）；2）去应力退火（温度低于普通退火，通常在 450~650℃ 之间，消除冷变形及焊接工艺中引入的内应力）；3）完全退火（温度高于再结晶但低于相变温度，主要目的是彻底消除加工硬化，大大提升材料塑性）；4）双重退火（两次加热和空冷，提高断裂韧性和稳定组织，常用于耐热钛合金）；5）等温退火（分级冷却，获得极好的塑性与热稳定性）。

（2）固溶-时效处理。固溶-时效处理是固溶处理与时效处理相结合起来，产生相变以达到综合强化作用。第一步固溶处理是将钛合金保温处理后采用水冷或者油冷的方式快速冷却，从而保留 α'、α''、ω 或 β 亚稳定相。第二步时效处理是将固溶处理后的钛合金加热到合适温度并保温 4~12h，将亚稳相分解为弥散的 α 相或 β 相，显著提高钛合金强度。

（3）形变热处理。形变热处理是将热处理工艺与锻、轧等压力加工工艺结合起来，同时实现热处理强化和形变强化，得到综合性能更高的零部件。按照形变温度可将形变热处理工艺分为高温形变热处理（将工件加热到再结晶温度以上再进行形变处理后淬火，再进行时效处理）、低温形变热处理（形变处理在再结晶温度以下进行）和复合形变热处理（结合前两种工艺）。

（4）化学热处理。化学热处理主要指是通过化学反应将碳、氮等元素渗入钛合金材料表层，以提高材料的耐磨性、耐腐蚀性以及抗氧化性能。

国内众多研究工作者对增材制造成形的钛制件进行热处理工艺研究，如孙洪吉等[68]研究了退火工艺对增材制造纯钛样件中残余应力、显微组织以及力学性能的影响，研究选用550℃、650℃以及750℃三个退火温度，通过对比分析，发现增材制造样件内部存在较大残余应力，导致较大晶格畸变能；当在550℃温度保温1h退火后，试样底部和中部区域显微组织出现晶粒回复现象，而顶部区域因残余应力较小未发生明显回复再结晶过程；此外样件塑性相较沉积态有所提高，强度虽稍有降低，但抗拉强度和屈服强度则达到了672.47MPa和585.15MPa，远超传统铸造方法制备的纯钛强度。随着退火温度升高，合金中针状组织减少，位错减少。650℃保温1h退火发生了再结晶现象，强度和塑性均低于回复阶段。750℃保温1h退火发生了晶粒长大且晶粒较为粗大，强度和塑性最差。陈素明等[69]采用显微组织观察和力学性能测试等方法研究了退火工艺参数对增材制造TC18（名义成分为Ti-5Al-5Mo-5V-1Cr-1Fe）钛合金力学性能和组织的影响，发现增材制造TC18钛合金试块表面平整，表面呈均匀银白色，且无裂纹等缺陷。随着退火温度从600℃升至700℃，其抗拉强度和屈服强度均降低，而延伸率和断面收缩率升高。试样经600℃保温2h退火后的各项力学性能均满足GJB 2744A-2007指标要求，其抗拉强度为1084MPa，屈服强度为1036MPa，伸长率为9.8%。增材制造TC18钛合金的组织为典型的魏氏组织，粗大的β相柱状晶粒内为细长的针状α相及编织细密的α+β相板条组织；随着退火温度升高，β相柱状晶内的针状α相逐渐粗化。此外，若从增材制造TC18钛合金的显微组织和力学性能方面考虑，最佳的退火工艺为600℃保温2h。相关科研工作者也对TC4合金的热处理开展了相关研究，如Vrancken等[70]针对热处理工艺对SLM成形TC4合金零部件显微组织和力学性能的影响展开研究。结果表明：对于SLM制备的TC4合金零部件，当热处理温度低于β相变温度时，初始针状α′马氏体组织转变为片层状α+β相混合组织；当热处理温度在β相变点温度以上时，晶粒发生长大并形成较大β晶粒，在随后的冷却过程中β相转变为片层状的α+β相；当对SLM制备的TC4合金零部件加热至850℃，保温2h随炉冷却后，试样的伸长率从7.36% ± 1.32%提高到12.84% ± 1.36%。此外，西北工业大学黄卫东等也研究了热处理工艺对激光成形TC4合金的显微组织与力学性能[71]。结果表明：随固溶温度或时效温度的提高，初生板状α宽度增加，长宽比和含量减少。固溶和时效时间的增加使得次生细长板条状α相的体积分数增加，且初生和次生α相均发生缓慢粗化。将固

溶温度控制在 β 相变温度以下 20~50℃ 范围内，保温 4~8h，然后在 550~600℃ 的温度范围内进行保温 4~8h 的时效处理，可使激光成形 TC4 钛合金试样获得较佳的综合性能。关于增材制造多孔钛合金的热处理方面也有学者进行了系统研究，如姚定烨等[72]采用选区激光熔化技术制备了 TC4 钛合金点阵结构，并进行了 700℃、800℃ 和 900℃ 保温 2h 炉冷的热处理，分析测试了点阵结构的表面形态、显微组织以及压缩性能，并将其与热处理前的点阵结构进行了对比，结果表明：TC4 点阵结构具有较高的表面粗糙度，其组织由细小的针状 α′ 马氏体和初生柱状 β 相组成；热处理后，α′ 马氏体分解为 α+β 混合片层组织，且加热温度越高，α′ 马氏体分解越完全，α 相粗化越明显；不同热处理工艺后的点阵结构具有相似的压缩变形过程，初始态点阵结构塑性的差异导致了在形成 45° 角坍塌带时压缩应变水平有所不同；热处理后点阵结构的弹性模量和强度有所下降，但能吸收更多的能量。

5.2.3.2　喷丸处理

除热处理外，喷丸处理也常被用于增材制造钛合金的后处理，以改善其显微组织及力学性能。喷丸强化技术是指在较高的速度下，利用喷丸介质冲击工件表面，在工件表层材料引入一层残余压应力层，并且在高速冲击波的作用下使得表层材料发生塑性变形，导致晶粒细化，从而提高材料的力学性能。除了传统喷丸技术外，随着新型喷丸工艺的不断发展，诸如微粒喷丸（microshot peening，MP）、高压水射流喷丸（high pressure water jet peening，HPWJP）、超声喷丸（ultrasonic shot peening，USP）以及激光喷丸（laser shock peening，LSP）等强化技术得到广泛的重视与关注[66]。

（1）传统喷丸。传统喷丸技术采用铸钢、玻璃、陶瓷弹丸对材料表面进行冲击，工艺与设备相对成熟。其工艺过程为：首先检查加工工件状态，工件表面应保持清洁干燥，无氧化皮（若有，可通过砂纸打磨等方式去除）、镀漆以及油污，所有圆角与倒角应满足标准要求；然后使用器具、塑料薄膜或胶带对无需喷丸的部位进行隔离保护；最后根据喷丸要求选取合适的喷丸参数，包括弹丸材料、弹丸硬度、弹丸尺寸、喷丸距离、角度以及受喷时间等。但是实际操作中，想要控制喷丸参数达到理想的喷丸强度十分困难，通常需要借助阿尔门测试来综合测定喷丸强度。

（2）微粒喷丸。通常采用粒径小于 0.2mm 的硬质微粒子高速冲击试件表面，与传统喷丸技术相比，该技术在材料表层引入的残余压应力量级更大，而且喷丸处理后不会使得表面粗糙度明显增大。微粒喷丸对提高材料抗疲劳性能、耐磨性有显著作用，广泛应用于切削刀具和模具表面强化处理。然而，喷丸处理的喷嘴等关键零部件仍需进一步研发优化，其微粒子制备工艺也有待提高。

（3）超声喷丸。超声喷丸引入超声振动技术，利用超声波发生器将普通交流电信号转换为高频振荡信号，高频振荡信号再通过换能器转换为超声频的机械振动，然后经放大器放大后传给工具头作用于弹丸，驱动弹丸来回撞击试样。超声喷丸的介质除了球形弹丸外，还可使用具有不同曲率半径的"喷针"，可以获得更深的残余压应力层。

（4）高压水射流喷丸。该技术最初由 Zafred 提出，其原理是利用高压水射流作为喷丸介质进行表面强化。携带能量的高压水高速喷射到材料表面，使得材料产生塑性变形，引入残余压应力，能够有效提高材料的疲劳寿命。与传统喷丸相比，由于高压水与试样表面的作用为非刚性接触，处理后表面完整性较好。此外，低成本、高效率以及绿色环保等特点使得该技术具有广阔的应用前景。

（5）激光喷丸。与其他喷丸工艺不同，激光喷丸不是利用高速的喷丸介质对材料进行强化处理，而是通过激光诱导产生冲击波对材料表面进行强化。其原理是利用高能量密度的短脉冲激光透过约束层（通常为水或玻璃）照射到零件表面，吸收层（铝箔或黑漆）吸收激光能量产生高温高压等离子体，产生的等离子体因为吸收激光能量而极速膨胀，在约束层的束缚作用下产生高压冲击波（GPa 级）向材料内部传播，冲击波的力效应在超高应变率下（$10^7 \sim 10^8 \text{s}^{-1}$）使得材料表层发生塑性变形，产生高密度结构使得晶粒细化，并残留较大残余压应力，从而改善材料性能。

目前国内外研究工作者对增材制造钛合金的喷丸处理进行了一定的研究，如 Ren 等[73]利用激光冲击强化对 Ti-6Al-4V 合金的组织演化机制进行了深入分析，研究表明：双相 Ti-6Al-4V 合金是由高层错能的 α 相和低层错能的 β 相组成，其中机械孪晶在 β 相内形成，而 α 相主要作用机理为位错滑移。此外，α 相和 β 相在激光喷丸过程中也会发生相互作用。中国科学院沈阳自动化研究所的陆莹等[74]以 TiAl 基合金为实验原料，研究了激光喷丸前后合金的显微组织及表面显微硬度变化，并指出处理后合金力学性能有较大提升的原因在于：激光喷丸使得材料表面引入了大量位错和高度缠结，并形成孪晶等晶体缺陷，阻碍了位错运动。另外，英国曼彻斯特大学 Zabeen 等[75]关于激光喷丸处理对 TC4 钛合金叶片残余应力分布影响的研究表明，激光喷丸强化确实可以有效改善材料内部的残余应力分布，从而提高合金的疲劳性能。空军工程大学等离子体动力学重点实验室的李东霖等[76]的研究也印证了上述结果，他们利用空气炮试验系统对激光喷丸 TC4 钛合金试样边缘进行外物冲击模拟，并对外物打伤试件进行拉—拉疲劳试验，结果表明激光喷丸有效提高了外物打伤 TC4 钛合金试件的疲劳强度，残余压应力的引入是激光喷丸提高打伤试件疲劳强度的主要原因之一。此外，赖梦琪等[77]分析了激光喷丸处理对 SLM 技术制备 TC4 合金表面粗糙度、残余应力及显微硬度的影响。激光喷丸对于其表面粗糙度影响均较微弱，表面显微硬度从 348 HV 增加到 367 HV，影响层深度达 0.75mm；在残余应力方面，激光喷丸在增材制造 TC4 合金表面引入的残余压应力最大值约为 400MPa，受影响的区域深度约为 0.75mm。然而，目前对于激光喷丸强化工艺在钛合金增材制造成形件上的应用较少，相关研究大多处于实验阶段。江庆红等[66]采用机械喷丸和激光喷丸两种表面强化技术对 SLM 增材制造 Ti-6Al-4V 合金零件进行强化处理，从表面形貌、显微硬度、微观组织、残余应力以及拉伸强度等多个角度对比分析了两种强化技术对材料性能的影响，并阐述了其强化机理。研究表明：喷丸处理后零件表面粗糙度随着喷丸强度的增大而增大，但是机械喷丸比激光喷丸处理后的粗糙度更大。喷丸处理后加工硬化效应和高密度的位错组织导致 TC4 合金表层硬度明显增加，但是与机械喷丸处理相比，激光喷丸处理后的显微硬度影响层厚度更大。此外，激光喷丸处理引入残余压应力和高密度位错的同时产生晶粒细化作用，虽能有效降低了零件的应力强度因子，延缓疲劳裂纹扩展速率，但对于缺陷较多的钛合金试件，难以通过激光喷丸处理达到强化效果。

5.3　增材制造钛合金产品的结构优化设计

增材制造技术基于"离散-堆积"原理，解决了传统减材和等材工艺难加工和无法加工的局限性，极大地提高了可加工结构的复杂程度，拓宽了材料结构的设计空间，同时也使得从微观到宏观多个几何尺度结构的制备成为可能，且制造成本并不随之大幅提高，具有"免费的复杂性"，促进了整体结构设计，减少零件数量和装配工序。此外，设计者还可以根据最高效的传力路径实现结构的拓扑优化，为设计人员实现"理想中"的最优方案提供了可能。

5.3.1　结构设计原则

相比于传统制造技术，增材制造技术因其独特的制造方式，极大地提高了设计自由度，但并非完全"自由"制造，也存在一些固有设计约束，主要包括以下几类：结构最大/最小尺寸、支撑结构、制造缺陷（表面粗糙度、材料各向异性等）及连通性约束等。因此在设计上需要考虑诸如零件尺寸的控制、成形方向的选择、表面状态、支撑结构以及粉末去除等原则。

（1）尺寸控制。受限于增材制造设备成形精度，在进行结构设计时需要合理控制零件的几何特征（如细小孔径、薄壁结构、细杆结构等），如利用 SLM 工艺成形 Ti-6Al-4V 合金时，当杆直径低于 0.3mm 或悬空角低于 20°时就会造成制备失败。同时，需要考虑到在增材制造过程中由于局部热梯度导致在制备或修复过程中产生较大残余应力。因此，在结构设计的过程必须考虑这些残余应力及后加工的翘曲；如果材料经过制备后还需要后续热处理或热等静压，则还需要考虑尺寸收缩因素。因此在设计过程中需要严格控制初始尺寸。如为实现最小尺寸控制，Zhang 等[78]和 Wang 等[79]分别基于移动变形组件方法提出了最小尺寸控制方法，直接约束组件几何设计变量，并在不同组件相交处施加简单几何约束来控制特征尺寸。此外 Liu 等[80]提出了水平集方法下的分段尺寸控制技术，实现了动态约束各组件的特征尺寸，在不规则设计中也可以灵活控制尺寸。

（2）自支撑结构设计。增材制造技术制备过程中，当结构存在较大悬空角时，需要额外增加辅助支撑结构以避免成形过程中材料塌陷；同时支撑结构还可作为下一层打印时的热量散失通道，有助于零件形状保持。但是支撑结构并不属于制件本身结构，当成形完成后需通过机加工去除。对于复杂结构，其一般没有足够空间进行机加工，工艺难度大，降低零件表面质量，并且支撑结构的添加降低了材料利用率，延长了生产周期、提高生产成本。因此，应合理设计零件结构，尽量减少支撑结构，并合理设计支撑结构，实现最小化支撑打印及方便去除。为减少支撑结构使用，Morgan 等[81]通过优化成形方向使支撑结构材料用量大幅减小；Hu 等[82]利用初始模型的形状优化和成形方向优化来减少支撑结构的使用。

（3）连通性约束。无论使用何种增材制造技术，成形后均需去除未熔的金属粉末和支撑结构，因而要求结构内部不能含有封闭空腔。对于含封闭孔洞的零件，因无法去除支撑结构或未熔粉末，通常需要二次修正或者结构分区制造，这会大幅增加生产周期及成本。Liu 等[83, 84]提出了虚拟温度法来保证结构的连通性，将连通性约束转化为结构的最大温度小于有限值这个简单且有效的新约束，实现了最优拓扑的连通性控制，并成功应用于背部封闭大口径反射镜设计中，但该方法因引入额外的有限元过程，导致了计算量增加。

（4）建造方向选择。零件相对于打印平台的方向可能会对最终零件或维修件的性能产生重大影响，例如垂直于建造平面的单向拉伸试样的强度和平行于建造方向的试样相差 50%左右。在受到力的作用时，材料的层与层之间连接处为受力薄弱位置，表现出较差的抗拉和抗剪切性能，因此需根据零件的受力情况优化建造方向，如使建造方向与拉应力方向正交可提升零件性能。同时，建造方向也关系到零件的支撑结构、表面粗糙度及制备效率等。因此，在增材制造过程中，零件建造方向的选择应考虑以下几个方面：1）各向异性，对于产生各向异性的增材制造工艺/材料组合，需要优化零件与打印平台的方向以最小化性能的方向变化；2）残余应力，择优选取残余应力最小的方向组合；3）支撑/悬垂曲面，优化打印平面的特定特征的方向，以最小化支撑结构和悬垂曲面。Hambali 等[85]提出了基于启发式规则选择建造方向的方法，例如零件包含大的平面特征，则建造方向应垂直于该平面；而当零件存在孔特征时，建造方向则应平行于孔轴线等准则。

5.3.2 多孔结构设计

多孔结构钛合金具有质轻、高比强度、高能量吸收率及优异的生物相容性等优势，并具有减震、散热、吸声等特殊性能，这使得多孔钛合金在生物医疗、航空航天、军工国防、船舶等领域得到广泛关注。此外，增材制造技术的发展为复杂多孔结构的精确制造提供可能，促进了多孔钛合金在各领域应用。多孔钛合金弹性模量较致密件显著降低，可以从根本上消除"应力遮挡"效应，同时多孔结构也可促进营养物质和代谢废物运输，并为骨长入提供可能，这使得多孔钛合金在硬组织替代领域受到广泛关注。另外，在航空航天领域，多孔结构设计可达到减重效果，从而节约大量能源，如飞机每减重 1kg，每年可节省 3000 美元燃料费用[86]。多孔结构的分类标准有多种，如根据设计方法可分为基于计算机辅助设计、基于图像设计以及基于隐式曲面设计，根据内部组成单元的规则程度则可分为以泡沫金属为主的随机多孔结构和规则多孔结构，其中规则多孔结构主要是点阵结构或周期性结构材料。接下来将介绍目前广泛研究的点阵多孔结构和三周期极小曲面（three periodic minimal surface，TPMS）多孔结构。

5.3.2.1 点阵结构

点阵结构是一种由结点和连接结点的杆单元在空间重复排列组成的有序多孔结构材料，在载荷条件下可承受轴向力、弯矩和剪切力作用。与传统金属泡沫材料相比，以轻金属为基体的点阵材料具有更高的比强度、比刚度和单位质量吸能性，尤其是当相对密度较低时，点阵材料具有更为突出的质量效率和性能优势，是目前国际上公认的最有前景的超强韧轻质结构材料之一[87]。按杆单元排列方式，点阵结构又可分为二维点阵和三维点阵。二维点阵结构指杆单元呈二维多边形排列，且沿平面外第三个方向进行拉伸而形成的空间结构，主要包括正方形、三角形、六边形、米字形、Kagome 及矩形等，如图 5-13 所示。三维点阵结构是杆单元或板单元按一定规则排列的空间桁架结构，如基于简单立方、体心立方、八面体、菱形十二面体等结构单元的多孔结构模型。

与二维点阵结构相比，三维点阵结构具有更强的设计性和满足多功能的设计潜力，得到广泛研究。Materiase 与 Atos 共同研发了用于卫星中传递高机械载荷的点阵结构钛金属镶件，其重量减少了三分之二，且使用寿命显著提高。北京航空材料研究院采用点阵结构热交换芯体替代传统板翅结构，大幅提高热交换器的换热面积。Taniguchi 等[88]通过 SLM 技术制备了钛点阵人体骨骼，并通过实验对其生物和力学相容性进行研究，结果表明该点阵结构植入体具有良好的力学和生物相容性。Hooreweder 等[89]研究了基于金刚石的单一点阵结构，结果表明所制备多孔结构弹性模量为 4.921GPa，可避免"应力遮挡"效应，屈服强度为 128MPa，略低于某些骨组织，但通过合理结构优化可进一步提高强度和弹性模

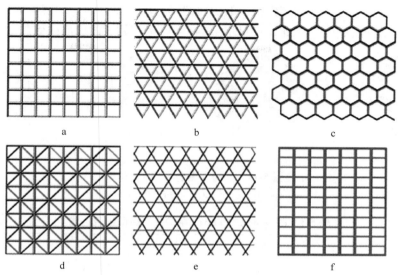

图 5-13　代表性二维点阵结构

a-正方形；b-三角形；c-六边形；d-米字形；e-Kagome；f-矩形

量的匹配性。Zhang 等[90]则以金刚石结构为单元结构，通过 SLM 技术制备了"外密内疏"的径向梯度多孔支架结构。该支架结构模仿了人体骨组织内部为疏松多孔的松质骨，外部为致密的皮质骨的结构特征，结果表明该支架结构具有良好的综合力学性能，即较低的密度（1.9g/cm³）和弹性模量（10.44GPa）、较高的屈服强度（170.6MPa）以及优异塑韧性，相比于均匀多孔支架，其强度可提高 11%，但弹性模量和屈服强度仍需进一步提高。

5.3.2.2　三周期极小曲面结构

极小曲面是一种集视觉美感与实际用途于一体的空间曲面，是满足某些约束条件下面积最小的曲面，且曲面各点平均曲率为零。当极小曲面在 X、Y、Z 三个方向都呈周期性变化且可以沿三个方向无限拓展时，这种极小曲面即为三周期极小曲面。TPMS 结构表面自然光顺，孔隙连通性好，具有良好的综合性能，在生物医疗、航空航天、船舶等领域有着广泛地应用。TPMS 曲面的形状由其函数表达式确定，表达式、曲面类型以及相应的形态特征都不相同。图 5-14 为四种常见的 TPMS 结构，其曲面表达式如表 5-1 所示[91]，其中 t 控制支架结构的孔隙率，a、b、c 则代表单元结构在 x、y、z 三个方向上的尺寸大小。相比于点阵结构，TPMS 曲面结构平滑过渡连接，可避免点阵结构连接部位的应力集中现象，提高制件的力学性能；并且参数化控制的曲面结构可避免设计时的盲目性。此外，其与许多自然结构相似，如硅酸盐、肥皂膜、蝴蝶翅膀等，具有更大的比表面积，并且具有与骨小梁结构相似的表面曲率特征，更有利于细胞的黏附、增殖与分化，加速骨整合。因此，TPMS 结构在生物医疗领域的应用受到广泛关注。

a　　　　　　　　　b　　　　　　　　　c　　　　　　　　　d

图 5-14　四种常见的 TPMS 结构

a—Diamond；b—Primitive；c—I-WP；d—Gyroid

表 5-1　四种常见的 TPMS 结构及其隐函数表达式

曲面类型	表　达　式
Primitive	$\varphi_{\text{Primitive}}(x,\ y,\ z) = \cos\left(\dfrac{2\pi}{a}x\right) + \cos\left(\dfrac{2\pi}{b}y\right) + \cos\left(\dfrac{2\pi}{c}z\right) + t_2$
Gyroid	$\varphi_{\text{Gyroid}}(x,\ y,\ z) = \sin\left(\dfrac{2\pi}{a}x\right)\cos\left(\dfrac{2\pi}{b}y\right) + \sin\left(\dfrac{2\pi}{b}y\right)\cos\left(\dfrac{2\pi}{c}z\right) + \sin\left(\dfrac{2\pi}{c}z\right)\cos\left(\dfrac{2\pi}{a}x\right) + t_1$
Diamond	$\varphi_{\text{Diamond}}(x,\ y,\ z) = \cos\left(\dfrac{2\pi}{a}x\right)\cos\left(\dfrac{2\pi}{b}y\right)\cos\left(\dfrac{2\pi}{c}z\right) - \sin\left(\dfrac{2\pi}{a}x\right)\sin\left(\dfrac{2\pi}{b}y\right)\sin\left(\dfrac{2\pi}{c}z\right) + t_3$
I-WP	$\varphi_{\text{I-WP}}(x,\ y,\ z) = 2\left(\cos\left(\dfrac{2\pi}{a}x\right)\cos\left(\dfrac{2\pi}{b}y\right) + \cos\left(\dfrac{2\pi}{b}y\right)\cos\left(\dfrac{2\pi}{c}z\right) + \cos\left(\dfrac{2\pi}{c}z\right)\cos\left(\dfrac{2\pi}{a}x\right)\right) - \left(\cos\left(\dfrac{4\pi}{a}x\right) + \cos\left(\dfrac{4\pi}{b}y\right) + \cos\left(\dfrac{4\pi}{c}z\right)\right) + t_4$

　　Han 等[92]基于 SLM 技术制备了 Diamond 基梯度多孔纯钛支架。研究表明，梯度多孔结构的体积分数在 7.97%～19.99%时，成形精度较高，所制备多孔结构的孔隙率相比于理论孔隙率值仅减小 3.61%；且通过调整梯度结构的孔隙率，弹性模量和屈服强度分别在 0.28～0.59GPa 和 3.79～17.75MPa 范围内变化，与松质骨的性能相近。Liu 等[93]基于 TPMS 结构中的 Diamond 和 Gyroid 单元结构，设计了单胞尺寸线性梯度变化的梯度结构，并利用 Ti-6Al-4V 合金粉末，通过 SLM 方法制备了高强度（Gyroid 152.6MPa，Diamond 145.7MPa）和低弹性模量（均为 3.8GPa）的梯度多孔结构制件，与人骨的力学性能匹配性得到明显提高。Al-Ketan 等[94]通过 SLM 技术制造了基于层状 Gyroid 结构和 Diamond 结构的多孔梯度结构，分别研究了相对密度梯度、单胞尺寸线性梯度和混合点阵方法对梯度多孔结构性能的影响，结果表明层状梯度 TPMS 结构与网状梯度 TPMS 结构的变形机理有所不同，而前者具有更好的力学性能，且成形精度高，对于单胞尺寸和相对密度梯度的多孔结构，实际孔隙率与理论孔隙率的差值在 4%以内。编者团队也基于 TPMS 结构开展了口腔种植体、骨支架等硬组织植入物的研究工

作，结合有限元模拟研发了基于 Gyroid 曲面的梯度多孔种植体，其平均孔隙率为30%，弹性模量为 14.6GPa，与人体皮质骨相当，而屈服强度为 351.5MPa，约为人体皮质骨的 1.7 倍，并具有优异的耐腐蚀性及细胞和血液相容性。目前已与北京口腔医院建立合作，将所设计的梯度多孔种植体植入了巴马小型猪体内。此外，编者团队将不同 TPMS 曲面优势结合起来，设计了基于 Primitive 和 Gyroid 曲面的复合梯度多孔骨支架结构（PG），并利用 SLM 技术制备了平均孔隙率 50%的 PG 纯钛支架。该支架弹性模量与人体皮质骨相当，屈服强度达 267.25MPa，约为人体皮质骨的 1.3 倍，具有良好的细胞和血液相容性。

5.3.3 拓扑优化设计

随着计算机科学技术的飞速发展，结构优化设计已成为获得轻量化和高性能结构的最重要手段之一。拓扑优化则是结构优化设计中一种高层次的优化方法，是一种在给定设计区间内根据载荷和边界条件优化材料、结构布局，以实现设计性能指标的数学方法，通过拓扑优化可以实现满足性能指标的最优的概念设计。采用拓扑优化设计方法通常会使结构中出现传统制造技术难以制备的复杂结构，因而无法到达最佳设计效果。而增材制造技术不受结构复杂程度的限制，使复杂结构制备成为可能，拓扑优化与增材制造技术完美结合，可以找到结构与材料的最优平衡，提高材料利用率，从而实现轻量化。

拓扑优化的一般过程分为四步：第一步，在给定的载荷和边界条件下定义初始设计域；第二步，采用某种物理模型将设计域离散成足够多的子设计区域，确定设计变量；第三步，对上述若干子区域进行结构和灵敏度的分析，建立设计变量与结构位移、应力等的关系，进而得到目标函数和约束条件；第四步，按照一定的优化策略和准则，编辑子域的单元，通过迭代循环直至达到满足优化目标的最优结构。根据研究对象结构形式的不同，拓扑优化可分为两种类型：一类是包括实体结构、平面和板壳问题等的连续体结构拓扑优化；另一类是包括刚架、网架等的离散结构拓扑优化。离散结构拓扑优化应用范围相对较小且难度较大，设计结果也不利于加工制造；而连续体结构拓扑优化是在一定设计空间内寻求满足平衡条件、约束条件及本构方程的最优材料布局，从而使材料性能达到最优，其理论方法发展相对成熟，主要有均匀化法、渐进结构法、变密度法、水平集方法等。接下来将对几种拓扑优化方法进行介绍：

（1）均匀化方法。均匀化方法是在 1988 年由 Bendsoe 和 Kikuchi 提出的，以二维或三维连续体结构为研究对象，通过优化计算确定材料密度分布，即在研究对象中引入微结构，通过优化控制微结构的大小和分布情况，得到最优的拓扑结构。该方法原理已达到相对成熟的阶段，但模型穿插结构过多，形态复杂，增大加工难度。

（2）变密度方法。变密度法中人为引入与弹性模量之间存在一定关系的

"单元密度"这一概念，优化计算过程中以"单元密度"为设计变量，在0~1范围内连续取值，并假设材料密度与材料的某一个或几个物理参数之间存在函数关系，进而将结构拓扑优化问题转化为材料的最优分布问题。当优化目标的密度值在0~1之间任意连续取值时，若优化目标的结构为孔洞，则单元密度值为0；若优化目标的结构为支撑，则单元密度值为1；若密度值在0~1之间，在优化计算时则使密度值更好的偏向0或1。由于在拓扑优化设计过程中，往往期望材料的"单元密度"接近0或1，因此采用引入惩罚因子的方法来消除材料的中间密度。该方法计算效率高、变量少，但是由于该方法会优化密度边界的折中值，优化结构的边界会出现棋盘格现象，给加工制造带来困难。

（3）渐进结构法。渐进结构法是通过逐步将无效或低效的材料删除，最终获得最优的结构拓扑。以应力为约束条件，以保证结构强度的前提下得到最小质量为优化目标，其可以采用两种优化过程，一种是根据应力的变化对材料分布做形状调整，另一种则是对低应力区域的材料进行删减。渐进结构拓扑优化方法物理概念明确、所设计的变量少且算法简单，但材料删除准则的构建过程比较困难，得到的结构通常为局部最优。

（4）水平集方法。水平集法是一种隐式表达结构边界的拓扑描述方法，通过构造比设计域更高一维度的水平集函数，再将由结构分析得到的速度场作为驱动力，通过这一函数场的零等值线或零等值面的演化来实现结构拓扑优化。连续体结构的拓扑优化问题可被简化为以目标函数最小化为驱动力的水平集函数的演化问题。传统的水平集方法只能在优化过程中改变初始孔洞的形状、分布以及实现孔洞间的融合，但无法在设计域内创造新的孔洞以产生新的拓扑关系。为此，研究者不断对传统水平集法进行优化设计，如通过将渐进结构法中的应力准则、拓扑导数等引入水平集方法以达到自由生成新孔洞的目的，以及使用径向基函数对其进行参数化处理，从而使水平集方法的寻优效率得到明显提高。但该方法迭代过程受限于时间步长、优化过程较变密度法更加复杂。

（5）离散结构法。离散结构拓扑优化是在满足设计的边界条件下，寻求结构组成部件的最优尺寸、布局形式以及连接方式等，此种拓扑优化方法中最具代表性的是基结构法。基结构法主要是依据桁架结构的优化设计提出的，将设计域分为许多子域，然后通过杆单元连接各节点，杆单元的直径即被定为设计变量。基结构法逐渐成为求解桁架结构优化的标准途径，但由于基结构往往是通过设计人员据设计需求和经验建立，因此其本身存在的网格依赖性、拓扑结果依赖于初始设计及最优结果无法使用等不足限制了其推广应用。为此，研究者展开研究，如Kirsch[95]通过增加杆和节点进行优化布局，从而解决局部最优解这一问题。

拓扑优化设计方法在增材制造钛合金产品的设计中得到广泛研究。Hollister等[96]利用拓扑优化方法设计出兼具最优渗透率和最优生物力学性能的微孔结构。

Khanoki 等[97]利用拓扑优化方法设计了梯度孔隙结构的钛合金人工髋关节假体，该植入体具有良好的骨整合效果。Altair 公司[98]结合拓扑优化设计方法与增材制造技术，以最大化减少支架重量为目标，制备了具有复杂晶格结构的仿"蜘蛛"支架。

5.4 增材制造钛合金产品的应用领域

钛的高活性、高熔点等特征严重阻碍了钛材料的广泛应用，增材制造技术解决了钛精密结构件的加工难题，进一步扩大了钛基合金的应用范围，钛合金增材制造技术已在航空航天、船舶、军工国防、生物医疗等领域以及个性化模具设计等众多领域得到应用并具有良好的发展前景。

5.4.1 航空航天领域的应用

目前钛合金增材制造技术已成功用于航天发动机小型精密构件和航空大型复杂构件的直接成形，如飞机结构件、发动机结构件及航空紧固件等，大幅缩短了制造周期，极大减少了航空航天设备的焊缝数量，使其安全性得到提高[99]。2001 年美国 Aero Met 公司最早采用增材制造技术为波音公司舰载联合歼击机试制钛合金承力结构件，如尺寸为 0.9m×0.3m×0.15m 的航空翼根吊环（图 5-15），并且该构件已应用于航空生产。2011 年英国的南安普顿大学通过增材制造技术生产出包括无人机的机翼、控制面板和舱门的整体框架。2012 年之后，钛基合金增材制造技术在航空航天领域的应用取得若干重大进展，钛合金零件不仅在飞机制造中得到广泛的应用，而且新型的钛基合金材料开始在火箭等航天设备中得到应用。NASA 马歇尔航天飞行中心研发了增材制造钛合金复杂金属构件，该零

图 5-15　美国 Sciaky 公司商用化设备及打印出的大型航空部件

部件被用于火箭；此外，Synergeering group 公司、CalRAM 公司、意大利 Avio 公司等也针对火箭发动机喷管、承力支座、起落架零件、发动机叶片等开展了大量研究，以 Ti-6Al-4V、TiAl 等钛基合金为原料，利用电子束熔融成形技术制备系列产品，并且有的已进行批量应用[100]，如图5-16 和图 5-17 所示；另外，美国 Made in Space 公司则提出将增材制造设备发射入轨，实现太空三维打印，在零重力环境中制造航天器和太空站部件。

图 5-16　利用 SEBM 技术制造的 Ti-6Al-4V 叶轮（a）和 Avio 公司
利用 SEBM 技术制造的 TiAl 涡轮叶片（b）

图 5-17　国外航空航天领域采用激光选区熔化成形技术制造的零部件
（发动机燃烧室、喷漆引擎排气管、喷射发动机内压缩机叶片）

我国科研院校及企业也对钛合金增材制造技术展开大量研究。北京航空航天大学王华明院士团队成功制造了大型机用航空发动机整体叶盘和钛合金主承力构件加强框等关键部件[101, 102]，钛合金整体叶盘如图 5-18 所示。2012 年，西北工业大学采用钛合金增材制造技术生产了长达 3m 的大飞机 C919 中央翼缘条，其属于大型钛合金结构件，最大变形量小于 0.8mm，成形精度和变形控制均达到极高的技术水平。北京航空航天大学于 2013 年研制了歼-31 战机"眼睛式"钛合金主承力构件加强框，与锻造相比，该钛合金飞机大型复杂整体构件的材料利用率提高了 5 倍、制造周期缩短了 2/3、成本降低至少 1/2，并且该主承力结构件已通过装机评审[99]。

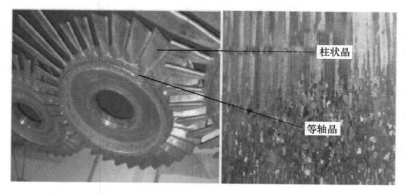

图 5-18 激光增材制造航空发动机梯度性能钛合金整体叶盘

5.4.2 生物医疗领域的应用

随着医学扫描和成像技术（CT、MRT、超声波）的发展，增材制造技术为医疗提供了更多快捷、经济而有效的解决方案，通过增材制造技术制备的钛合金医疗器械应用范围不断扩展，几乎涵盖了人体的各个部位，包括颌面修复及整形、椎间融合器、人工关节等（如图 5-19 所示），在医疗领域的应用主要包括以下三个方面：（1）修复性医学中的人体移植器官制造，如假牙、骨骼、假肢

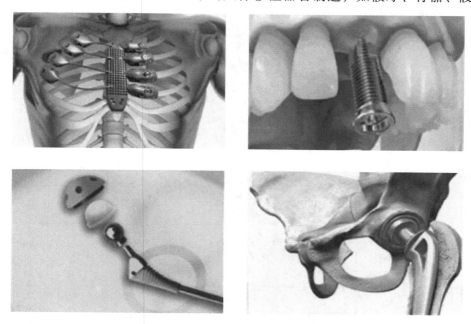

图 5-19 增材制造钛材料作为植入材料的应用

等；（2）辅助治疗中使用的医疗装置，如齿形矫正器和助听器等；（3）手术和其他治疗过程中使用的辅助装置。目前，通过增材制造技术制备的并且已经上市的钛材料骨科植入体种类如表 5-2 所示。

表 5-2　国内外已上市的部分增材制造技术制备的钛材料骨科植入体[103]

应用部位	产品名称	图示	材料	打印方式	孔隙率/%	孔径/μm	上市情况
髋关节	Delta Trabecular Titanium 髋臼杯		Ti-6Al-4V	EBM	65	640	2007 年 CE
	Novation Integrip 钛合金髋臼杯		Ti-6Al-4V	EBM	45~57	130~390	2010 年 FDA
	ACT 髋臼杯		Ti-6Al-4V	EBM	80	800±200	2015 年 CFDA
膝关节	Triathlon® Tritanium Knee System 胫骨底板和金属支撑髌骨组		Ti-6Al-4V	SLM	65	500	2015 年 FDA
踝关节	Unite3D Bridge Fixation System 踝关节融合器		Ti-6Al-4V	—	—	—	2015 年 FDA
骶髂关节	iFuse-3D 钛骶髂关节植入物		Ti-6Al-4V ELI	EBM	60~70	300	2017 年 FDA
颅颌面脊柱	BioArchitects 颅面植入物		Ti-6Al-4V ELI	EBM	—	—	2015 年 FDA
面脊柱	TruMatch® CMF3D 打印颌面植入物		纯 Ti	—	—	—	2017 年 FDA
脊柱	ACT 人工椎体		Ti-6Al-4V	EBM	80	800±200	2016 年 CFDA

德国 EIT 公司（Emerging Implant Technology）同 3D Systems 公司合作，采用选择性激光熔化增材制造技术研发了孔隙率高达 80% 的钛骨小梁结构，为一名具有退行性颈椎问题的患者实施了手术，这是全球首例成功的该类手术。该钛植入体可为骨细胞生长提供理想的支架，促进骨整合，并且避免了因"应力遮挡"效应导致的植入体松动、脱落和断裂。EIT 称，未来将以合理的成本给患者提供个性化的一系列植入产品。德国 EOS 公司也开发了增材制造 Ti64 ELI 系列钛。

合金医用植入物，该产品的化学成分和力学性能与 ASTM F136 相当，具有优异的耐腐蚀性能和生物相容性。此外，比利时 Hasselt 大学的 BIOMED 研究所与荷兰研究所合作[104]，为一名 83 岁的女性患者定制并植入了个性化钛合金下颌骨假体。通过合理的结构设计，如内部网格结构等，在保证力学性能的前提下实现了最大程度的减重，该植入体自重仅略大于人体下颌骨。此外，该钛合金下颌骨假体所具有的多孔结构特征还可以促进细胞的黏附、增殖，有利于神经及血管的三维二次生长[105]。与传统手术过程持续时间长（近 20h）、术后观察期长（2~4 周）等相比，采用该产品进行手术时仅需 4h，术后 1 天便可以说话和吞咽，4 天即可离院回家，修复效率较高。美国技术医疗器械公司 Medshape 一直致力于 FastForward 手术系统，开发创新型医疗设备，以满足临床需要。该机构所研制的增材制造 Ti64 骨栓板于 2015 年获得了美国食品药品管理局（FDA）的认证。据报道，该产品已成功用于治疗拇指外翻畸形，在治疗时骨栓板上的缝合带可以安全、牢固的缠住第二肋骨而避免过度和破坏性钻孔，解决了传统方法存在的恢复期长以及易引发并发症等问题。

在我国，增材制造钛合金医疗产品的研发也得到广泛关注，3D 打印"骨骼"技术已经于 2013 年被正式批准进入临床观察阶段。2014 年 8 月，北京大学刘忠军教授带领团队为一位骨癌患者打印并移植了首个 3D 枢椎。刘忠军教授自 2009 年开始与北京爱康宜诚医疗器材股份有限公司合作研制这种多孔外科植入物，并进行一系列的动物实验及临床研究。其中，增材制造骨小梁髋臼假体已顺利获得临床报告并进入注册流程，椎间融合器、人工椎体两类产品也即将完成临床观察。2015 年 6 月，第四军医大学唐都医院胸腔外科与超声诊断医学 3D 打印研究团队合作，将增材制造钛合金胸骨成功植入患有胸骨肿瘤的 54 岁女性患者体内，成功完成了病变胸骨的整体置换。此外，第四军医大学西京医院的郭征教授团队通过增材制造技术研制了骨盆、肩胛骨以及锁骨钛合金植入假体，并分别植入 3 位骨肿瘤患者体内，目前恢复状况均较良好。西北有色金属研究院也对增材制造医用多孔钛合金植入体展开大量研究，成功制备了口腔修复用个性化钛合金牙冠，并通过电子束和激光选区熔化技术制备了多孔钛合金植入物，对其骨整合性能、安全性及体内长期稳定性进行研究。

5.4.3　其他领域的应用

（1）在国防领域中的应用[106]。在国防武器生产过程中，对武器的材料性能和零件尺寸精度要求较高。美国海军正在研究将增材制造技术设计到航空母舰上，将航母作为一个大型的武器生产工厂，根据需要和要求生产所需武器设备。美国陆军坦克及机动车辆司令部（TACOM）采用激光立体成形技术研发了"移动零件医院"（MPH）快速制造系统（RMS）。MPH 原型由两个 0.25m×0.25m×0.6m 可扩展的方舱组成，每个方舱都拥有一部分主要的生产设备，都满足 C-130 运输机进行空运需要，也能够由军用卡车进行陆运。MPH 能够根据前线战场需求，对武器装备零件及时快速修复，使其迅速恢复正常的运行，或是直接利用增材制造技术制造钛合金零部件或武器装备。据报道，该系统已在阿富汗使用，激光立体成形技术已成功应用于 M1A1 坦克装备构件的快速修复。我国也正在加紧钛基合金增材制造技术在国防领域应用的研究，实现武器生产的快速化和精密化，推动我国国防技术发展。

（2）在汽车领域的应用[107]。钛合金本身密度较低，使用其制作汽车发动机零部件可使惯性质量大大减小。汽车发动机零部件惯性质量的减小可以使得零部件之间的摩擦大大减小，从而减少汽车发动机零部件在运转过程当中不必要的能源损耗，不仅可以提高燃油效率，而且可以减弱运行噪声，提升汽车乘坐者的体验。目前，宝马 BMW 旗下劳斯莱斯中采用超过 10000 个增材制造零部件，这些零部件包括危险警告灯、中心锁按钮、电子停车制动器、插座等。大众、葡萄牙大众 Autoeuropa 工厂也一直使用 3D 打印机生产在装配线上使用的模具组件，节省了 16 万美元工具成本。但是，由于一般的汽车制造企业难以投入充足的资金用于钛合金增材制造技术的研发，这给增材制造技术制备钛合金汽车用零部件带来了巨大的困难。我国汽车行业起步较晚，在各方面都没能形成纯熟的制作技术，尤其是钛合金 3D 打印技术在汽车用零部件制备当中的应用。在接下来的发展中，若加大对汽车领域钛合金增材制造技术的资金投资力度，拥有自主知识产权的核心技术，相信在不久的未来，我国的钛合金增材制造技术在汽车领域的应用水平会得到很大程度的提高，进而提高汽车行业用零部件制作的效率和水平，推动整个汽车制造行业的持续健康全面发展。

（3）在石油化工领域的应用[99]。钛合金强度高，具有耐高温和耐腐蚀性，常常被用于制作反应釜、蒸馏塔、热交换器等设备，在石油化工领域有着非常重要的作用。而通过传统的制造方法制造这些设备，需要先制造简体、封头、搅拌轴等零部件，再组装焊接，工序复杂，制造周期较长，且焊接残余应力对成形性能也有影响。激光增材制造技术能很好地避免这些缺点，特别适用于制造对密封性能要求高的高压容器，对于小型的钛合金反应设备，在生产效率和制造成本上都具有明显的优势。

5.5　发展与展望

增材制造以其制造原理的巨大优势，已成为最具发展潜力的先进制造技术，克服了传统技术难以生产复杂钛合金构件、钛合金冷加工变形抗力大等问题，为大型整体结构件的制造提供了新技术途径，被认为是第三次工业革命标志。但实现增材制造技术的推广及成形金属构件的工程化应用仍需从以下几个方面重点展开研究：

（1）提高增材制造设计自由度。增材制造技术虽使零件的设计自由度得到了极大解放，但其并非绝对意义上的自由设计，仍需考虑台阶效应、最小壁厚、材料在熔凝过程的收缩变形以及复杂内腔的后处理等技术难题。因此，未来需要对增材制造装备展开研究，提高装备的制造精度；开发增材制造与焊接技术、高端数控机床等传统加工复合成形技术，如将增材与机械加工结合的增减材复合技术；提高增材制造原材料质量，深化制件内部缺陷、组织性能及精度调控的研究；针对增材制造构件，开发新的内表面加工技术。

（2）建立增材制造专用材料体系。增材制造技术虽已成为航空航天、船舶等领域高端装备研发与快速制造的优选技术，但在高端装备领域的产业化批量生产仍面临巨大困难，其主要原因是未形成完善的增材制造专用材料体系。目前增材制造所用材料多为基于铸造或锻造合金制成的粉末，现有的合金牌号都与特定的加工工艺密切联系，如铸造合金、锻造合金等，而合金设计不仅需要考虑材料的使用性能，还需考虑材料的加工性能，缺乏专用材料体系导致增材制造技术在改善钛合金性能上的潜力仍未被充分挖掘。因此，针对增材制造技术特点，建立专用材料体系，对发挥其在实现材料高性能化方面的优势至关重要。为此，首先需要基于已有增材制造工艺和材料性能数据，对常用材料牌号进行筛选优化；在此基础上，对增材制造非平衡条件下的理论设计、建模、高通量试验、工艺验证及数据库等多方面展开研究，通过开发增材制造专用材料高通量技术模型、材料高通量试验和材料数据库三者的协同作用，建立增材制造专用材料体系。

（3）通过增材制造技术开发新材料。增材制造技术典型的极端非平衡凝固过程，突破了传统冶金材料制备技术的动力学和热力学的局限，为具有可设计性和性能优异的新材料的研发提供可能。但迄今为止，仅有几种增材制造的梯度材料可作为结构部件使用，因此，充分利用增材制造的独特优势，大力研发新材料是增材制造技术未来的发展趋势。如引入常规方法无法同时加入的多元化、强差异元素合金化以及多种强化机制复合；将传统的金属材料、陶瓷材料以及有机材料进一步复合生产，赋予材料多功能性特点，拓宽增材制造技术的应用领域，从而为工业化生产提供新的解题思路。

（4）建立工艺与性能数据库。增材制造技术的特点之一就是数字化制造，它可充分发挥增材制造技术的高柔性、智能化、分布式制造等优势。工艺与性能数据库则是数字化的重要环节和组成部分，可以记录制备过程中产生的大量数据，为工艺规划、产品研发提供数据支持，加速产品的设计制造和研发过程，提升产品质量。然而，目前增材制造工艺与性能数据库仍十分缺乏，需在大量试验基础上建立数据库系统，推动增材制造技术的进一步发展与应用。

（5）高附加值产品修复与再制造。增材制造技术不仅可用于结构和材料的制备，还可用于零件的修复与再制造。针对经济价值高、制造周期长的构件，对零部件服役损伤和加工缺陷进行增材制造修复与再制造，可以有效节约成本、缩短周期。未来还需开展关键合金材料服役行为、零件复合失效损伤机理、失效零件损伤容限与剩余寿命评估等研究。

参 考 文 献

[1] Keicher D. Beyond rapid prototyping to direct fabrication: forming metallic hardware directly from a CAD solid model [J]. Materials Technology, 1998, 13 (1) 5~7.

[2] Arafat M T, Gibson I, Lam C X F. Biomimetic composite coating on rapid prototyped scaffolds for bone tissue engineering [J]. Acta Biomaterialia, 2011, 7 (2) 809~820.

[3] Zadpoor A A. Mechanics of additively manufactured biomaterials [J]. Journal of the Mechanical Behavior of Biomedical Materials, 2017, 70: 1~6.

[4] 全国增材制造标准化技术委员会. GB/T 35351—2017 增材制造术语 [S]. 北京：中国标准出版社, 2017.

[5] 刘旭东. 金属粉末床激光熔化路径规划与控制研究 [D]. 湖南：湖南大学, 2018.

[6] Keicher D M, Jellison J L, Schanwald L P, et al. Towards a reliable laser spray powder deposition system through process characterization [C]. International Technical Conference of the Society for the Advancement of Material and Process Engineering (SAMPE). Washington, D. C. 1995.

[7] Keicher D M, Romero J A, Atwood C L, et al. Laser engineered net shaping (LENS TM) for additive component processing [C]. 1996 Rapid Prototyping and Manufacturing, Dearborn, MI (United States). Washington, D. C. 1996.

[8] Keicher D M, Romero J A, Atwood C L, et al. Freeform fabrication using the laser engineered net shaping (LENS TM) process [R]. Office of Scientific and Technical Information (OSTI), 1996.

[9] 杜宝瑞, 姚俊, 郑会龙, 等. 基于激光选区熔化的航空发动机喷嘴减重设计及制造技术研究 [J]. 航空制造技术, 2019, 62 (11): 16~20.

[10] 颜永年, 齐海波, 林峰, 等. 三维金属零件的电子束选区熔化成形 [J]. 机械工程学报, 2007, 43 (6): 87~92.

［11］汪飞. 选择性激光烧结铜基复合材料工艺及性能研究［D］. 南昌：南昌大学，2018.

［12］Hollander D A, Walter M V, Wirtz T, et al. Structural, mechanical and in vitro characterization of individually structured Ti-6Al-4V produced by direct laser forming［J］. Biomaterials, 2006, 27（7）：955~963.

［13］Obst P, Launhardt M, Drummer D, et al. Failure criterion for PA12 SLS additive manufactured parts［J］. Additive Manufacturing, 2018, 21：619~627.

［14］李永涛. 钛合金激光增材制造缺陷研究［D］. 大连：大连理工大学，2017.

［15］陈静，杨海欧，杨健，等. TC4 钛合金的激光快速成形特性及熔凝组织［J］. 稀有金属快报，2004（4）：33~37.

［16］张霜银，林鑫，陈静，等. 工艺参数对激光快速成形 TC4 钛合金组织及成形质量的影响［J］. 稀有金属材料与工程，2007（10）：1839~1843.

［17］朱桂双. 不同晶粒尺寸 TC4 钛合金高温变形行为研究［D］. 哈尔滨：哈尔滨工业大学，2007.

［18］Wang F, Wang D. Study on the effects of heat-treatment on mechanical properties of TC4 titanium alloy sheets for aviation application［J］. Titanium Industry Progress, 2017, 34（2）：24~27.

［19］郭彦梧. 激光选区熔化成形 TA15 钛合金工艺性能研究［D］. 北京：北京工业大学，2019.

［20］王华明，李安，张凌云，等. 激光熔化沉积快速成形 TA15 钛合金的力学性能［J］. 航空制造技术，2008（7）：26~29.

［21］来佑彬，刘伟军，孔源，等. 激光快速成形 TA15 残余应力影响因素的研究［J］. 稀有金属材料与工程，2013，42（7）：1526~1530.

［22］钦兰云，吴迪，杨光，等. 王超激光沉积 TA15 钛合金显微组织和力学性能研究［J］. 应用激光，2017，3（5）：623~628.

［23］杨光，王文东，钦兰云，等. 退火处理及沉积方向对激光沉积 TA15 钛合金组织和性能的影响［J］. 稀有金属材料与工程，2016（12）：263~269.

［24］Zhu S, Yang H, Guo L G, et al. Effect of cooling rate on microstructure evolution during α/β heat treatment of TA15 titanium alloy［J］. Materials Characterization, 2012, 70：101~110.

［25］Li J, WANG H M. Aging response of laser melting deposited Ti-6Al-2Zr-1Mo-1V alloy［J］. Materials Science and Engineering A, 2013, 560：193~199.

［26］Zhang L C, Klemm D, ECKERT J, et al. Manufacture by selective laser melting and mechanical behavior of a biomedical Ti-24Nb-4Zr-8Sn alloy［J］. Scripta Materialia, 2011, 65（1）：21~24.

［27］Liu Y J, Zhang Y S, Zhang L C. Transformation-induced plasticity and high strength in beta titanium alloy manufactured by selective laser melting［J］. Materialia, 2019, 6：100299.

［28］Liu Y J, Wang H L, Li S J, et al. Compressive and fatigue behavior of beta-type titanium porous structures fabricated by electron beam melting［J］. Acta Materialia, 2017, 126：58~66.

［29］Liu Y J, Li S J, Zhang L C, et al. Early plastic deformation behaviour and energy absorption in porous β-type biomedical titanium produced by selective laser melting［J］. Scripta Metallurgica,

2018, 153: 99～103.

[30] Wang J C, Liu Y J, Qin P, et al. Selective laser melting of Ti-35Nb composite from elemental powder mixture: Microstructure, mechanical behavior and corrosion behavior [J]. Materials Science and Engineering, 2019, 760: 214～224.

[31] Zhao X, Li S, Zhang M, et al. Comparison of the microstructures and mechanical properties of Ti-6Al-4V fabricated by selective laser melting and electron beam melting [J]. Materials and Design, 2016, 95: 21～31.

[32] 王迪, 杨永强, 黄延录, 等. 层间扫描策略对 SLM 直接成形金属零件质量的影响 [J]. 激光技术, 2010, 34 (4): 447～451.

[33] Xu W, Brandt M, Sun S, et al. Additive manufacturing of strong and ductile Ti-6Al-4V by selective laser melting via in situ martensite decomposition [J]. Acta Materialia, 2015, 85: 74～84.

[34] Becker T H, Beck M, Scheffer C. Microstructure and mechanical properties of direct metal laser sintered Ti-6Al-4V [J]. South African Journal of Industrial Engineering, 2015, 26 (1): 1～10.

[35] 王小龙, 肖志瑜, 张国庆, 等. 倾斜角度对激光选区熔化成形 Ti-6Al-4V 合金的影响 [J]. 粉末冶金材料科学与工程, 2016, 21 (3): 376～382.

[36] Li H X, Huang B, Y Fan S, et al. Microstructure and tensile properties of Ti-6Al-4V alloys fabricated by selective laser melting [J]. Rare Metal Materials and Engineering, 2013, 42 (S2): 209～212

[37] Dai N W, Zhang L C, Zhang J X, et al. Corrosion behavior of selective laser melted Ti-6Al-4V alloy in NaCl solution [J]. Corrosion Science, 2016, 12: 484～489.

[38] Bai Y, Gai X, Li S J, et al. Improved corrosion behaviour of electron beam melted Ti-6Al-4V alloy in phosphate buffered saline [J]. Corrosion Science, 2017, 123: 289～296.

[39] Dimiduk D M. Gamma titanium aluminide alloys-an assessment within the competition of aerospace structural materials [J]. Materials Science and Engineering A, 1999, 263 (2): 281～288.

[40] Nochovnaya N A, Bokov K A, Panin P V, et al. Modern refractory alloys based on titanium gamma-aluminide: prospects of development and application [J]. Metal Science and Heat Treatment, 2014, 56 (7～8): 364～367.

[41] Guo Y L, Jia L N, Kong B, et al. Single track and single layer formation in selective laser melting of niobium solid solution alloy [J]. Chinese Journal of Aeronautics, 2018, 31 (4): 860～866.

[42] Loeber L, Biamino S, Ackelid U, et al. Comparison of selective laser and electron beam melted titanium aluminides [C] //Solid Freeform Fabrication Symposium, University of Texas, Austin, 2011: 547～556.

[43] Shi X Z, Ma S Y, Liu C M, et al. Parameter optimization for Ti-47Al-2Cr-2Nb in selective laser melting based on geometric characteristics of single scan tracks [J]. Optics and Laser Technology, 2017, 90: 71～79.

［44］ Vrancken B， Cain V， Knutesn R， et al. Residual stress via the contour method in compact tension specimens produced via selective laser melting ［J］. Scripta Materialia， 2014， 87： 29~32.

［45］ Gussone J， Hagedorn Y C， Gherekhloo H， et al. Microstructure of titanium aluminide processed by selective laser melting at elevated temperatures ［J］. Intermetallics， 2015， 66： 133~140.

［46］ 李伟. 激光选区熔化成形钛铝合金微观组织与性能演变规律研究 ［D］. 武汉： 华中科技大学， 2017.

［47］ Li W， Liu J， Zhou Y， et al. Effect of laser scanning speed on a Ti-45Al-2Cr-5Nb alloy processed by selective laser melting： Microstructure， phase and mechanical properties ［J］. Journal of Alloys and Compounds， 2016， 688： 626~636.

［48］ Qian L， Mei J， Liang J， et al. Influence of position and laser power on thermal history and microstructure of direct laser melting ［J］. Material Science Technology， 2005， 21 （5）： 597~605.

［49］ Bermani S S， Blackmore M L， Zhang W， et al. The Origin of microstructural diversity， texture， and mechanical properties in electron beam melted Ti-6Al-4V ［J］. Metallurgical and Materials Transactions， 2010， 41A （13）： 3422~3434.

［50］ Biamino S， Penna A， Ackelid U， et al. Electron Beam Melting of Ti-48Al-2Cr-2Nb alloy： microstructure and mechanical properties investigation ［J］. Intermetalics， 2010， 19 （6）： 776~781.

［51］ Srivastava D， Chang I T H， Loretto M H. The effect of process parameters and heat treatment on the microstructure of direct laser fabricated TiAl alloy samples ［J］. Intermetallics， 2001， 9 （12）： 1003~1013.

［52］ Balla V K， Das M， Mohammad A， et al. Additive manufacturing of γ-TiAl processing， microstructure， andproperties ［J］. Advanced Engineering Materials， 2016， 18 （7）： 1208~1215.

［53］ Zhang X D， Brice C， Mahaffey D W， et al. Characterization of laser-deposited TiAl alloys ［J］. Scripta Materialia， 2001， 44 （10）： 2419~2424.

［54］ Qu H P， Wang H M. Microstructure and mechanical properties of laser melting deposited γ-TiAl intermetallic alloys ［J］. Materials Science and Engineering A， 2007， 466 （1-2）： 187~194.

［55］ Zhang J， Wu Y， Cheng X， et al. Study of microstructure evolution and preference growth direction in a fully laminated directional micro-columnar TiAl fabricated using laser additive manufacturing technique ［J］. Materials Letters， 2019， 243： 62~65.

［56］ Zhang X Y， Li C W， Zheng M Y， et al. Anisotropic tensile behavior of Ti-47Al-2Cr-2Nb alloy fabricated by direct laser deposition ［J］. Additive Manufacturing， 2020， 32： 101087.

［57］ Zhang X Y， Li C W， Zhong H Z， et al. Microstructure formation and tailoring of the intermetallic TiAl alloy produced by direct laser deposition ［J］. Metallurgical and Materials Transactions A， 2020， 51： 82~87.

［58］ 尚纯， 李长富， 杨光， 等. 后处理对激光沉积制造 γ-TiAl 合金组织与性能的影响 ［J］. 材料热处理学报， 2017， 38 （10）： 29~34.

［59］ Qu H P， Li P， Zhang S Q， et al. The effects of heat treatment on the microstructure and mechanical property of laser melting deposition γ-TiAl intermetallic alloys [J]. Materials and Design, 2010, 31 (4): 2201~2210.

[60] Thomas M, Malot T, Aubry P. Laser metal deposition of the intermetallic TiAl alloy [J]. Metallurgical and Materials Transactions A, 2017, 48 (6): 3143~3158.

[61] 王黎, 魏青松, 贺文婷, 等. 粉末特性与工艺参数对 SLM 成形的影响 [J]. 华中科技大学学报 (自然科学版), 2012, 40 (6): 20~23.

[62] 昝林, 陈静, 林鑫, 等. 激光快速成形 TC21 钛合金沉积态组织研究 [J]. 稀有金属材料与工程, 2007, 36 (4): 612~616.

[63] 张凤英, 陈静, 谭华, 等. 钛合金激光快速成形过程中缺陷形成机理研究 [J]. 稀有金属材料与工程, 2007, 36 (2): 211~215.

[64] Zhang B, Li Y, Bai Q. Defect formation mechanisms in selective laser melting: a review [J]. Chinese Journal of Mechanical Engineering, 2017, 30 (3): 515~527.

[65] Li J H, Zhou X L, Brochu M, et al. Solidification microstructure simulation of Ti-6Al-4V in metal additive manufacturing: a Review [J]. Additive Manufacturing, 2019, 31: 100989.

[66] 江庆红. 喷丸处理对增材钛合金性能影响研究 [D]. 哈尔滨: 哈尔滨工业大学, 2019.

[67] 崔忠圻. 金属学与热处理原理 [M]. 北京: 机械工业出版社, 1998.

[68] 孙洪吉. 激光增材制造纯钛样件中残余应力、组织及力学性能演变及其影响因素 [D]. 湖南: 湘潭大学, 2019.

[69] 陈素明, 胡生双, 张颖, 等. 退火工艺对增材制造 TC18 钛合金力学性能和组织的影响 [J]. 金属热处理, 2020, 45 (8): 142~146.

[70] Vrancken B, Thijs L, Kruth J P, et al. Heat treatment of Ti-6Al-4V produced by selective laser melting: Microstructure and mechanical properties [J]. Journal of Alloys and Compounds, 2012, 541: 177~185.

[71] Zhang S Y, Lin X, Chen J, et al. Heat-treated microstructure and mechanical properties of laser solid forming Ti-6Al-4V alloy [J]. Rare Metals, 2009, 28 (6): 537~544.

[72] 姚定烨, 兰彦宇, 马宇立, 等. 热处理工艺对 Ti-6Al-4V 钛合金点阵结构显微组织和性能的影响 [J]. 热处理, 2021, 36 (3): 21~26, 40.

[73] Ren X D, Zhou W F, Liu F F, et al. Microstructure evolution and grain refinement of Ti-6Al-4V alloy by laser shock processing [J]. Applied Surface Science, 2016, 363: 44~49.

[74] 陆莹, 赵吉宾, 乔红超. TiAl 合金激光冲击强化工艺探索及强化机制研究 [J]. 中国激光, 2014, 41 (10): 119~124.

[75] Zabeen S, Preuss M, Withers P J. Residual stresses caused by head-on and 45 foreign object dam-age for a laser shock peened Ti-6Al-4V alloy aerofoil [J]. Materials Science and Engineering A, 2013, 560: 518~527.

[76] 李东霖, 何卫锋, 游熙, 等. 激光冲击强化提高外物打伤 TC4 钛合金疲劳强度的试验研究 [J]. 中国激光, 2016, 43 (7): 116~124.

[77] 赖梦琪, 胡宗浩, 胡永祥, 等. 增材制造钛合金激光喷丸强化表面完整性影响实验研究 [J]. 应用激光, 2019, 39 (1): 9~16.

[78] Zhang W, Li D, Zhang J, et al. Minimum length scale control in structural topology

optimization based on the Moving Morphable Components (MMC) approach [J]. Computer Methods in Applied Mechanics and Engineering, 2016, 311: 327~355.

[79] Wang R, Zhang X, Zhu B. Imposing minimum length scale in moving morphable component (MMC)-based topology optimization using an effective connection status (ECS) control method [J]. Computer Methods in Applied Mechanics and Engineering, 2019, 351: 667~693.

[80] Liu J. Piecewise length scale control for topology optimization with an irregular design domain [J]. Computer Methods in Applied Mechanics and Engineering, 2019, 351: 744~765.

[81] Morgan H D, Cherry J A, Jonnalagadda S, et al. Part orientation optimisation for the additive layer manufacture of metal components [J]. International Journal of Advanced Manufacturing Technology, 2016, 29 (5~8): 1679~1687.

[82] Hu K L, Jin S, Wang C C L. Support slimming for single material based additive manufacturing [J]. Computer-Aided Design, 2015, 65: 1~10.

[83] Liu S T, Li Q H, Chen W J, et al. An identification method for enclosed voids restriction in manufacturability design for additive manufacturing structures [J]. Frontiers of Mechanical Engineering, 2015, 10 (2): 126~137.

[84] Li Q H, Chen W J, Liu S T, et al. Structural topology optimization considering connectivity constraint [J]. Structural and Multidisciplinary Optimization, 2016, 54 (4): 971~984.

[85] Hambali R H, Smith P, Rennie A E W. Determination of the effect of part orientation to the strength value on additive manufacturing FDM for end-use parts by physical testing and validation via three-dimensional finite element analysis [J]. International Journal of Materials Engineering, 2012, 3 (3/4): 269~281.

[86] Christiane B. Strategic implications o f current trends in additive manufacturing [J]. Journal of manufacturing science and engineering, 2014, 136 (6): 064701.

[87] 吴林志, 熊健, 马力. 复合材料点阵结构力学性能表征 [M]. 北京: 科学出版社, 2015.

[88] Taniguchi N, Fujibayashi S, Takemoto M, et al. Effect of pore size on bone ingrowth into porous titanium implants fabricated by additive manufacturing: an in vivo experiment [J]. Materials Science and Engineering C, 2016, 59: 690~701.

[89] Hooreweder B V, Apers Y, Lietaert K, et al. Improving the fatigue performance of porous metallic biomaterials produced by selective laser melting [J]. Acta Biomaterialia, 2017, 47: 193~202.

[90] Zhang X Y, Fang G, Leeflang S, et al. Topological design, permeability and mechanical behavior of additively manufactured functionally graded porous metallic biomaterials [J]. Acta Biomaterialia, 2019, 84: 437~452.

[91] Giannitelli S M, Accoto D, Trombetta M, et al. Current trends in the design of scaffolds for computer-aided tissue engineering [J]. Acta Biomaterialia, 2014, 10 (2): 580~594.

[92] Han C J, Li Y, Wang Q, et al. Continuous functionally graded porous titanium scaffolds manufactured by selective laser melting for bone implants [J]. Journal of the Mechanical Behavior of

Biomedical Materials，2018，80：119~127.

[93] Liu F，Mao Z，Zhang P，et al. Functionally graded porous scaffolds in multiple patterns：new design method，physical and mechanical properties [J]. Materials and Design，2018，160：849~880.

[94] Al-Ketan O，Lee D W，Rowshan R，et al. Functionally graded and multi-morphology sheet TPMS lattices：Design，manufacturing，and mechanical properties [J]. Journal of the Mechanical Behavior of Biomedical Materials，2020，102：103520.

[95] Kirsch U. Singular and local optima in layout optimization [C]//In Topology Optimization in Structural Mechanics，Springer，Vienna，1997.

[96] Hollister S J. Porous scaffold design for tissue engineering [J]. Nature materials，2005，4（7）：518~524.

[97] Khanoki S A，Pasini D. Multiscale design and multiobjective optimization of orthopedic hip implants with functionally graded cellular material [J]. Journal of Biomechanical Engineering，2012，134（3）：031004.

[98] He Y H，Burkhalter D，Durocher D，et al. Solid-lattice hip prosthesis design：applying topology and lattice optimization to reduce stress shielding from hip implants [C]//Design of Medical Devices Conference. American Society of Mechanical Engineers，2018.

[99] 邓贤辉，杨治军. 钛合金增材制造技术研究现状及展望 [J]. 材料开发与应用，2014，29（5）：113~120.

[100] 安国进. 金属增材制造技术在航空航天领域的应用与展望 [J]. 现代机械，2019，211（3）：43~47.

[101] Wang T，Zhu Y Y，Zhang S Q，et al. Grain morphology evolution behavior of titanium alloy components during laser melting deposition additive manufacturing [J]. Journal of Alloys and Compounds，2015，632：505~513.

[102] Wang H M，Zhang S Q，Wang T，et al. Progress on solidification grain morphology and microstructure control of laster additively manufactured large titanium components [J]. Journal of Xihua University，2018，37（4）：9~14.

[103] 甄珍，王健，奚廷斐，等. 3D 打印钛金属骨科植入物应用现状 [J]. 中国生物医学工程学报，2019，38（2）：240~251.

[104] Bartolo P，Kruth J P，Silva J，et al. Biomedical production of implants by additive electrochemical and physical processes [J]. CIRP Annals-Manufacturing Technology，2012，61（2）：635~655.

[105] Bael S V，Kerckhofs G，Moesen M，et al. Micro-CT-based improvement of geometrical and mechanical controlability of selective laser melted Ti-6Al-4V porous structures [J]. Materials Science and Engineering A，2011，528（24）7423~7431.

[106] 任丽宏，徐英. 钛合金 3D 打印技术在汽车发动机零部件制作中的应用 [J]. 内燃机与配件，2021（2）：213~214.

[107] 张群森，李崇桂，李帅，等. 钛合金激光增材制造技术研究现状及展望 [J]. 热加工工艺，2018，47（12）：21~24.

6 凝胶注模成形概述

6.1 凝胶注模成形技术简介

凝胶注模成形技术是美国橡树岭国家实验室（ORNL）在 1980 年最先提出[1,2]的，该技术的最初出现是为了解决低成本、高性能大型复杂形状陶瓷材料的成形问题。凝胶注模成形作为一种原位成形技术，是通过化学溶剂的交联反应形成网络，随后锚定悬浮在其中的粉体颗粒固结成具备一定强度的"凝胶块"，进而可以成形出具备复杂形状的零件。具体步骤是首先将有机单体与溶剂配制成一定浓度的预混液，然后向其中填充金属或陶瓷粉末制成低黏度、高固相含量的浓悬浮体，在加入引发剂及催化剂后，将这种浓悬浮体（浆料）注入非多孔模具中，在一定的温度条件下，诱导有机聚合物单体交联形成三维网络状聚合物凝胶，并使粉末颗粒原位粘结而固化形成坯体，坯体经干燥、烧结得到致密产品。除了近净成形外，凝胶注模成形技术还具有多方面的优势[3~5]，一直受到众多研究学者的关注。具体包括：

（1）多功能性。凝胶注模成形技术不仅可以生产高密度坯体，还适用于开发制备多孔零部件。

（2）等材制造复杂形状零件。零件复杂性取决于模具形状的设计和制造能力，可通过改进模具填充和脱模工艺实现工件复杂形状成形。

（3）具有工业化生产潜力。凝胶注模成形技术工业化可借鉴其他的成熟工艺如流延成形、注浆成形工艺，可用于大批量生产。

（4）高生坯强度。可以轻松实现超过 3MPa 的抗拉强度，确保坯体具有非常良好的可加工性。因此，有些形状复杂或不易脱模的陶瓷零件，如内螺纹等，在干燥后可通过坯体加工，达到所要求的形状和精度。

（5）低有机物含量。溶剂中仅含有 5%～20%（质量分数）的聚合物，在干燥过程中凝胶部件中的溶剂易于去除，这使得后期烧制过程中残余的溶剂也很容易消解殆尽，并不需要专门的脱胶步骤。

（6）高度均匀的材料特性。浆料良好的流动性和悬浮特性使得制备的坯体成分组织均匀，可以保证在烧结过程中部件的均匀收缩，保形性优异。

凝胶注模成形技术巧妙地结合了传统湿法胶态成形工艺和高分子化学相关理论，将高分子单体聚合的方法引入到粉末成形技术中，通过制备低黏度、高固相体积分数的悬浮浆料来实现成形高强度、高密度且成分均匀的坯体。其工艺流程如图 6-1 所示，基本原理是将粉体原料和聚合物单体、分散剂加入到溶剂（水或者有机溶液）中，通过球磨或超声振荡等方式制备低黏度、高固含量的均质粉体悬浮浆料，通过打浆球磨、排气等工艺排除浆料中的气泡，再通过化学引发或热引发等机制作用，使悬浮液中的有机单体聚合交联形成三维网状结构。将分散均匀的粉末固结原位成形，得到具有复杂形状的坯体，凝胶原理如图 6-2 所示。脱模后的坯体经过脱胶、烧结，最终得到所需的陶瓷或金属零部件[6]。

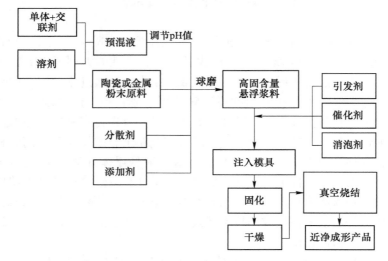

图 6-1　凝胶注模工艺流程图

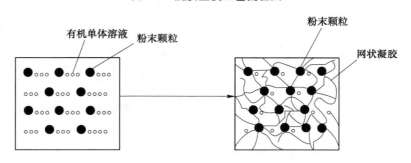

图 6-2　凝胶原理示意

6.2　凝胶注模成形技术研究进展

6.2.1　凝胶原位固化的形成方式

凝胶注模成形主要通过凝胶体系原位固化形成凝胶，再将粉末颗粒固结成形。因此，凝胶应具备两个基本条件：溶解度降低之后分散的物质可以在溶液中以"胶体分散状态"析出；析出的质点不会发生沉降也不会自由移动，而是在溶液中形成连续的网络结构骨架，不会因溶解度的降低而产生过饱和析出沉淀。当前，实现凝胶固化主要有以下几种方式：

（1）改变粒子间作用力固化。1994年瑞士苏黎世联邦理工学院的Gauckler的研究小组提出了直接凝固成形（DCC）[7]，该方法首先将一种生物酶和一种底物引入低温陶瓷浓缩悬浮液中，此时酶处于失活状态，几乎不与底物发生反应；然后，悬浮液的温度从0~5℃上升到20~40℃，酶被激活并与底物反应。通过调整pH值接近颗粒的等电点或增加离子强度，使颗粒Zeta电位降低，从而使颗粒表面由于带同种电荷而产生的静电斥力小于范德华引力，悬浮液可以原位凝固，使坯体有足够的强度被脱模。

通过施加外力（如振动）也可以让凝胶发生固化，胶体振动铸造就是基于此原理提出，高离子浓度的稀释悬浮液（体积分数为20%~30%）经压力过滤或离心得到高固相体积分数的坯体，在静态条件下为固体状态，浇注后，悬浮液在静态条件下原位凝固。其优点是当浓缩悬浮液具有高离子强度时，施加外力可改变悬浮液固化状态，不需要制备高固相体积分数的悬浮浆料，但坯体强度差，易开裂变形。Lange等[8~12]研究发现增加浆料中的电解质浓度可以使陶瓷颗粒产生塑性变形，这是因为颗粒表面的双电层受到压缩，可以产生吸引作用使颗粒相互靠近产生势阱，这是由于静电斥力、范德华力和颗粒表面与水反应的排斥力的三种力合力作用。合力可以使陶瓷颗粒在短距离内相互排斥，因此在静止时可以保持形状，当受到外力振动可以使浆料具有流动性。

1993年瑞典斯德哥尔摩大学L. Bergstrom等[13]提出的温度诱导凝胶成形则是通过改变温度使分散剂失效从而实现浆料的原位固化。他们将一种特殊的两性聚酯表面活性剂或温度分散剂引入浓悬液中使颗粒分散，它的溶解度随温度变化而变化，其一端吸附在粉体表面，另一端伸到溶剂中，起到位阻稳定作用。将分散好的浆料注模后，随着温度的降低，分散剂在溶剂中的溶解度下降，聚合物分子变得卷曲，逐渐失去分散能力，从而实现浆料的原位固化。温度诱导凝胶化是一个可逆的过程，在控制凝胶固化与否的过程中拥有很大的灵活性。

（2）交联反应固化。常用的凝胶注模体系是通过典型的物理或化学交联反应实现原位固化，丙烯酰胺（AM）或者甲基丙烯酸羟乙酯（HEMA）单体交联皆属于化学交联方式，都是通过引发剂和催化剂作用产生自由基引发单体的交联和聚合。

此类固化方式是通过悬浮液中除粉体之外的分散介质发生物理或化学反应形成凝胶三维网络，从而实现悬浮液的原位固化。Morissette等[14]利用配位化学原理，利用有机钛酸盐偶联剂作用与吸附在氧化铝颗粒上的PVA分子链进行连接实现固化。谢志鹏[15]利用溶液中高价离子对海藻酸钠分子链的桥接作用，在含海藻酸钠的悬浮液中加入钙盐使海藻酸钠链节之间交联，实现悬浮液固化。另外，通过升高或降低温度，改变一些天然高分子在溶液中的链节构型，也可以使悬浮液固化。

（3）相转变固化。冷冻铸造（freeze casting）是直接把配制好的悬浮液注入模具，通过低温冷冻固化成所需的形状，利用溶剂冻结后产生的强度把颗粒结合在一起[16]。冷冻铸造成形的坯体脱模后在真空条件下将溶剂升华，可以避免常规干燥条件引起的裂纹和翘曲，但相对其他固化手段，冷冻成形对设备的要求较高。

6.2.2　凝胶体系的发展

根据凝胶的性质，凝胶体系已有很多分类标准。按照溶剂类型可分为水基凝胶体系（溶剂为水）和非水基凝胶体系（溶剂为有机溶剂）；按照凝胶固化机理可分为化学凝胶体系和热诱导体系等[17,18]。按凝胶形成方式又可以分为天然凝胶体系如琼脂、蛋白质、明胶等，它们依靠温度影响机制在低温作用下形成物理交联凝胶；以及有机合成凝胶体系，通过化学交联方式形成凝胶[19~21]。

6.2.2.1　非水基凝胶体系

凝胶注模成形最早开发的为非水基凝胶注模成形工艺。非水基凝胶注模以有机溶物如甲苯、乙醇、叔丁醇等为溶剂，在交联温度下拥有蒸气压低、黏度低等特点，有利于提高单体浓度，可以获得高固相含量、高强度的坯体[22]。

在非水基化学交联凝胶体系中，凝胶聚合大多为自由基聚合的链式聚合反应，主要包含三个基元反应：链引发、链增长、链终止反应，在后续研究中发现还有第四个基元反应——链转移反应。以甲苯-HEMA 凝胶体系为例，交联反应过程如下：

（1）链引发。形成单体自由基的反应，在适宜条件下以适当速率生成足够活性的自由基，引发方式有热引发、光引发、辐射引发等。在该体系中，使用引发剂，以 BPO 为例，引发剂 BPO 加入到悬浮浆料中发生两步反应。首先引发剂分解为活性自由基，之后活性自由基与 HEMA 单体结合，生成单体自由基。

引发剂分解，形成初级自由基

链引发，初级自由基与单体加成，形成单体自由基

（2）链增长。链引发产生的单体自由基可与第二个 HEMA 单体结合，形成

新的自由基。反应不断进行，形成越来越长的链自由基。该过程为放热反应，并且活化能低、反应迅速。

（3）链终止。链自由基反应活性中心消失，生成稳定大分子。另外，链自由基还可能与体系中的某些分子作用而发生终止反应。因此粉体颗粒被固定在高分子三维聚合物网络中，悬浮浆料完成交联固化。

6.2.2.2 水基凝胶体系

水基凝胶以水作为溶剂，使用水作为溶剂在陶瓷材料的凝胶注模成形工业生产中使用广泛。主要具有以下优点：水溶剂的使用降低了成本，并且与传统胶态成形相似更利于工业推广；可获得更低黏度的前驱体；干燥过程简单易控制；避免了有机物挥发对空气污染的问题，具有工作环境友好性。

目前，主要的水基凝胶体系见表6-1。对于常用的水基丙烯酰胺凝胶体系来说，浆料的凝胶固化也是在引发剂的作用下发生聚合反应，与上文所述的非水基相似，包括自由基的生成和自由基与丙烯酰胺单体的聚合反应，最终形成网状结构的聚丙烯酰胺高分子聚合物，浆料中的粉末颗粒在这种网络结构中原位凝固成形。

表 6-1　水基凝胶体系

序号	单功能团单体		双功能团单体		引发剂	增塑剂
	名　称	官能团	名　称	官能团		
1	丙烯酰胺（AM）	丙烯酰胺	亚甲基双丙烯酰胺（MBAM）	丙烯酰胺	过硫酸铵/四乙基乙胺 APS/TEMED	丙三醇
2	丙烯酸（AA）	丙烯酸酯				
3	羟甲基丙烯酰胺（HMAM）	丙烯酰胺	PEG（XXX）DAM	丙烯酸酯	过硫酸铵（APS）	聚乙二醇
4	HAM	丙烯酰胺	MBAM	丙烯酰胺	APS/TEMED	聚乙二醇
5	N-乙烯基吡咯烷酮（NVP）	氯乙烯单体	DEBAM	丙烯酰胺	H_2O_2	丙三醇
6	甲氮基-聚（乙烯基乙二醇）甲基丙烯酸 MPEG（XXX）DAM	丙烯酸酯			盐酸盐（AZIP）	聚山梨醇酯加合物
7	甲基丙烯酸（AA/MAA）	丙烯酸酯			盐酸盐（AZIP）	环氧丙烯
8	甲基丙烯酸酰胺（MAM）		PEG（XXX）DAM	丙烯酸酯	盐酸盐（AZIP）	

序号	单功能团单体		双功能团单体		引发剂	增塑剂
	名　称	官能团	名　称	官能团		
9	MAM		MBAM	丙烯酰胺	APS/TEMED	
10	甲基丙烯酸羟乙酯（HEMA）	丙烯酸酯	MBAM	丙烯酰胺	APS/TEMED	
11	双丙酮丙烯酰胺（DMMA）	丙烯酰胺	MBAM		AZIP	
12	环氧树脂（SPGE-DPTA）					
13	尿素甲醛					
14	海藻酸钠-磷酸钙-碘酸钙					

6.2.2.3　新型凝胶体系

无论是非水基凝胶注模的有机溶剂，还是水基体系中常用的丙烯酰胺（AM），这些物质都存在一定的神经毒性。因此，非水基凝胶和 AM 的使用都在逐渐减少，并且目前越来越多的研究重点旨在寻找可替代的低毒或无毒凝胶体系，以减少操作的风险和环境污染。一些食品级天然高分子或生物聚合物，包括球蛋白（如牛血清白蛋白）、白蛋白（如卵清蛋白），还有一些多糖如琼脂和琼脂糖、明胶、角叉菜胶、壳聚糖和海藻酸钠等都可以在合适的条件下形成凝胶[23~25]。

当聚合物溶解在水中时，分子链相互吸引，通过氢键或范德华力形成三维网络。凝胶性能是由浆料黏度、胶凝行为、时间以及干燥过程中的坯体变形等因素决定的，并且多种胶凝剂的混合使用可以有效提高坯体强度。Santacruz 等[26] 研究了卡拉胶和刺槐豆胶的增效混合物在氧化铝水基凝胶注模中的流变特性。在混合条件下，通过记录冷却时的黏度和弹性模量，得到的凝胶比单独使用卡拉胶的凝胶更强。多糖凝胶基本都是热可逆凝胶体系，经过冷却后，水合多糖可以形成有序的双螺旋结构凝胶，这些螺旋再加热时会变成无序盘绕链条，如图 6-3 所示。这种胶凝行为可以在加热/冷却期间通过流变学测量来评估多糖转变循环，加热时初始黏度增加，产生对应于胶凝粉末水合的峰值。进一步加热，发生水合分子的溶解，同时伴随着黏度降低。在冷却过程中，黏度缓慢增加，当温度接近玻璃化温度（T_g）后发生凝胶化，使黏度急剧增加。

另外一些天然凝胶体系是由于离子作用使其固化。例如海藻酸钠凝胶，利用离子交换机制产生交联过程，其中一价阳离子被二价阳离子（例如钙离子）取代[27]。因此，凝胶化是由特定钙离子和古洛糖醛酸块之间强烈的相互作用产生的[28]。关于凝胶化过程中所涉及的结构特征，已有研究表明，钙离子会引发连

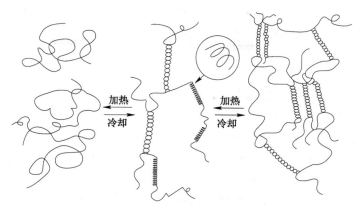

图 6-3　冷却多糖形成的双螺旋结构示意图[27]

锁反应，这些连锁反应构成了凝胶形成的连接区，并推导出了一个连接带模型，通常称为蛋盒模型[29]，如图 6-4 所示，蛋盒模型描述了海藻酸钙连接区的古洛酸盐链对，黑圈表示参与钙离子配位的氧原子[28]。

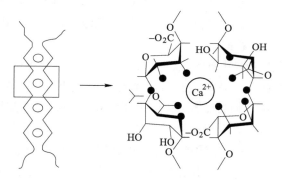

图 6-4　蛋盒模型[29]

与多糖一样，几种蛋白质凝胶也表现出适当的胶凝行为。其中，最常用的体系是明胶，主要包括两种类型的凝胶。第一种是热可逆"物理凝胶"，冷却溶液时，明胶链实现从线圈到三螺旋的构象转变。第二种是"化学凝胶"，将特定试剂加入到水溶液中诱导产生链交联[30]。对于物理凝胶来说，明胶相比于琼脂显示出更突出的优点，可以在更低的温度（约 40℃）下快速溶解，具有一定的机械响应弹性，并显示出与天然橡胶大致相似的行为[31]。此外，卵清蛋白在凝胶化温度（80℃）下加热时，来自蛋清的蛋白质单个分子变性，然后形成典型的热不可逆凝胶，保持共价键不破坏。低于此凝胶温度，氢键吸引有利于形成连结区[32]。使用明胶和卵清蛋白凝胶体系可以制备水基悬浮液，然而两种凝胶体系的严重缺点是它们有产生泡沫的倾向，这需要严格的后期脱气步骤或使用消泡剂，可使用少量聚乙二醇（PEG）或聚乙烯醇（PVA）作为消泡剂。由于这个缺点，使用基于蛋白质的凝胶体系制备致密样品比多糖体系受到的关注要少[33]。

6.2.3　凝胶注模的应用

目前，凝胶注模成形技术在陶瓷领域应用最为广泛，已被应用于氧化铝、石英、碳化硅、氮化硅、氧化锆等一系列陶瓷及其复合材料。由于其对大尺寸复杂形状部件制备的优势和广泛的材料适用性，凝胶注模成形技术被引入金属粉末成形技术领域，国内外诸多研究已经采用凝胶注模成形技术制备了多种金属材料制品，在金属材料粉末冶金领域显示出广阔的研究潜力和应用前景。

由于金属粉末和陶瓷粉末在物理及化学性质方面存在较大差异，所以陶瓷粉末的凝胶体系及工艺并不能完全照搬到金属粉末凝胶注模工艺的运用上。陶瓷粉末如氧化铝、无氧陶瓷粉末等粉末粒度及密度大致为 $0.2 \sim 1 \mu m$、$2 \sim 6 g/cm^3$，而金属粉末的粒度（$5 \sim 100 \mu m$）和密度（$4 \sim 9 g/cm^3$）要远远大于陶瓷粉末，这就影响了浆料及坯体的一些性能[34]。金属粉末颗粒粒径相对较粗，这样就比陶瓷粉末更易分散，有利于获得更高固相含量的浆料；但同时也会影响粉体的悬浮性，并且由于金属粉末密度普遍较大，极易在悬浮浆料中发生沉降，导致坯体烧结后组织不均匀及变形卷曲。

其次，金属粉体化学性质活泼、易氧化，这不仅会导致一些溶剂发生反应导致氧化，在脱胶过程中也易与凝胶有机物在中高温下反应，导致烧结件碳氧残余，进而影响最终烧结体的综合性能。并且粉末在悬浮液中会产生金属离子，如 Fe^{2+}、Cu^{2+}、Al^{3+} 和 Ca^{2+} 等会对聚合反应有一定影响，导致交联反应可控性降低。研究发现，Fe^{2+} 和 Cu^{2+} 在一定浓度下可以与原有凝胶体系形成氧化还原体系，促进自由基的产生。当浓度进一步增大会减慢自由基产生速度，这是由于反应生成的 Fe^{3+} 消耗了链自由基。Al^{3+} 的存在会促进自由基生成速度，而 Ca^{2+} 则相反。因此，金属离子通过对自由基产生速度的作用会对交联反应的聚合有促进或抑制的影响，导致引发剂和催化剂用量发生变化[35,36]。

研究发现，在含有陶瓷和金属颗粒的悬浮液中（见图 6-5），由于金属颗粒的催化作用，金属颗粒表面附近的聚合开始得更快，这会导致悬浮体黏度的缓慢上升，随后整个悬浮体黏度会迅速升高。当钨原子存在于凝胶体系中时，单体聚合的活化能为 66kJ/mol，比单纯有机物单体聚合时的活化能（290kJ/mol）降低了近 80%。与氧化铝不同，钨颗粒因催化性能强提高了反应速率常数，且钨颗粒会导致非均相聚合，不利于获得高力学性能的坯体。

针对金属粉末独特的性质，研究人员开展了一系列研究以开发适用于金属粉末凝胶成形的凝胶体系及工艺。Janney 等[37]将水基凝胶注模应用到 H13 钢

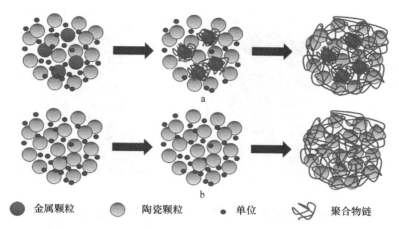

图 6-5 含有陶瓷和金属颗粒的凝胶体系(a)和纯陶瓷凝胶体系(b)的聚合示意图

的成形，并且成形后的坯体可采用数控铣床进行加工，烧结后获得相对密度为
91%的模具零件。Stampfl 等[38] 将凝胶注模工艺与 Mold SDM (mold shape
deposition manufacturing) 模具制造工艺相结合，利用分层蜡模浆料填充制备出
了致密度为 95%、抗拉强度为 900MPa 的 17-4PH 复杂形状不锈钢叶轮，如图
6-6 所示。

图 6-6 凝胶注模成形的 17-4PH 不锈钢叶轮[38]

北京科技大学研究学者以甲苯为溶剂、甲基丙烯酸羟乙酯为有机单体，油酸
和超分散剂 Solsperse-6000 作分散剂，分别实现了 316L 不锈钢和 YG8 硬质合金大
尺寸复杂形状部件的凝胶注模成形，如图 6-7 所示，制备的 YG8 硬质合金烧结体
的断裂强度可以达到 2380MPa，密度为 14.71g/cm³，硬度为 91HRA[39~41]。

上海大学研究学者不仅对钨铜合金进行了研究，同时利用凝胶注模成形工艺
成功制备出了大尺寸、形状复杂的 90W-Ni-Fe 零件，如图 6-8 所示，利用柠檬酸
铵（TAC）和聚乙烯吡咯烷酮（PVP）共同作为分散剂制备了固相体积分数为
45%的浆料，坯体抗弯强度达到 10.87MPa，脱脂后在 1445℃烧结 1.5h，得到的
烧结体密度为 16.93g/cm³，致密度高达 98.7%[42,43]。

图 6-7 凝胶注模成形 316L 不锈钢闭合叶轮(a)和硬质合金旋钮(b)

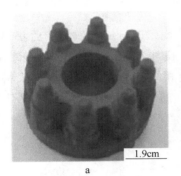

图 6-8 90W-Ni-Fe 凝胶浇注素坯(a)和烧结体(b)

6.2.4 新型凝胶注模成形技术

产品的可靠性与制备成本和工艺密切相关,是影响工业化生产高性能制品的主要因素。对于凝胶注模陶瓷或金属制备来说,高精度、高性能的要求使技术不断更新发展。目前在基于凝胶注模成形技术的基础上提出了许多新型的成形技术,如固态自由成形技术(solid freeform fabrication,SFF)、冷冻凝胶铸造(freeze-gel-casting)、超声效应凝胶铸造和新型绿色陶瓷激光钻孔技术等。

6.2.4.1 固态自由成形

20 世纪 80 年代出现的 SFF,引发了人们对制造技术和生产效率思考方式上的巨大转变。1902 年,Carol Bease 提出了利用光敏聚合物制造塑料的原理,这也是 SFF 立体光刻技术的初步设想。随着材料科学的发展,SFF 得到了快速的发展。立体光固化成形(SLA)技术属于一种典型的光刻技术,它是在可光聚合的液体中通过紫外光固化生产复杂形状零件。近年来,也有研究人员在光敏溶液中填充陶瓷粉末形成高浓度的陶瓷悬浮液，通过 SLA 来生产陶瓷部件[44]。SFF 技术有多种表现形式，如选择性激光烧结（SLS）等，将凝胶注模与 SFF 技术相结合，还可以发展出墨水直写打印（DIW）和三维凝胶打印（3DGP）等新型凝胶成形技术。

6.2.4.2　冷冻铸造技术

冷冻铸造技术是制备多孔材料的一种优异的工艺技术，可生产孔隙率及孔径尺寸可控的多孔材料。特别是在加工过程中，通过改变浆料浓度、冻结温度、冷却速率等参数，可以在一定范围内调整孔的形态和大小。此外，冷冻铸造是一种环保的方法，在制备过程中，先将不同固体装载量的陶瓷浆料冷冻，然后将冷冻后的坯体在冻干机中进行干燥，使冻结介质升华，最后将坯体在不同温度下烧结得到多孔样品。到目前为止，水基和非水基凝胶体系已成功地用于冷冻铸造法制备多孔材料。利用这些新方法和新技术，可以实现自动化大批量制备高可靠性、复杂形状的高性能大尺寸零件。

6.3　钛凝胶注模成形技术研究现状

凝胶注模成形技术是一种十分适合大尺寸、复杂形状结构件的近净成形方法，其应用已经扩展到金属材料领域。然而，当凝胶注模成形技术被用来制备钛及钛合金工件时，却遇到了很大阻碍。与其他材料不同，钛粉末具有很强的化学活性和对氧、氮、氢等杂质元素的亲和敏感性。在凝胶交联及热解、烧结过程中，凝胶有机物会严重引起钛基体中碳和氧杂质的增加，这不仅不利于烧结致密化，还会导致杂质含量上升，大大降低延展性、疲劳等力学性能。目前凝胶注模成形制备的钛制品多为发泡材料、多孔材料。因此，在成形致密零件方面，钛凝胶注模成形技术还有很大的发展空间。

6.3.1　发泡材料

泡沫钛是 21 世纪初出现的一种新型功能材料，具有高强度、吸声隔热、减振、电磁屏蔽等优异的力学性能和功能特性，同时还具有轻质的特点[45]。这些特性在航天、国防、海洋工程、汽车、生物医学和新资源领域具有巨大的潜力，并且在多个方面都已实现应用，例如骨科植入材料、过滤器制造、热交换器电极材料、催化剂载体、吸声材料和电磁屏蔽材料等。然而，这种材料还没有实现大规模的商业应用。一方面，由于泡沫金属的性能直接取决于其结构，当前方法所制备的泡沫结构并不稳定，这会对其性能造成影响；另一方面，泡沫钛的表面容易产生稳定的钛氧化物，并且除氧之外的其他间隙元素，例如碳、氢等含量过高会导致钛泡沫塑性差、易破碎，限制了其应用的拓展。

　　近年来，有研究学者尝试利用凝胶注模成形技术，通过将悬浮浆料倒入模板海绵或添加造孔剂等辅助方式来制备泡沫钛。德国 M. Bram 等人[46]提出了在悬浮液中添加造孔剂的方法制备了高孔隙率泡沫，造孔剂最初使用尿素和碳酸氢铵等。另外，有研究采用模板法将浆料浸渍聚合海绵（通常是聚氨酯），使用细钛粉和黏结剂与之固定，最后烧结去除模板获得应用于骨结构的泡沫钛[47]，如图6-9 所示。但是，制造过程中需要使用大量的有机材料，往往会和钛粉末发生反应，使钛中残留过多的 N、O、C 或 H 等元素，使钛泡沫缺乏强度和延展性（或疲劳性能不足），无法作为高质量材料应用[49]。也有研究人员探索了凝胶注模成形技术结合直接发泡法来制备性能可控泡沫钛的可行性，技术原理主要是利用三维网络有机物在粉末悬浮液中发泡、交联并原位成形。在悬浮液固化之前，可以通过泡沫膨胀的变化来控制孔隙大小和连通性，该工艺适用于制备具有良好力学性能的复杂形状多孔元件[50]。

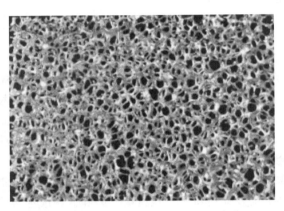

图 6-9　模板法制备的泡沫多孔钛[48]

　　意大利 L. Biasetto 等[51]以球形气雾化 Ti-6Al-4V 钛粉为原料，采用凝胶注模法制备了 Ti-6Al-4V 金属泡沫材料。采用水基甲基纤维素凝胶体系，以 5%（质量分数）的卵清蛋白为凝胶发泡剂，以聚乙烯亚胺粉体作为电介质空间分散剂来稳定悬浮液制备 Ti-6Al-4V 浆液，将成形泡沫在氩气和高真空环境于 1000～1400℃下烧结，获得了平均孔洞尺寸为 499～885mm、总孔隙率为 71%～91%（体积分数）的 Ti-6Al-4V 金属泡沫，泡沫组织如图 6-10 所示。对于在 1400℃烧结的试样，其抗压强度在 24.4～79.1MPa 之间，且存在碳化钛（TiC）和次化学计量氧化钛（Ti_6O），并且 Ti_6O 含量随着烧结温度的升高而增加。钛泡沫中存在的碳化物和氧化物是由于凝胶体系和发泡有机化合物中氧和碳元素与基体反应形成[52,53]。

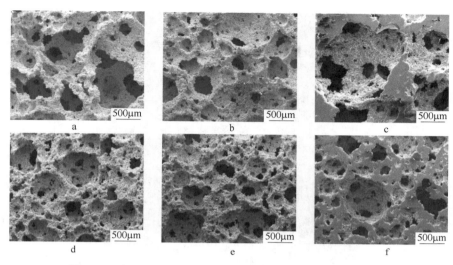

图 6-10　在 1000℃（a、d）、1200℃（b、e）和 1400℃（c、f）下
烧结的泡沫钛形貌[51]

6.3.2　多孔材料

　　凝胶注模成形技术不仅可以制备泡沫材料，还能通过控制浆料的固相体积分数来调节钛部件的孔隙率制得多孔材料，实现高开孔率、分布均匀且孔隙特征可控的复杂形状、多孔钛材料的近净成形制备。当前关于钛及钛合金凝胶注模成形的研究较多集中在多孔钛部件的制备上。

　　Kendra 等[54]以氢化钛粉末（平均粒度为 2μm）为原料，利用 PMMA-PnBA-PMMA 的热可逆凝胶特性，通过凝胶注模成形制备出多孔钛，研究了氢化钛粉末的固相含量对浆料流变性能的影响、造孔剂含量对孔隙率及力学性能的影响，最终制备出孔隙率为 44% 的多孔钛样品，如图 6-11 所示。

　　钛具有良好的生物相容性，内部开放状均匀的孔隙有利于细胞及骨组织的生长与固定，因此凝胶注模成形技术在制备复杂形状的多孔钛医用植入体方面独具优势。北京科技大学研究学者[55]以氢化脱氢钛粉为原料，采用水基丙烯酰胺凝胶体系对凝胶注模成形多孔钛进行了相关研究，经 1100℃烧结 1.5h 后，多孔钛的抗压强度、杨氏模量及孔隙率分别为 158.6MPa、8.5GPa 和 46.5%，与自然骨基本匹配，适合作为人造骨替代材料。他们还在纯钛粉的基础上，分别添加 Mo、Co 元素，以凝胶注模成形工艺制备 Ti-Co 及 Ti-Mo 合金。通过调整固相含量及烧结工艺参数，能够获得孔隙率为 38%~60% 的烧结体、平均孔径约 5~150μm 之间的可调的三维通孔结构，其压缩强度为 82~333MPa，杨氏模量为 7~25GPa，如图 6-12 所示。

图 6-11　凝胶注模成形制备的多孔钛实物照片及微观孔隙图[54]

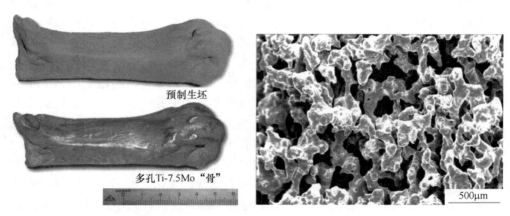

预制生坯

多孔Ti-7.5Mo "骨"

图 6-12　凝胶注模近净成形的多孔钛合金 "骨" 及微观结构照片[55]

在凝胶注模成形过程中，由于残余的氧、氮和碳等杂质的存在，钛基材料的性能会急剧降低[56]。相比于钛或合金粉末，以氢化钛作为原料可在一定程度上改善由原料粉末引入的间隙杂质含量。除此之外，TiH_2 粉末在制备多孔钛合金方面，还可在一定程度上改善材料孔隙特征。中南大学研究学者[57]基于同种工艺采用 AM-MBAM 体系制备了均匀的多孔 NiTi 合金及制品，并对比了采用成本更低的 TiH₂ 粉末的优势。利用 TiH₂ 在烧结升温过程中发生脱氢作用，可作为造孔剂，有利于改善多孔 NiTi 合金的孔隙特征，制备出抗压强度为 128.78MPa，弹性模量为 15.46GPa，孔隙率为 48.5%，孔隙尺寸在 14.01~224.38μm 之间的多孔医用 NiTi 合金。

凝胶注模成形技术除了应用在制备多孔医用钛材料外，在制备航空航天等领域用钛材料上也有研究探索。上海交通大学研究学者[58]以钛氢化物（TiH₂）和铝（Al）粉体为原料，采用非水基凝胶体系，以 N,N-二甲基甲酰胺（DMF）为溶剂，羟乙基甲基丙烯酸酯（HEMA）为单体，1,6-己二醇二丙烯酸酯（HDDA）为交联剂，过氧苯甲酸叔丁酯（TBPB）为引发剂，聚乙烯吡咯烷酮（PVP）为分散剂，通过凝胶注模成形技术制备了 TiAl 多孔合金。烧结合金样品断口呈现典型的解理断裂，其孔隙大小为 2~8μm，孔隙度为 23.78%，如图 6-13 所示，形成 γ-TiAl 和 α₂-Ti₃Al 相。

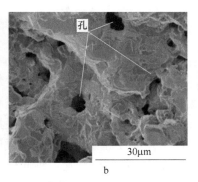

图 6-13　烧结 TiAl 合金的 SEM 显微组织[58]

a—500×；b—5000×

6.3.3　致密材料

钛具有较低的自扩散系数和活泼的化学特性，低黏度、高固相含量的钛基浆料的制备较为困难，并且凝胶体系中有机物的脱除残余会增加烧结钛部件中的间隙元素含量，这会对最终成品密度及性能有很大的影响。因此，凝胶注模成形技术制备高密度钛部件仍需进一步研究。较高的固相体积分数和较好的烧结性能有利于大尺寸钛部件的生产，并使其具有较高的相对密度、复杂的形状和良好的微观结构。

针对钛凝胶注模成形工艺存在间隙元素含量过高的问题，有研究学者提出以 TiH₂ 为原料，利用低分子量的凝胶体系配制 TiH₂ 悬浮浆料，经凝胶注模成形、脱脂、烧结，最终获得高性能的钛制品，如图 6-14a 所示。样品中氧和碳含量分别为 0.31% 和 0.08%，致密度为 97.5%，拉伸强度为 58MPa，伸长率为 8%。图

6-14b 展示了显微组织的 SEM 图像，可以观察到样品中的孔很少，显微组织显示出典型的等轴晶。拉伸试样的断口形貌如图 6-14c 所示，其证实了低分子量凝胶具有生产优异强度和延展性的钛工件的能力，这些工件已满足基本使用性能要求[59]。但是，以氢化钛为原料进行凝胶注模成形时，由于含 H 粉末与凝胶体系的交互作用，导致悬浮浆料的固含量不会高于 50%（体积分数），使得最终钛部件的致密度一般不超过 98%。

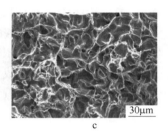

图 6-14　钛制门把手照片(a)、烧结样品显微组织(b)和断口形貌(c)[59]

有研究表明，通过添加 Mg、Ca、Nd 等元素可以促进氢化钛粉末的烧结致密化。镁是一种比钛活泼的元素，通过在氢化钛粉末中添加少量镁，可以使凝胶注模成形钛制品的烧结密度由 96% 提高至 98.1%。这是由于在烧结过程中镁从坯体中挥发，形成的镁蒸气对氢化钛粉末颗粒表面的氧化膜起到还原作用，使得颗粒表面层出现大量活性原子，降低表面原子扩散的活化能，提高原子表面扩散系数，从而促进粉末烧结致密化。钙同样是一种比钛活泼的金属，钛粉中添加钙能起到富集基体中氧的效果。图 6-15 为不同氢化钙添加量样品的显微组织照片，从图中可以看出，试样均具有较高的致密度，分别可以达到 98.2% 和 98.4%。不同样品中，钙第二相的尺寸接近，约为 $1 \sim 3 \mu m$，这主要是由于钙在钛中没有固溶度，钙第二相的尺寸由原始氢化钙粉末的粒度决定，烧结过程中钙对粉末表面

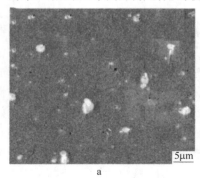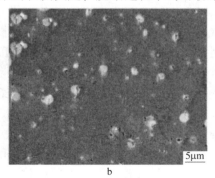

图 6-15　不同氢化钙添加量样品的钙第二相 SEM 照片[60]

a—0.375%；b—0.755%

氧化膜的净化是促进烧结的主要原因。此外，稀土元素钕同样可以起到固氧的作用。Nd 在 Ti 中有一定的固溶度，因而在钛粉中添加钕时，钕会固溶进入钛基体内部，与固溶在钛中的氧结合，并以钕氧化物的形式析出，且可在晶内析出，因此析出的第二相颗粒本身对塑性的影响较小，而通过对氧的富集能进一步改善塑性，同时第二相颗粒对基体能够起到强化作用。值得注意的是，钕含量对析出相的尺寸影响较大，另外当钕含量（质量分数）为 0.5% 时，烧结密度可以提高到 98.6%，而当钕含量进一步升高时，烧结密度则稍有降低。

凝胶体系多为含氧、含碳的有机物，凝胶注模成形致密钛部件过程中，如何实现低间隙元素控制是凝胶注模成形钛合金的关键突破口。氧是影响钛合金塑性的关键因素，凝胶体系引入的氧杂质会固溶进钛基体中，进而对钛合金的塑性造成损害。碳是另一个影响钛合金塑性的杂质元素，碳在 α-Ti 和 β-Ti 中的溶解度都很小，当钛中碳含量较大时，游离的 TiC 阻碍烧结颈长大、闭合，从而影响钛合金的致密度。

6.4　发展与展望

凝胶注模成形技术是一种极具潜力的近净成形大尺寸、复杂形状钛及钛合金部件的工艺，在航空航天、海洋、生物医疗以及民用方面都有极大的应用前景。从钛粉末表面处理、粉末选择到凝胶体系的开发等过程不断有研究进行工艺参数的改进。但是，如果要将钛凝胶注模成形技术进行产业化仍然面临着重大挑战，从实验室研究到实现产业化生产仍有很长一段路要走。

首先针对钛粉末活泼的化学特性，为了实现凝胶注模成形、脱脂、烧结过程中低间隙元素含量控制，发展了钛粉末的表面钝化技术，对凝胶注模钛部件的性能保障起到至关重要的作用，也是未来发展钛凝胶注模成形技术的主要方向之一；其次，对钛的凝胶注模成形来说，低成本的氢化脱氢钛粉（HDH）和 TiH₂ 粉末的使用优势对工业生产钛制品具有很大的吸引力，可以大大降低许多复杂钛部件的制造成本。但是使用非球形 HDH 钛粉时，浆料的均匀性会影响成形部件的尺寸收缩和变形，产品的稳定性和可重复性是另外需要解决的一个挑战，这些挑战对成形不同厚度复杂形状的部件更为关键。第三，当前众多研究者正致力于新型环保型凝胶注模体系的探究，对于钛凝胶注模来说还要积极探索低间隙残留的凝胶体系，比如低分子量凝胶体系、烯类无氧凝胶体系、低温分解凝胶体系等的研发，避免氧、氮、碳等间隙杂质的残留。提高凝胶注模的环境和经济可持续性，以及获得高性能钛部件的凝胶体系及工艺参数，进一步开发钛凝胶注模技术的真正潜力并将其发展至工业规模。

尽管凝胶注模钛及钛合金的发展仍处于起步阶段，钛部件对高性能的要求，包括优良的力学性能、疲劳性能乃至耐腐蚀性能，都对凝胶体系和成形工艺提出了更高的要求。由于残余孔隙率和可能存在的生产缺陷，凝胶注模技术在航空航天高强结构件的使用上还有很大差距。然而，该技术用于医疗器件甚至永久性植入物等多孔部件，以及汽车制造、海洋工程、军事装备等领域中应用的大尺寸、复杂形状的零部件近净成形具有很大优势，如轮船叶轮、支撑固定类基座及脚架等。凝胶注模成形在粉末原料选择及不同材料制备的普适性方面具有独特的优势，在多种领域都具有广阔的应用前景和潜力。因此，当前对更优性能的钛合金、钛基梯度复合材料、多孔钛元件的开发需要，以及成本更低的非球形钛粉末的应用需求，都将进一步推动钛及钛合金凝胶注模成形技术的发展。

参 考 文 献

[1] Omatete O O, Janney M A, Strehlow R A. Gelcasting, a new ceramic forming process [J]. Ceramic Bulletin, 1991, 70 (10): 1641~1649.

[2] Janney M A, Omatete O O. Method for molding ceramic powder using a water-based gelcasting: US, 5028362 [P]. 1991.

[3] Lu Z L, Mao K, Zhu W J, et al. Fractions design of irregular particles in suspensions for the fabrication of multiscale ceramic components by gelcasting [J]. Journal of the European Ceramic Society, 2018, 38 (2): 671~678.

[4] Gilissen R, Erauw J P, Smolders A, et al. Gelcasting, a near net shape technique [J]. Material Design, 2000, 21 (4): 251~257.

[5] Kaşgöz A, Özbaş Z, Kaşgöz H, et al. Effects of monomer composition on the mechanical and machinability properties of gel-cast alumina green compacts [J]. Journal of the European Ceramic Society, 2005, 25 (16): 3547~3552.

[6] Wang X F, Wang R C, Peng C Q, et al. Research and progress of gel injection molding technology [J]. Chinese Journal of Nonferrous Metals, 2010, 20 (3): 496~509.

[7] Graule T J, Gauckler L J, Baader F H. Direct coagulation casting, a new green shapeing technique, Part I: processing principles [J]. Indian Ceramic, 1996, 16 (1): 31~35.

[8] Velamakanni B V, Chang J C, Lange F F, et al. New method for efficient colloidal particle packing via modulation of repulsive lubricating hydration forces [J]. Langmuir, 1990, 6: 1323~1325.

[9] Franks G V, Velamakanni B V, Lange F F. Vibraforming and in situ flocculation of consolidated, coagulated alumina slurries [J]. Journal of the American Ceramic Society, 1995, 78 (5): 1324~1328.

[10] Lange F F, Luther E P. Colloidal processing of structurally reliable Si_3N_4. Tailoring of Mechanical Properties of Si_3N_4 Ceramics [J]. Kluwer Academic Publishers, Dordrecht, the Netherlands, 1994, 3: 3~18.

［11］ Luther E P, Kramer T M, Lange F F, et al. Development of short-range repulsive potentials in aqueous, silicon nitride slurries ［J］. Journal of the American Ceramic Society, 1994, 77 (4): 1047~1051.

［12］ Lange F F, Velamakanni B V. Method for preparation of dense ceramic products: US, 5188780 ［P］. 1993.

［13］ Bergstrom L, Sjostrom E. Temperature-induced flocculation of concentrated ceramic suspensions: rheological properties ［J］. Journal of the European Ceramic Society, 1999, 19: 2117~2123.

［14］ Morissette S L, Lewis J A. Chemorheology of aqueous-based alumina-poly (vinyl alcohol) gelcasting suspensions ［J］. Journal of the American Ceramic Society, 1999, 82 (3): 521~528.

［15］ Jia Y, Kanno Y, Xie Z P. Fabrication of alumina green body through gelcasting process using alginate ［J］. Materials Letters, 2003, 57: 2530~2534.

［16］ Bollman H. Unique new forming technique ［J］. Ceramic Age, 1957, 791: 36~38.

［17］ Janney M A. Method for forming ceramic powders into complex shapes: US, 4894194 ［P］. 1990.

［18］ Janney M A, Omatete O O. Method for molding ceramic powders using water- based gel casting: US, 5028362 ［P］. 1991.

［19］ Xie Z P, Yang J L, Chen Y L, et al. Gelation forming of ceramic compacts using agarose ［J］. British Ceramic Transactions, 1998, 98 (2): 58~61.

［20］ Xie Z P, Chen Y L, Huang Y. A novd casting forming for ceramics by gelatine and enzyme catalysis ［J］. Journal of the European Ceramic Society, 2000, 20 (3): 253~257.

［21］ Dhara S, Bhargava P. Egg white as an environmentally friendly low-cost binder for gelcasting of ceramics ［J］. Journal of the American Ceramic Society, 2001, 84 (12): 3048~3050.

［22］ Omatete O O, Janney M A, Strehlow R A. Gelcasting: a new ceramic forming process ［J］. American Ceramic Society Bulletin, 1991, 70 (10): 1641~1649.

［23］ Ortega F S, Valenzuela F A O, Scuracchio C H, et al. Alternative gelling agents for the gelcasting of ceramic foams ［J］. Journal of the European Ceramic Society, 2003, 23 (1): 75~80.

［24］ Millán A J, Nieto M I, Moreno R. Near-net shaping of aqueous alumina slurries using carrageenan ［J］. Journal of the European Ceramic Society, 2002, 22 (3): 297~303.

［25］ Xu J, Zhang Y, Gan K, et al. A novel gelcasting of alumina suspension using curdlan gelation ［J］. Ceramics International, 2015, 41 (9): 10520~10525.

［26］ Santacruz I, Baudn C, Nieto M I, et al. Improved green properties of gelcast alumina through multiple synergistic interaction of polysaccharides ［J］. Journal of the European Ceramic Society, 2003, 23 (11): 1785~1793.

［27］ Millán A J, Moreno R, Nieto M I. Thermogelling polysaccharides for aqueous gelcasting, Part I: comparative studies of gelling additives ［J］. Journal of the European Ceramic Society, 2002, 22 (13): 2209~2215.

［28］ Braccini I, Pérez S. Molecular basis of Ca²⁺-induced gelation in alginates and pectins: the eggbox model revisited [J]. Biomacromolecules, 2001, 2 (4): 1089~1096.

[29] Morris E R, Rees D A, Thom D, et al. Chiroptical and stoichiometric evidence of a specific, primary dimerization process in alginate gelation [J]. Carbohydrate Research, 1978, 66 (1): 145~154.

[30] Djabourov M, Leblond J, Papon P. Gelation of aqueous gelatin solutions I. Structural investigation [J]. Journal of Physics, 1988, 49 (2): 319~332.

[31] Ross-Murphy S B. Structure and rheology of gelatin gels: recent progress [J]. Polymer, 1992, 33 (12): 2622~2627.

[32] McClements D J. Food emulsions: principles, practice, and techniques [M]. Florida: CRC Press, 1999.

[33] Tulliani J M, Bartuli C, Bemporad E, et al. Dense and porous zirconia prepared by gelatine and agar gelcasting: microstructural and mechanical characterization [J]. Ceramic Material, 2011, 63 (1): 109~116.

[34] Janney M A. Gelcasting superalloy powder [C] // Proceedings of the international conference on powder metallurgy in aerospace. New York: Defense and Demanding Applications, 1995.

[35] 赵雷. 臭氧发生器用金红石陶瓷薄壁管 [D]. 北京: 清华大学, 1998.

[36] Zhao L, Yang J L, Ma L G, et al. Influence of minute metal ions on the idle time of acrylamide polymerization in gelcasting of ceramics [J]. Materials Letters, 2002, 56 (6): 990~994.

[37] Janney M A, Ren W J, Kirby G H, et al. Gelcast tooling: net shape casting and green machining [J]. Materials and Manufacturing Processes, 1998, 13 (3): 389~403.

[38] Stampfl J, Liu H C, Nam S W, et al. Rapid prototyping and manufacturing by gelcasting of metallic and ceramic slurries [J]. Materials Science and Engineering A, 2002, 334 (1~2): 187~192.

[39] 李艳, 郭志猛, 郝俊杰, 等. 工艺参数对凝胶注模成形不锈钢坯体强度和烧结密度的影响 [J]. 北京科技大学学报, 2008 (1): 30~34.

[40] Li Y, Guo Z, Hao J. Gelcasting of 316L stainless steel [J]. Journal of University of Science and Technology Beijing, Mineral, Metallurgy, Material, 2007, 14 (6): 507~511.

[41] Li Y, Guo Z. Gelcasting of WC-8%Co tungsten cemented carbide [J]. International Journal of Refractory Metals and Hard Materials, 2008, 26 (5): 472~477.

[42] 魏瑶瑶, 陶庆良, 李邦怿, 等. 90W-Ni-Fe 合金的水基体系凝胶注模成形制备及性能 [J]. 上海金属, 2017, 39 (4): 34~42.

[43] 庆良, 魏瑶瑶, 李邦怿, 等. 凝胶注模法制备复杂形状钨铜复合材料 [J]. 稀有金属与硬质合金, 2017, 45 (4): 31~36.

[44] Prakash K S, Nancharaih T, Rao V V S. Additive manufacturing techniques in manufacturing: an overview [J]. Materials Today, 2018, 5 (1): 3873~3882.

[45] Dunand D C. Processing of titanium foams [J]. Advanced Engineering Material, 2004, 6.

[46] Bram M, Stiller C, Buchkremer H P, et al. High-porosity titanium, stainless steel, and superalloy parts [J]. Advanced Engineering Materials, 2000, 2 (4): 196~199.

[47] Lange F F, Miller K T. Open-cell, low density ceramics fabricated from reticulated polymer

substrates [J]. Advanced Ceramic Material, 1987, 2 (4): 827~831.

[48] 肖健，邱贵宝. 泡沫或多孔钛的制备方法研究进展 [J]. 稀有金属材料与工程，2017，46 (6): 1734~1748.

[49] Mullens S, Thijs I, Cooymans J, et al. Titanium, titanium alloy and NiTi foams with high ductility: US, 8992828, [P]. 2015.

[50] Studart A R, Gonzenbach U T, Tervoort E, et al. Processing routes to macroporous ceramics e a review [J]. Journal of the American Ceramic Society, 2006, 89 (6): 1771~1789.

[51] Biasetto L, de Moraes E G, Colombo P, et al. Ovalbumin as foaming agent for Ti-6Al-4V foams produced by gelcasting [J]. Journal of Alloys and Compounds, 2016, 687: 839~844.

[52] Braga F J C, Marques R F C, Filho E A, et al. Surface modification of Ti dental implants by Nd: YVO_4 laser irradiation [J]. Applied Surface Science, 2007, 253 (23): 9203~9208.

[53] Jostsons A, McDougall P G. Fault structures in Ti_2O [J]. Physica Status Solidi, 1968, 29 (2): 873~889.

[54] Erk K A, Dunand D C, Shull K R. Titanium with controllable pore fractions by thermoreversible gelcasting of TiH_2 [J]. Acta Materialia, 2008, 56 (18): 5147~5157.

[55] 李艳，郭志猛，郝俊杰. 医用多孔钛植入材料凝胶注模成形工艺研究 [D]. 北京：北京科技大学，2008.

[56] Azevedo C R F, Rodrigues D, Neto F B. Ti-Al-V powder metallurgy (PM) via the hydrogenation-dehydrogenation (HDH) process [J]. Journal of Alloys and Compounds, 2003, 353 (1~2): 217~227.

[57] Duan B H, Hong H X, Wang D Z, et al. Porous nickel-titanium alloy prepared by gel-casting [J]. Rare Metals, 2014, 33 (4): 394~399.

[58] Li F, Zhang X, Jiang Y, et al. Study on the fabrication of porous TiAl alloy via non-aqueous gel casting of a TiH_2 and Al powder mixture [J]. Applied Sciences, 2019, 9 (8): 1569.

[59] Ye Q, Guo Z, Lu B, et al. Low-molecular mass organic gelcasting of titanium hydride to prepare titanium [J]. Advanced Engineering Materials, 2015, 17 (5): 640~647.

[60] 叶青. 凝胶注模成形钛合金的研究 [D]. 北京：北京科技大学，2015.

7 钛粉末近净成形技术的展望与挑战

<<<<<<<<<<<<<<<<<<<<<<<<<<<<<<<<<<<<<<<<<<<<<<<<<<<<<<<<<<<<<<<<

近30年来，钛粉末近净成形的研究势头强劲，未来的发展前景一片光明。同时，该领域也面临着诸多挑战，全世界钛粉末冶金工作者正致力于基础研究和应用评价，力争突破相关技术瓶颈，旨在提升和拓展钛粉末近净成形制品的应用。其中，澳大利亚马前教授和美国 Francis H. Froes 教授于 2015 年合著的《Titanium Powder Metallurgy：Science，Technology and Applications》一书中，已从理论和技术角度对所涉及到的相关领域进行了全面的展望和预测，本文的其他章节也对未来的发展趋势和挑战进行了深入浅出的讨论。本章节结合其他新兴技术，从绿色环保、低成本、材料素化、材料基因工程、结构设计等角度出发，就未来钛粉末近净成形领域的发展趋势和挑战进行剖析。

7.1 钛粉原料的绿色环保和低成本化

虽然，Kroll 法是目前规模化工业生产海绵钛的主要工艺。然而，经过近 80 年的工艺优化和应用发展，Kroll 法仍存在能耗大和污染重等环保问题，在很大程度上制约着钛工业的发展。近年来，以 TiO_2 为原料的还原技术是一种生产海绵钛的绿色环保型工艺。英国、美国、日本、俄罗斯等发达国家分别开发了电解或碱土金属还原 TiO_2 颗粒的新技术，钛粉氧含量能控制在 0.2% 以内，并且所产生的副产物对环境无污染，具有清洁、流程短、成本低等特点。尽管 TiO_2 直接还原技术目前仍未实现工业化，但回顾铝电解的历程，如若加快攻关进程，想必有朝一日终将出现工业化应用的曙光。

此外，随着增材制造、注射成形、喷涂等先进粉末近净成形制造技术的蓬勃发展，相关钛及钛合金粉末制品已在航空航天、机械制造、生物医学等领域展现出了广阔的应用前景，受到了各国政府和科技工业界的高度关注。然而，采用传统工艺制造上述工艺所需的球形钛及钛合金粉末不仅价格昂贵且种类有限，成为了制约全球钛工业发展的首要问题。值得一提的是，针对粉床增材制造专用的微细钛粉末，欧美国家在装备和技术方面处于世界领先地位，在相关产业发展方面呈现出装备-工艺-材料的捆绑式发展，向下游应用单位提供全套解决方案的特点和趋势。然而，与目前国际先进水平相比，我国在增材制造用原料粉末的研发方面差距巨大，特别是制粉工艺目前主要跟踪国外技术，相应制粉设备和微细粉末基本依赖进口。可见，开发适合增材制造、注射成形和喷涂工艺的低成本、高性能钛粉末制备新技术，将是未来钛及钛合金粉末近净成形制造领域的主攻方向之一。

7.2 钛合金成分素化设计

材料素化，即在不改变材料成分的前提下，通过调控材料不同尺度的缺陷来制造出可持续发展的"素材料"，实现材料"素化"，尽量不依赖合金化并大幅度提高材料的综合性能，旨在促进环境和材料的可持续发展，达到绿色、环保、节能、减排的目的。

当前，为了满足社会发展对于钛合金材料日益提升的性能要求，通常在钛材料中添加合金元素，以获取更优异的性能。例如，在 Ti 中加入 Al 和 V 元素，即最常规的 Ti-6Al-4V 合金，从而得到优异的强度和韧性以及良好的耐蚀性和生物相容性等。然而，钛合金的高度合金化不但使钛材料发展越来越依赖资源，也使钛材料的回收再利用变得愈发困难。合金化所带来的另一个问题，是材料成本的上升，尤其是添加了钽、铌等难熔金属元素的合金化材料。因此，发展"钛合金成分素化"技术，既可降低对合金化材料的资源依赖性，也可促进钛材料的回收再利用，并有助于促使材料制备与装备制造进一步融合。最近，日本学者在钛合金的素化研究领域取得了较大进展，通过间隙元素的固溶强化和超细晶处理，使全致密纯钛的力学性能达到了优于锻态 Ti-6Al-4V 合金的水平。这充分说明，基于素化设计理念，可在钛材料领域实现其成分素化的同时，还会优化其性能。采用材料素化技术，可以先将纯钛加工成形，再对钛材的显微组织进行调控，以满足材料性能要求，从而提高材料利用率，还可降低制备成本。

但是，将"钛合金成分素化"技术推广到工业应用领域仍然面临着诸多挑战，关键问题是如何实现显微组织的精确调控。这就需要改进和发展现行的材料和制件制备加工技术，以满足更广范围和更深层次的工业应用需求。新型钛合金材料的开发和新工艺的创立，需要进一步理解跨空间尺度和时间尺度的显微组织主导的材料结构-性能内在关系。

7.3 拓扑优化设计与制造

多孔钛材料具有高的比强度和比刚度，是一类在轻量化方面被寄予厚望的轻质材料。20 世纪九十年代，国外在理论层面相继建立了弯曲主导和拉伸主导的多孔钛材料力学模型，并通过试验证实了有序多孔材料的比刚度和比强度高于传统无序泡沫材料。因此，自 20 世纪九十年代，国外针对蜂窝、点阵等有序多孔钛材料开展了大量的研究工作，虽取得了丰硕的研究成果，但因强度较低，主要作为功能材料使用，作为结构材料还未得到规模应用。

近年来，得益于增材制造等先进制备技术的飞速发展，科研人员通过拓扑结构优化设计，以粉末为原料已能制备出结构单元尺度小于厘米量级的多级孔构筑结构钛或钛合金。特别是近期，欧美国家相关科研机构在政府及国防项目的支持下，开展了基于拓扑优化设计的结构功能一体化钛及钛合金的制备和性能研究工作，尤以美国相关机构的研究最具代表性。比如，美国休斯研究实验室、劳伦斯利弗莫尔国家实验室、麻省理工等相继开展了拓扑优化设计的多级孔构筑材料的相关研究工作，填补了材料强度和密度关系图中的空白区。而相对于泡沫、蜂窝、点阵结构等传统多孔材料而言，在密度相同的条件下，多级孔构筑材料的强度将大幅提高。

现代经济社会对于装备尤其是武器装备的要求趋向于小型化、轻量化、结构功能一体化的方向发展，因此广泛采用宏观结构优化设计，如采用拓扑优化结构设计钛材料代替现有宏观减重结构，由于比刚度和比强度的提升，其将大幅减轻现有装备重量。轻质高性能钛及钛合金材料拓扑结构优化设计技术能实现材料和结构的有效融合，材料的性能不再仅受限于构成该材料的组分，为装备轻量化技术发展开辟了新的道路。

7.4　基于材料基因工程的钛合金设计与数据库

材料基因工程，是借鉴生物学上的基因工程技术，研究材料结构、成分、工艺与材料性能变化的关系。2011 年，美国率先提出了"材料基因组计划"，通过把成分-微观结构-性能关系和数据库与计算模型（跨尺度演化模型、性能演化模型）结合起来，旨在加快材料研发速度，实现材料从设计发现、优化改进到生产应用的全流程加速，最终缩短研发周期并降低成本。随着现代装备对于钛合金材料的性能要求日趋升高，传统粉末近净成形钛及钛合金制件难以满足其发展趋势，新型钛合金的成分设计研究势在必行。结合材料基因工程技术进行高通量模拟和计算进行成分优化设计，实现一体化设计与制造，将有助于解决目前该领域面临的难题。

就钛合金材料而言，基于材料基因工程对钛合金成分进行优化设计并建立相应数据库，基本工作可以包括：（1）钛合金材料数据库设计、开发及数据库集成应用。（2）钛合金材料成分设计、材料工艺仿真模拟、材料虚拟服役性能模拟。（3）开展性能评价实验、材料成分和近净成形工艺的快速筛选实验等。根据以上工作思路，可以从以下 5 个方面进行研究：（1）在新型钛合金成分设计方面，钛合金的新型成分计算涉及第一原理计算、相图计算、相场分析等多尺度计算，需要对各种可能组分进行计算筛选，势必带来高通量、高并发、长时间的大规模计算需求。（2）在成形工艺方面，目前钛粉末近净成形复杂制件的缺陷/残余应力等控制能力亟待提高，且现阶段缺乏相关材料数据、模型及其参数测定方法和设备，不足以对粉末近净成形钛合金的跨尺度特性进行模拟，亟需建设高通量物性测试系统、高并行计算能力的硬件系统和工艺仿真软件系统，提高钛合金制件的工艺控制水平。（3）在服役性能方面，钛合金制件的服役工况包括高温、高应变率冲击、高载荷等极端环境，且在服役过程中存在缺陷萌生、裂纹扩展、失效等一系列损伤演化过程。因此，亟需研究钛合金成分与成形工艺对于其服役行为的影响规律和机理。（4）在数据库方面，建立全流程覆盖的钛粉末近净成形材料数据共享平台，在此基础上实现材料数据的分级、分类共享，促进粉末冶金钛工程化进展。（5）在应用方面，以材料基因工程化应用为指导思路，结合各领域对钛合金材料的需求特点及功能导向，确定研制需求并初步选定成分配方及成形工艺，通过理论模拟和计算完成材料成分的优化，并通过性能评价和应用验证，最终进入市场化应用阶段。